# 生物学キーワード事典

――生きものの「なぜ」を考える

垂水雄二 著

# 生物学キーワード事典

生きものの「なぜ」を考える

八坂書房

# はじめに

生物学事典に相当するような本を一人で書くなどというのは、途方もない暴挙だと言われても仕方がない。ましてて、私は専門の学者ではなく、一介の翻訳者・ジャーナリストにすぎない。五〇年前ならば、こういう本は定年を迎えた生物学の大家が書くというのが相場だった。実際、昔の大学者は、生物学のあらゆる分野に関する該博な知識をもっていて、それだけの資格があった。しかし、現在では、科学の専門化が著しく進行し、あらゆる分野に精通した学者などというのは存在しえない。むしろ多くの学者は蛸壺のなかに入り込んで、全体的な状況がつかめないままに、自分の専門分野だけを研究している。最近でこそ、蛸壺の奥深くまで掘り進んだ分子生物学がヒトゲノム計画で底を突き破った結果、系統間でのゲノムの比較という方法がほとんどすべての生物で可能になり、あらゆる分野が「進化」という視点で結びつくことになり、状況は大きく変わった。とはいえ、多くの学者が生物学全体を見通すことができないという事情は変わらない。専門外の分野については、素人と本質的なちがいはなくなっていると言ってもあながち過言ではないだろう。現在では、こういう本を書くとしたら、幅広く目配りできるという点で、ジャーナリストのほうが有利な点もあるのではないかと思う。

個別の分野における最新情報の取得と理解に関して、ジャーナリストが学者に劣ることは否めないが、そうした情報や知見を全体的な枠組みのなかに位置づけるという点では、学者よりは有利な立場にある。インターネットが普及した最近では、オリジナルの著作や論文をネットで入手することも可能であり、手間暇をかけさえすれば、それほど情報に遅れをとることはない。

本書で取り扱うのは、分子レベルでのミクロな現象から、地球温暖化といったマクロな現象まで、およそ生物にかかわるいっさいのことである。書き方としては専門書ではなく、また単なる啓蒙書でもなく、いわばそれぞれの概念や事象についての百科事典的な知識を物語的に提供するということを目指している。もう少し具体的に言えば、問題を時間的および空間的なひろがりのなかで捉えるということである。時間的なひろがりとは、歴史あるいは進化のことであり、つねにあらゆる事象の起源を問うことにつながる。空間的なひろがりとは、個体や種をとりまく環境のことであり、最終的には地球や宇宙全体までを視野に入れることになる。

あらゆる生物現象を一冊で論じるために、本の構成に一種のアクロバットを強いることにした。アイウエオ順に項目を立てながら、それぞれの項目の末尾で、次の項目に話をつなげていくという制約を課したのである。かくして、「頭」からはじまり「遺伝子」に受け渡され、最後に「和名」で終わるように構成されることになった。各項目は、ほとんど連想ゲームに近い形で、その概念にかかわるさまざまな事柄を取り扱っていて、全体として、生物学事典に収録されている主要な用語や概念のほとんどを論じたつもりである。

筆者の狙いは、読み物として楽しみながら、言葉の生物学的な位置づけを確認してもらうことであり、そこから考え方のヒントを得てくれる人がいれば、望外の喜びである。

※本文中の（↓）印は、その語が立項されていることを示す。

# 目次

# 【ア】頭　あたま　head, cephalon

まずは頭から始めよう。頭とは何か。ヒトのどこまでが顔でどこからが頭かという議論もあるが、生物学的にはそんなことは些末な問題だ。顔は頭の一部であるということにすぎない。大事なのはそれが動物の体の先端にあるという点である。

**❖頭の進化**——植物は光合成をつうじて、自分で必要な栄養分を無機物から作り出すことができる（これを独立栄養と呼ぶ）のに対して、動物は自分で栄養をつくりだすことができず、ほかの生物がつくった栄養分をかすめとるしか生きるすべがない（これを従属栄養と呼ぶ）。頭は、動物がもつこの宿命から生まれたものである。ただ水中にぷわぷわと浮遊して餌の方がやってくるのをまつのでは、はなはだ効率が悪い。たまたま餌の乏しい水域に生まれ落ちたら生き延びる確率は低い。もう少し積極的に食べ物のあるところを見つけて移動できる方が生き延びる確率は高くなる。そこで現れたのが頭なのである［いうまでもないだろうが、こうした表現は擬人的かつ比喩的なものであり、実際に生物が意志をもって主体的にそうしたわけではない。すべては進化がなしたことの結果論にすぎない。以下に述べることも、そのつもりで読んでほしい」。

水中をすばやく移動するためには、まず体型が変わる必要がある。クラゲのような球に近い体つき（放射相称）では水の抵抗が大きいのでうまくいかない。そこで移動方向に向かって体が細長くなる。つまり球から左右対称の棒状の体に変わっていくのである。ミミズのような体を思い浮かべてもらえばいいだろう。その行き着く先の理想型は魚類やクジラ・イルカ類の流線形の体である。

一方、移動しながら餌を摂るためには、移動する方向の先端に口があるのが便利だ。今でもプランクトンを食べている魚類やクジラなどは大きく口を開けて泳ぎながら入ってくる海水のなかの栄養分をこしとっているが、あの要領である。さらに、餌の所在をみきわめるための感覚器官も必要になる。そこで、口と感覚器官がセットになったものが、細長い体の一方の端にできることになるが、これが頭の始まりである。それにつれて反対側には尾ができ、頭尾の軸が確立する（ついでながら、重力の方向と、通常は光が上方から射してくるという事実によって背と腹の区別も生じる）。尾はもともと頭の反対側という消極的な意味しかもたなかったが、やがて高度な運動能力を身につけるようになると、運動器官や体のバランスや舵を取る器官として特殊な発展をとげるものもでてくる。

原始的な感覚（↓）の一つは化学感覚と呼ばれるもので、餌となるものから出る化学物質の刺激を感知する。動物はその刺激源に向かって泳いでいくだけのことである（化学走性）。プラナリア、ミミズ、エビ、カニや多くの昆虫は今でも遠方にある食べ物をこのやり方で見つけだしている。このほかにチスイビルやウオジラミのように獲物に接近してから化学感覚を用いるものもある。いずれにせよ、進化はより効率的な餌探し、より厳密な識別能力に向かって進んでいく。そして、遠いところの物質を感知する化学感覚から嗅覚が、近場の化学感覚から味覚が誕生し、そのための器官として鼻と舌が発達してくる。

もう一つの原始的な感覚は光や振動などの物理的な刺激を感じるもので、進化の段階を経るとともに、前者は視覚、後者は聴覚、振動覚へと発達していき（ごく一部の動物では電気覚が発達する）、脊椎動物においては、最終的に眼と耳という構造をとることになる。こうして頭には、食物摂取器官としての口（歯を含めて）と感覚器官としての、眼、耳、鼻、舌が備わることになったのである（ただし、これは陸上の脊椎動物の話で、魚類や昆虫などでは、聴覚や嗅覚の感覚器官は体の別の部位にもある）。

しかし、餌となる動物の方も進化する。獲物のいる方向へただ近づいていけば手に入るというものではなく、獲物の方も食べられたくはないから逃げる。そうなると、相手の動きを見ながら進路を微妙に変化させ、ときには相手に致命傷となる一撃を与えるすばやい動きが必要になってくる。これは食われる側にとっても同じことで、いちはやく敵を見つけて逃げだすことが重要になる。つまり、食う側も食われる側も感覚器官で知りえた情報を瞬時に処理し、適切な指示を運動器官に伝えなければならない。言い換えれば、神経中枢をつくって運動性の神経を支配しなければならなくなるのである。この神経の中枢が脳

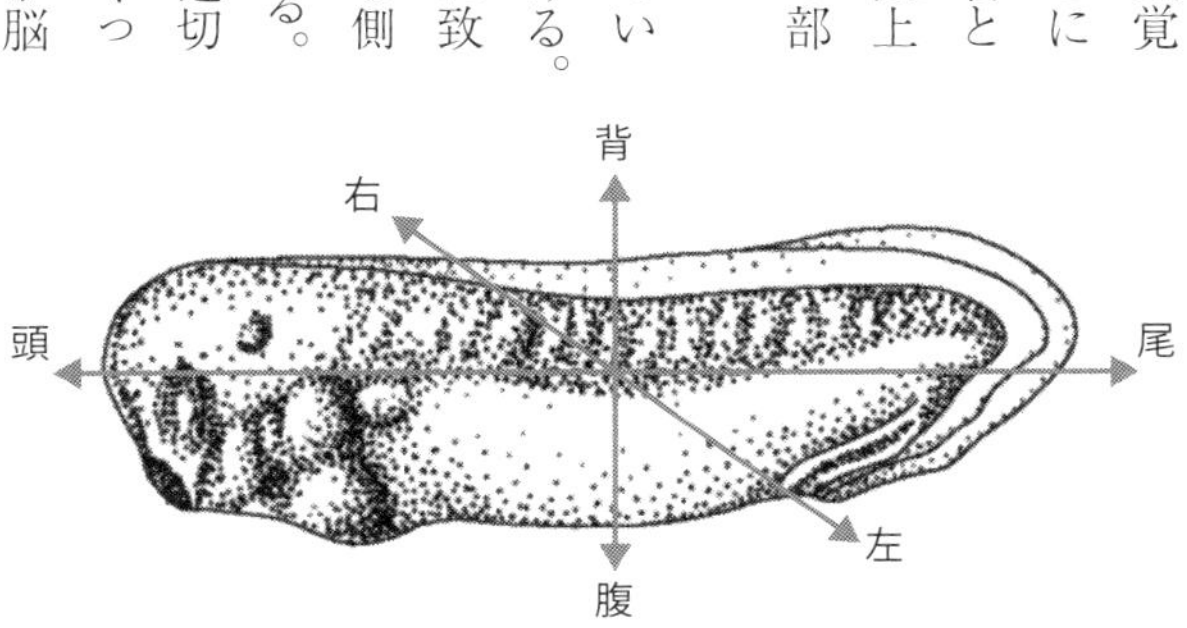

カエルの胚の体軸

（↓）と呼ばれるものである。ミミズのような原始的な無脊椎動物に脳はなく、頭には感覚器官からの情報を中継する中枢があるにすぎない。だから、頭を取り去っても運動には支障はないわけである。進化を通じて、頭に中枢機能が集中していくこのような過程を頭化（cephalization）と呼んでいるが、実は人類進化においてヒトの脳、とりわけ大脳が巨大になり高度な能力をもつようになる過程についても同じ英語が用いられていて、こちらの方は、大脳化ないし脳化と訳されるので、混同しないように注意が必要である。

脊椎動物では、大切な脳は頭骨（脳函）の内部で保護され、頭の表面の前部に感覚器官が集中していわゆる「顔」となる。同種のライバルどうし、あるいは繁殖期に異性が出会うときには、顔と顔が面と向かうことになるので、顔の色彩や模様、さらに表情は、威嚇やディスプレイなどコミュニケーション手段としての意味をもつようになる。もちろん、微妙な表情の変化で気持ちを伝えることは人間にしかできないわざである。さまざまな表情をつくりだす筋肉は表情筋と総称されるが、ほかの動物では、表情筋がヒトほど発達していないからだ。

### ❖頭数

**頭数**——頭は「とう」とも読み、数詞として用いられる。鶴亀算は、ツルとカメの個体数の和と脚の総数からツルが何羽、カメが何匹いるかを計算する算術であるが、脚の数から個体数を調べるのは実用的でない。なぜなら、野外では、複数ある脚の数は数え落としたり（重なっていると見えないし、なかには欠損しているということもありえる）、重複して数えたりする危険性があるからだ。それに対して、どんな動物も原則として（双頭の奇形でないかぎり）頭は一つしかないから、たくさんの動物を目視で数えるとき、頭をかぞえるのはきわめて合理的なのである。

日本語の数詞は外国人にとってとりわけ覚えるのが厄介なようで、日本人でさえ最近はきっちりと使い分けできない人が増えている。動物の場合、鳥は羽、魚は尾か匹でだいたいきまりだが、哺乳類の場合、頭と匹の使い分けはむずかしい（ウサギを何羽と数えるのは、肉食の禁忌をごまかすための詐術にすぎなかったのだから、今時あえて踏襲する必要もないと思うのだが）。現在では大型の哺乳類は頭、小型の動物を匹と呼ぶのが一般的だが、厳密なものではなく、言い換えてもとくに支障はない。かりにトラは頭、ネコは匹で呼ぶとして、それじゃ大きなヤマネコはどうだと言われれば、何とも言いがたい。もともと日本語の匹は馬や牛などの家畜を数える数詞だったものが、魚や虫などの小動物にも使われるようになったのであり、「匹夫」という使われ方などから多少とも軽蔑的なニュアンスが感じられる。面白いのは、昆虫とりわけチョウや甲虫類のコレクターたちは虫たちを断固として匹とは呼ばず、頭で呼ぶことである。いつの頃からそう呼ぶようになったのか、理由も定かではないが、おそらくは自らの愛でる生き物に対する誇りがそう言わしめているのであろう。

## ❖頭の良し悪し

——しかし、頭ということばを聞いて普通の人が真っ先に思い浮かべるのは頭の良し悪しだろう。学業成績の芳しくない子供が親に叱られて口にする常套句に「オレの頭の悪いのは親ゆずりだ」というのがある。本当に頭の良し悪しは遺伝によるのだろうか。親の特徴（形質）が子供に遺伝するのは遺伝子のせいだが、単一の「頭の良さの遺伝子」などは存在しない。なぜなら頭がいいというのは単純な生物学的特徴（形質）ではないからだ。どうしてもそう言いたければ、「頭の良さ」とは何かを生物学的に定義しなければならない。知能指数（ＩＱ）はある種の知的能力を表すもので、記憶力の良さや計算能力はおそらく知能指数と相関しているだろう。しかし、頭の良さというのは、それにつきるものではないはずだ。卓越した音楽家の家系などをみると、音楽的才能に遺伝が関与しているのはまちがいなさそうであるが、こうした創造性は記憶力や計算能力と異質のもので、これも一種の頭の良さだろう。スポーツ選手の頭の良さというのもまた別のもののような気がする。学業成績は劣等でも、すばらしくクレバーな動きをする選手が少なからずいる。狩猟採集生活をしていた人類の祖先においては、獲物や有毒な生物に関する知識や瞬間的に適切な判断をくだせる能力が、もっとも評価されるべき「頭の良さ」であったかもしれないではないか。

だいたい、世間の人々が頭の良さを問題にするのは社会的な成功の目安としてではないのだろうか。世渡りや金儲けが巧い人間が、しばしば頭がいいと言われたりするのはその証である。それならば、頭の良さは社会的な形質ということになる。社会的な形質は遺伝したりはしないのだ。いずれにせよ、この議論を深めるためには、遺伝子とは何かを理解しなければならない。

## 【イ】遺伝子　いでんし　gene

遺伝子というのは、もともと、遺伝の要因となるものという素朴な意味でしかなく、その実体が何であるかを究明することが二〇世紀生物学の中心的テーマだった。現在では、その本体がＤＮＡ（デオキシリボ核酸）であることが判明しているが、ＤＮＡの塩基配列が最終的に遺伝的な効果（表現型）を実現する過程はきわめて複雑で、まだ不明なところが残っており、遺伝子イコールＤＮＡとは言えない。

これから順次見ていくように、「遺伝子」という言葉は、歴史的にさまざまに異なる意味で用いられてきており、現代生物学者の間でも多様な用法が見られる。マット・リドレーは『やわらかな遺伝子』（この本の原題は『生まれは育ちを通じて』で、この邦訳題はいささか意味不明であるが、半面、遺伝子という言葉の多義的な用法の一つを示してもいる）で、遺伝子には少なくとも七つの定義があると言っている。遺伝子にそれほど、多様な意味があるわけを、歴史的な視点から考察してみよう。

## ❖メンデル以前——遺伝という現象は、生物学ができる以前からわかっていたにちがいない。

人類社会の発展は野生動植物の家畜化と栽培化を抜きにしては語れないが、それは「いい親からはいい仔が生まれる」「いい作物の種からはいい作物ができる」という認識なしには成り立たないからである。日本の「瓜の蔓にナスビはならぬ」とか「カエルの子はカエル」とかいった諺からも、経験的な知恵として、遺伝現象の存在が知られていたことはまちがいない。

しかし、そのメカニズムはわからなかった。男女あるいは雌雄の交配が関係していることは想像できても、何がどのようにして遺伝をもたらすかは不明で、雌雄がどのような役割を果たしているかも定かではなかった。アリストテレスは子の形態を決めるのは雄の精液のもつ精気だと考えていた。雑種第一代には両親のどちらかの優性形質が現れるというメンデルの法則に照らせば、雄親か雌親のどちらか一方だけの形質が遺伝するように思える実例にことかかないのは不思議ではない。事実、一八世紀に前成説［個体の形質は先天的に決定されていて、個体発生を通じて展開されてくるだけだという考え方で、環境等の影響を受けて後天的に形成されるとする後成説と対立するもの］が隆盛をきわめたころ、卵あるいは精子のなかにすでに組み込まれた構造、極端な場合には、小人（ホムンクルス）の姿が見えるという卵原説や精原説が大真面目で提唱されたほどだ。

近代的な遺伝子概念の祖形に近いのは、ヒポクラテス流のもので、それによれば、体の各部から子種（gonos）が体液によって生殖器官に集まり、子供の性質は両親の子種の混合によって決まるとされた。この系譜に連なるのが、メンデルより一世紀以上前に、物理学や数学で大きな業績を残した百科全書派の科学者、モーペルテュイ（一六九八—一七五九）である。彼は、多指症の家系の遺伝的調査をおこない、この形質が父親から遺伝する場合も母親から遺伝する場合もあることを証明し、前成説を否定し、後成説を支持する根拠とした（当時の前成説は卵原説か精原説しかなかったので、このような結果を説明できない）。遺伝のメカニズムとしてモーペルテュイは、両親の卵と精子に含まれる粒子の相互作用を考えていた。彼の考えは『生身のヴィーナス』や『自然の体系』に述べられているが、それはパンゲン説に非常に近いものだったようである。パンゲン説というのは、ダーウィンが、遺伝のメカニズムとして仮定したものである。『家畜栽培植物の変異』に述べられている説明によれば、生物の細胞には自己増殖製の粒子（ジェミュール）が含まれており、これが血管や道管を通じて生殖細胞に集まり、子孫に伝えられるという（したがって、この説は獲得形質の遺伝を容認するものでもあった）。

❖ **メンデルの登場**——遺伝現象の科学的な解明はグレゴール・メンデル（一八二二—八四）の遺伝法則の発見に始まるが、じつはメンデル以前に、英国のトマス・ナイト（一七五九—一八三八）やフラ

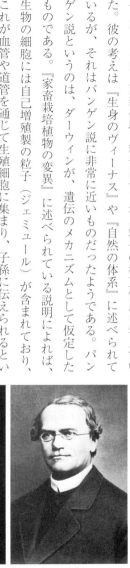

T. ナイト

メンデル

モーペルテュイ

ンスのシャルル・ノーダン（一八一五―一八九九）がメンデルと同じくエンドウ（マメ）を使って実験し、ほとんど同じ法則を見つけていたのである。メンデルの先人と異なる偉大さは、両親の配偶子（卵と精子）を通じて伝えられ、生殖に際して混合される遺伝要素（当時は遺伝子という概念も言葉もなく、メンデルはそれをエレメントと呼んだが、現在の遺伝子の概念にきわめて近い）というものを想定し、それを実験的に証明したことである。その結果として提示されたいわゆるメンデルの法則は、優劣の法則、分離の法則、独立の法則の三つからなる。優劣の法則というのは、異なる形質（たとえば丸い豆と皺のある豆）をもつ親をかけあわせたときにできる雑種第一代（$F_1$）には、優性形質（たとえば丸い豆）だけが現れることをいう（「優性」「劣性」という表現が形質の優劣と誤解される余地があるという理由で、日本遺伝学会は、二〇一七年九月に、それぞれを「顕性」「潜性」に改訂することを決定したが、この決定がただちに普及するとは考えられないので、本書では旧来の表記を用いる）。この$F_1$どうしを掛け合わせたものを雑種第二代（$F_2$）というが、$F_2$では優性形質と劣性形質が三対一の割合で現れる（たとえば丸い豆と皺のある豆が三対一）という

C. コレンス

H. ド・フリース

S. ノーダン

のが、分離の法則である。そして、異なった形質（たとえば、豆が丸いか皺があるかという形質と、茎の丈が長いか短いかという形質）はそれぞれ互いに独立に、上記の法則に従うというのが独立の法則である。

メンデルはこの三法則を「植物雑種に関する実験」（一八六五年）という論文にして発表したが、学界からはまったくといっていいほど無視された。彼の業績が再評価されたのは、それから三五年後の一九〇〇年のことで（当然ながらメンデルはとっくに亡くなっていた）、オランダのフーゴー・ド・フリース（一八四八—一九三五）、ドイツのカール・コレンス（一八六四—一九三三）、オーストリアのエーリッヒ・チェルマク（一八七一—一九六二）という三人の学者が不思議なことにそれぞれ別々に、その意義に気づいた。遺伝子が単なる抽象的な観念ではなく、実体をもち、実験的な研究が可能になるということをこの法則は示していたのである。

❖**遺伝子概念の変遷**——メンデルがエレメントと呼んだ遺伝物質に、遺伝子（gene）という名前を与えたのは、デンマークの植物学者、W・ヨハンセン（一八五七—一九二七）で、一九〇九年のことだった（日本語の「遺伝子」は一九二〇年に東大教授藤井健次郎によって考案された）。もともとはドイツ語の**Gen**で、古い時代の生物学者はゲンと呼んでいたが、いまはもちろん、英語でジーンと発音する。ヨ

E. チェルマク

W. ヨハンセン

ハンセンは表現型（↓）と遺伝子型の区別をした最初の人でもある。ちなみに遺伝学（genetics）のほうが言葉としては先にできていて、一九〇六年にウィリアム・ベートソン（一八六一―一九二六）がつくっていた。しかし、エレメントにせよ、ゲンにせよ、何らかの粒子というだけの、抽象的な観念でしかなく、体のどこにあり、どのようにして親から子に伝わるのかはまったくわかっていなかった。それを究明する試みが現在の分子生物学にいたる近代遺伝学の歴史といってもいい。その結果、遺伝子は細胞の核の染色体にあり、その本体はＤＮＡであることが明らかにされるのだが、その過程で、遺伝子という概念も変わっていく。

遺伝子概念の最初の発展はトマス・Ｈ・モーガン（一八六六―一九四五）一派のショウジョウバエ遺伝学によってなされる。モーガンは一九一〇年に、大変な労力を費やして自然のなかから、ショウジョウバエの白眼突然変異体を探しだし（後にはハーマン・Ｊ・マラーがＸ線照射によって突然変異個体を高率でつくりだせるようになって、研究は一挙に進展する）、野生の赤眼型との掛け合わせ実験をおこない、この遺伝子が性染色体上にあることを証明し、遺伝子は染色体上

T. H. モーガン

W. ヨハンセン（左）と W. ベートソン（右）

にあるとする染色体説が確立される。その後多くの突然変異体を見つけだし、交雑実験をおこなうことによって、同じ染色体上にある遺伝子は連鎖群として一緒に行動すること（独立の法則の例外）、また連鎖が不完全な場合があることから、減数分裂の際に染色体の一部が入れ替わる交叉という現象を見つけ、これを利用して詳細な染色体地図を描くことができるようになる。

メンデルのエレメントを含めて、初期の遺伝子は、遺伝を担う物質として定義されたが実体は不明であった。表現型の原因となる因子というだけの意味で、遺伝子がどのようにしてその表現型をつくるのかは不問にされた。遺伝学的には、ある形質（野生型）と異なる形質をもつ突然変異体が見つかってはじめて、その突然変異形質を生じさせる遺伝子が認識され、名前が付けられ、交配実験によって染色体上の位置が決められる。ショウジョウバエでモーガンが最初に見つけた遺伝子はX染色体上にある白眼（ホワイト）遺伝子で、野生型が赤眼なのに対して赤い色素が形成されないために白眼になるのだ。しかし、この突然変異遺伝子の正常型（野生型）における機能は赤い色素をつくることで、本来なら赤眼をつくる遺伝子が占める染色体上の位置（遺伝子座）を白眼遺伝子の座とするのは奇妙な倒錯だが、これが遺伝学の慣行になっている。同じようにしてアイレスという遺伝子は眼が形成されない突然変異から発見されたために、こう呼ばれるのだが、この遺伝子座の正常な遺伝子の機能は眼をつくらないことではなく、つくることにあるのだ。ともあれ、一つの遺伝子座を占める対立遺伝子（アレル）というのが古典的な遺伝子の定義であり、現在でも進化生態学者の多くはこの意味で使っている。

詳細な染色体地図ができても、遺伝子の実体はまだ謎のままだった。遺伝子座に形質を決める遺伝子があ

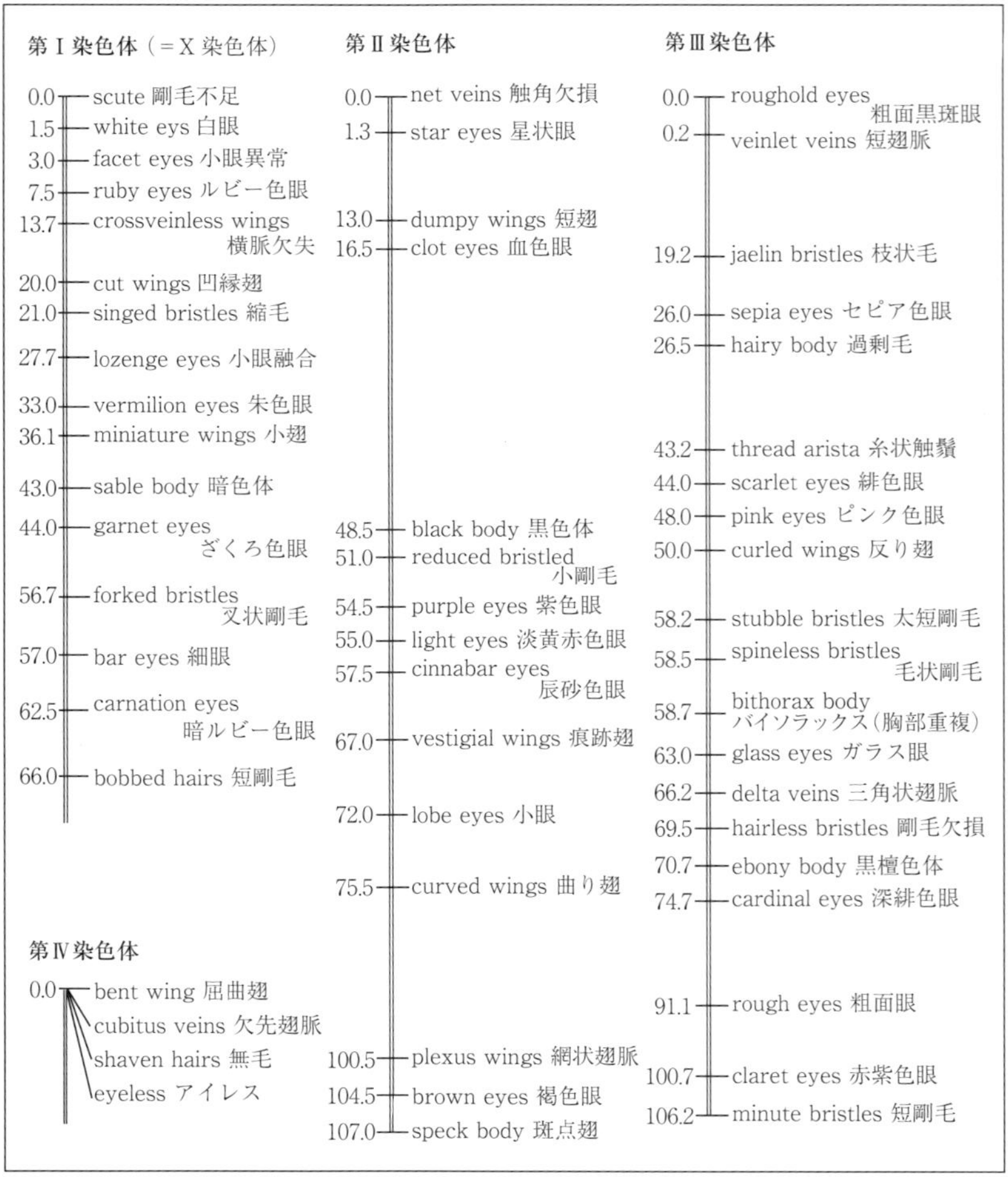


キイロショウジョウバエの染色体地図
（D.M.Prescot, 1991より、一部省略）

ることはわかっても、それがどういうもので、何をしているのかは不明である。あくまで、表現型に対応するその原因としての遺伝子という抽象概念にとどまっていた。突破口を切り開いたのは、モーガン門下のG・W・ビードル（一九〇三―一九八九）で、彼は白眼遺伝子の生化学的研究から、この突然変異個体が特定の酵素を欠いていることを発見して、一遺伝子一酵素説を思いつく。そして材料をアカパンカビに変えて、E・テータム（一九〇九―一九七五）と共同で、この菌類の栄養要求に関する多数の突然変異体を使って、突然変異がそれぞれ一個の遺伝子で起こっていて、それが必須栄養素合成経路の一つの酵素をつくれなくしていることを証明した。この時期には遺伝子とは一つの酵素をつくるもの、さらに敷衍して一つのタンパク質（ポリペプチド）つくるものとされた。

❖ **DNAの発見**——遺伝子の本体がDNAであることをオズワルド・エイヴリー（一八七七―一九五五）が証明するのは一九四四年のことだが、それ以前に化学者による核酸の化学的性質についての地道な研究があったのはもちろんである。エイヴリーは一九二八年にフレ

G. W. ビードル

E. テータム

O. エイヴリー

デリック・グリフィス（一八七九―一九四一）が見つけていた肺炎双球菌の形質転換という現象に取り組み、それを引き起こす物質がＤＮＡであることをみごとな実験によって証明した。こうしてＤＮＡが遺伝物質であることはわかったが、それがどういう分子構造をもち、どういう仕組みで遺伝し、どうして形質転換を引き起こすのかは依然として不明だった。

F. グリフィス

遺伝子の実体解明に向けての長い駅伝競走の、最終走者は分子生物学で、主として大腸菌とバクテリオファージという実験材料を使って、遺伝子の本体を解明するためのデータを築き上げ、ＤＮＡの結晶構造の解析の成果もあわせて、ついにかのワトソン・クリックの二重らせんモデルにたどりつく。遺伝暗号は解読され、さらにヒトゲノム計画という一大キャンペーンを経て、現在はＤＮＡの塩基配列解析、ゲノムから表現型に至るプロセスの解明が遺伝学の主流となっている。ＤＮＡとその発現をめぐる詳細については別項（↓ヌクレオチド）で論じよう。

**❖現在の遺伝子像**——遺伝子の実体解明が進むにつれて、遺伝子の定義も変わる。現在では遺伝子が究極的には、ＤＮＡの四つの塩基を文字とする記号によって書かれていることがわかっているが、遺伝子とＤＮＡはイコールではない。分子生物学者は一つのタンパク質をつくるのに対応するＤＮＡの領域（ドメイン）をシストロン（**cistron**）と呼び、これを遺伝子として定義している。一つのシストロンのＤＮＡには、タンパク質に翻訳される部分（エクソン）とされない部分（イントロン）が混在する。原核生物では、シストロンにプロモーターやエンハンサーなどの転写調節領域を含めてオペロン（**operon**）と呼び、これを遺伝子とする意見もある。これらはＤＮＡのデジタル情報が翻訳される過程を重視した定義であるが、遺伝子という言葉にはこれ以外のさまざまな使われ方がある。遺伝の単位としてだけでなく、生物の体を構成する部品の単位、病気の単位、個体発生の単位、自己複製の単位、行動の単位、そして淘汰の単位としても使われることがある。

部品の単位であるというのは、たとえば眼の遺伝子は、ショウジョウバエでもラットでもヒトでもほぼ同じであり、互換性があることを指している。生物の種のちがいはこの部品の組合せのちがいにすぎないというわけだ。病気の単位だというのは、フェニルケトン尿症やハンティントン病のように一塩基の突然変異が致命的な病気の原因であることがわかっていることを指す。しかし「表現型」の項で説明するように一つの病気が多数の遺伝子の関与や環境的な影響のもとで生じる場合や、逆に一つの遺伝子が多数の病気に関与する場合も多いので、この定義は誤解を招くものである。個体発生の単位というのは、近年明らかになりつつあるホメオティック遺伝子（マスター制御遺伝子）を念頭においたもので、遺伝子発現のスイッチとしてはたらくことによって、適切な順序で遺伝子を発現させて個体発生を正しく導いていく。

自己複製の単位は言うまでもなく、細胞分裂のたびに同じ遺伝子が複製されることを強調したものであり、そこから、遺伝子が自然淘汰の単位であるという見方が生まれる。リチャード・ドーキンスの「利己的な遺伝子」はまさにそのことを表している。念のために説明しておくと、これは個体の「利己的な行動の遺伝子」

のことではけっしてない。進化論的にみれば、自然淘汰を通じて生き残るのは利己的に振る舞う個体ではなく、もっとも多くの子孫を残す遺伝子なのだということなのであり、むしろ、利己的な遺伝子という概念は個体の利他行動（↓）を説明するために考えだされたものなのである。

**❖行動の遺伝子**——分子生物学者からすれば、進化生態学者が「○○行動の遺伝子」という言い方をするとき、そんな遺伝子は存在しないという批判がなりたつ。しかし、これは定義の問題にすぎず、形質に影響を与える遺伝子と同じ意味で、行動に影響を与える古典的な意味の遺伝子を仮定して、集団内におけるその増減を論じることはまちがいではない（実際にその遺伝子が分子的に何をしているのかがわからなくとも、あるいは複数の遺伝子が関与していようと）。初期の遺伝学はそうして進んできたのだ。分子遺伝学的な解明は、遺伝的な関与が確定されてからの仕事である。問題はむしろ、生物学的に定義せずに「○○行動」という言葉を安易に使うことのほうにある。具体的に定義しておけば、個別の配偶行動の遺伝子を仮定することは妥当性がある。しかし、「浮気の遺伝子」や「ホモの遺伝子」という言い方は、まちがっているとまでは言わなくとも、誤解を招く表現である。ここで「浮気」、「ホモ」が指すのは、つがいでない個体間での性行動および同性間での性行動にすぎない。これを浮気やホモという名で呼ぶ生物学的な正当性はどこにも存在しない。どちらも人間社会の規範のなかでしか意味をもたない概念だからだ。

「性格」や「頭の良さ」の遺伝子についても同じことだ、記憶力の遺伝子などということは言えても、頭の良さや性格を生物学的に定義し、自己申告などではなく、客観的に計量できるような方法を確立しないかぎり、頭の良さや性格の遺伝子など軽々に口にすべきではないのである。

ともあれ、「○○行動の遺伝子」と言いたければ、遺伝子云々というより先に、その行動に関して、正確な生物学的意味とメカニズムをまず明らかにする必要がある。手はじめに、あらゆる行動の基礎にある生物の運動について見ていくことにしよう。

## 【ウ】運動　うんどう　movement, motion

一口に運動といっても、生物にはいろいろな運動がある。細胞が生きていれば、原形質流動をはじめとする細胞運動がある。植物を微速度撮影すれば、出芽、開花、成長などがりっぱな運動であることがよくわかる。動物の体の内部にも呼吸運動や心臓の拍動、消化管の蠕動などさまざまな運動がある。しかし、ここでは、生物が自分の体をある場所から別の場所へ移す行為、いわゆる移動運動 locomotion に話を絞ろう。

**❖移動運動の進化**——「頭」の項で説明したように、移動運動は自分で栄養をつくりだすことのできない動物にとって不可欠なものであるが、細菌や単細胞藻類なども移動運動をおこなう。その運動器官は基本的に繊毛（**cilicium**, 複数形は **cilia**）と鞭毛（**flagellum**, 複数形は **flagera**）である。繊毛のほうが細く、運動様式は異なるが、微小管を基本単位とする構造は本質的に同じである。先年亡くなったリン・マーギュリスは、両者をあわせて波動毛と呼び、その起源がスピロヘータのような原始的細菌であったという説を述べているが、それを裏づける証拠は乏しい。

陸上であれ、水中であれ、基盤の上を移動するための器官は「あし」（脚、足、肢）と総称される。もっとも原始的なものはアメーバ類の仮足で、進行方向に原形質を流動させ、そこで流動性を失わせて固くする（ゾル＝ゲル転換）ことで一時的に形成されるもので、用がすむとまた流動性を取り戻す。ミミズなどの環形動物などは体の筋肉を部分的に収縮・弛緩させることで前進するが、そのときに各体節にある剛毛が支点の役目をする。同じ環形動物でもゴカイなどの多毛類は、剛毛に加えて足刺(そくし)なども含めた疣足(いぼあし)という複雑な構造を発達させている。

軟体動物は筋肉でできた独自の足を発達させており、足のあり方を基準にして、腹足類（巻き貝類）、掘足類（ツノガイ類）、斧足類（二枚貝類）、頭足類（イカ・タコ類）といった分類がなされている。ただし、急いで逃げるときには、ジェット推進に頼るものもいる。イカやタコのジェット推進はよく知られているが、オウムガイやホタテガイなども水管や貝殻にある排出孔から水を噴出させて泳ぐ。水中の甲殻類、陸上の昆虫類をひっくるめて、節足動物のあしは付属肢（appendage）と呼ばれ、一般に関節で折り曲げることができる。付属肢は原則として体節ごとに一対ずつあり、頭部の体節にあるものは、変形して触角や口器になる。ただし、チョウやガの幼虫であるイモムシ類は、付属肢の代わりに、木の葉にしっかりとりつくための吸盤のついた腹脚をもっている。

水中の脊椎動物の主要な移動器官は鰭(ひれ)で、代表的なものは魚類の鰭である。ところが、魚は鰭だけで泳ぐわけではない。静かに前進・後退するときには、胸鰭だけ、あるいは背鰭と尻鰭だけを使い（電気魚などは体をくねらせば、電場が発生してしまうので鰭だけで泳がなければならない）、もう少し速い動きをするときには、背鰭、腹鰭、尻鰭、尾鰭まで総動員する。しかし、高速で泳ぐ魚では、主要な推進力は体を左右にくねらせることでつくりだされている。水中では浮力が作用するため、長時間の高速遊泳が可能なことが陸上で走る動物との大きなちがいである。体をくねらせるのは蛇行とも呼ばれるように、ヘビに典型的な移動方式だが、同じような細長い体つきをしたウナギやアナゴも基本的には体のうねりだけで推進する。エイ類は特殊で、体の縁にある胸鰭を波打たせ、ときには羽ばたきに似た動作によって推進する。

## ❖陸上での歩行

最初に陸に上がった魚は肉鰭(にくき)類の仲間(ティクターリクという化石魚が有力候補として名乗りをあげている)だったとされている。肉鰭類というのはその名の通り鰭が肉質で丸い葉のような形をしている魚類で、現在も生きている肉鰭類の代表は肺魚とシーラカンスである。これに対して、一般の硬骨魚類は鰭に膜を支える筋(条)があるので、条鰭(じょうき)類と呼ばれる。陸上脊椎動物の四肢の起源となったのはこの肉鰭類の鰭だった。それから、両生類、爬虫類(および鳥類)をへて哺乳類へと進化がつづくわけだが、それにつれて四肢も変わっていく。動物が水中から陸上に上がったときに克服しなければならない難問の一つは体重である。水中では浮力があるため、体重の負担がない。それこそが、シロナガスクジラのような地球上最大の哺乳類が海で生きていける理由なのだ。陸上で歩こうと思えば四肢で重力を支えなければならない。両生類や初期の爬虫類の四肢は体の側面についていて、体重を支えることはできず、土を掻くようにして前進する(匍匐(ほふく)型)ので、四肢に負担はかからないが、これではスピードがでない。そのうえ、四肢を曲げることによって肺が圧迫されるので、歩きながら呼吸することができないのである。速く歩くためには、体を地面からもちあげなければならず、そうなると四肢で体重を支えなければならない。そのために、肩や腰の骨格（解剖学的には肩帯（けんたい）および腰帯（ようたい）と呼ばれる）の構造を変え、骨そのものや筋肉も強化されなければならなかった。

そのうえ、体が大型化するにつれて問題はさらに厄介になる。体長が二倍になると表面積はその二乗すなわち四倍、体積つまり体重はその三乗すなわち八倍になる。もとのプロポーションのままだと、四肢は断面積あたり二倍の重さに耐えなければならない。もとと同じ負担にするためには、脚の太さを二倍にしなければならないわけだ。四肢は体の横にではなく真下に付き、関節で曲げるのは負担が大きいので、家屋の柱のようにまっすぐになり、しかも短くならざるをえない。ゾウ、カバ、サイなど、大型の脊椎動物の四肢はみなそうなっている。おそらく陸上哺乳類の体の大きさの限界は、体重を脚が支えられなくなるということによって決まっているのだろう。

陸上を歩く脊椎動物のあしは、生物学的にはふつう脚（leg）と表記し、そのうち地面につく部分を足（foot）として区別するが、日常的にはしばしば混用される。前肢と後肢が機能的に分化しているときには、前者を腕（arm）、地面につく部分を手（hand）と呼ぶ。鳥類の前肢は翼に変わったが、翼や昆虫の翅（はね）については、他の飛翔器官とともに、「翼」（↓）の項で説明しよう。霊長類は腕を移動運動に使うという点で特異である。腕わたり（ブラキエーション）は両腕を使い、体を振り子のように揺らして、木の枝から枝へと移動していく方法である。類人猿一般に見られるが、テナガザル類でもっともよく発達している。腕わたりはおそらく、人類が直立二足歩行にいたる前段階として重要であった。二足歩行の進化については「霊長類」（↓）の項で説明するが、人間以外にも、後ろ脚による二足歩行は、ティラノサウルスのような獣脚類の恐竜や、鳥類、カンガルー類にも見られることだけを述べておこう。

**❖歩行から走行へ**――移動の速度を速めると、歩行は走行に変わる。イヌやウマについては、その速度に応じて、ウォーク（並足）、トロット（速足、だく足）、キャンター（駆け足）、ギャロップ（早駆け）という呼び名で区別されるが、他の哺乳類では、このうちの一段階以上が省略されることが多い。ふつうの並足では四本の脚はばらばらに動かされるが、キリンやネコは同じ側の前脚と後ろ脚を同時に動かすペーシング（側体歩）がふつうである。イヌも疲れたときなどにこれをやることがある。トロットでは、右前脚と左後ろ脚というように対角線上にある脚を同時に動かす。もっとも速いギャロップでは、チーターの疾走の映像に見られるように、体は一杯に伸び、二本の前肢が同時に着地し、つぎに後肢の二本が同時に着地するという走り方になる。ギャロップの速度がさらに増すと脚が四本とも空中に浮く瞬間があり、このような走り方を、乗馬用語では襲歩（しゅうほ）と呼んでいる。

ギャロップはある意味で、連続的な跳躍と考えることができる。跳躍は昆虫や脊椎動物のように少数のあしで体をささえる動物に見られるもので、あしを急激に屈伸させ、地面を蹴ることによって体を地面から浮かせる。ノミやコメツキムシが跳躍するときには、まずかがみこんで後ろ脚をおりまげる。すると付け根にあるレジリンという弾性タンパク質が圧迫され、留め金機構によって歪みエネルギーが貯えられる。そのあと、留め金機構を筋肉の弛緩によってはずすと、貯えられていたエネルギーが一挙に解放されて、跳躍を引き起こす。脊椎動物で跳躍のチャンピオンはカエル類で、これはふつうの筋肉運動によってなされ、近縁種間では跳躍力は脚の長さに比例するようである。

## ❖哺乳類の泳ぎ——進化の過程で、一部の陸上動物は水中に逆戻りした。爬虫類ではウミガメ類やウミヘビ類、そしてワニ類である。ウミヘビ類は水の中でも蛇行でいける。ウミガメ類は四肢が鰭脚となり、これをパドル（櫂）として使って水中を泳ぐ。ワニ類は両生類的な生活をし、陸上を匍匐（ほふく）または歩行する一方で、水中ではあしは体にぴったりつけて、尾を左右に振って泳ぐ。鳥類のうち、水鳥・海鳥と呼ばれるものの多くは、足が水かきになっていて、体を水に浮かべて、水中で足を漕いで進む。餌を取るために水中に潜って泳ぐペンギンやウは、水の中で羽ばたき運動をおこなっているのである。ただし、翼の動かし方は少し異なる。

海に戻った哺乳類は鰭脚類（セイウチ、アシカ、アザラシ、オットセイ）、海牛類（マナティ、ジュゴン）、鯨類（クジラ・イルカ）である。鰭脚類はその名の通りに四肢が鰭脚になっているが（前脚の鰭は二つ、後ろ脚は合体して一つの鰭になる）、餌は水中でとるものの出産と授乳は陸上でおこなわなければならないために、この鰭は水陸両用である。アシカ類は前のヒレ脚をパドルのようにして泳ぎ、アザラシ類は後ろ脚の鰭で推進力をつくりだすのに対して、セイウチ類はその中間で、前脚の鰭も後ろ脚の鰭も同時に使う。

海牛類と鯨類は完全な水生で、出産・授乳も水中でおこなうので、どちらも前脚は胸鰭となり後ろ脚は痕跡しか残っていない。クジラ・イルカ類は流線型の体をして、まるで魚のようにすいすいと泳ぐが、その泳ぎ方には魚類と根本的にちがうところが一つある。それは魚類の推進力が主として、縦に扁平な体を左右に振ることによって得られるのに対して、クジラ・イルカ類では、陸上でのギャロップの際の運動様式を継承し、背骨を上下に波打たせることによって推進力を得ていることである。尾で見れば、左右に振られるか上下に振られるかのちがいである。

いずれにせよ、こうした動物の運動の基礎にあるのは筋肉の運動であり、そのためにはエネルギーが必要である。エネルギーの供給なくして運動はありえない。そこで、自然界におけるエネルギーの流れと、その通貨としてのＡＴＰについて見ることにしよう。

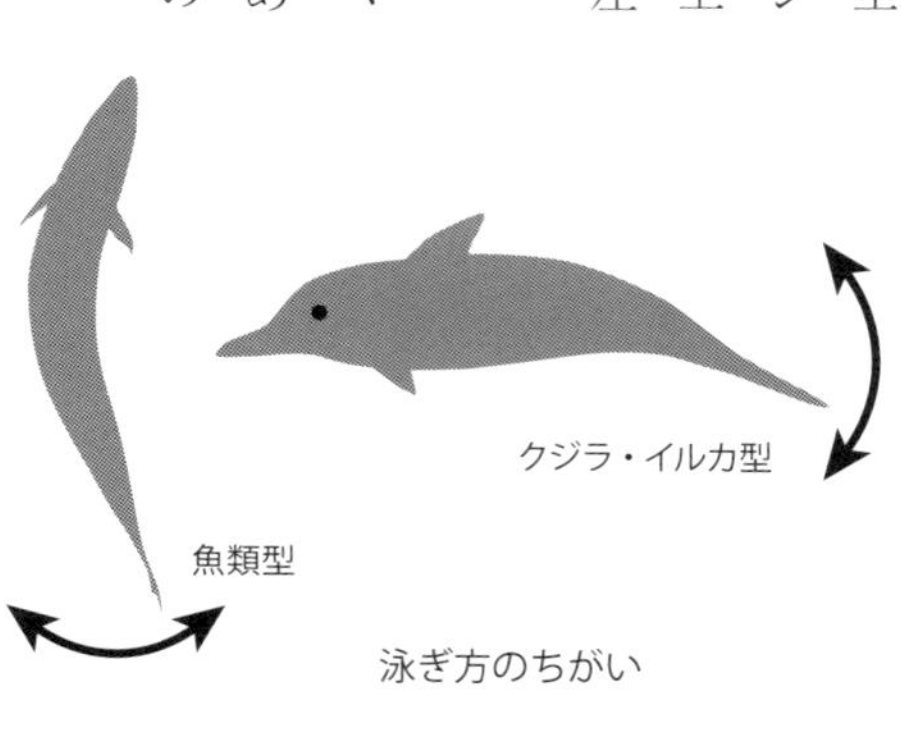

泳ぎ方のちがい

## 【エ】エネルギー energy

この言葉は、ドイツ語が学問の主流だった時代の名残で、現在なら英語読みでエナジーと言うべきところだが、あまりにも日本語としてなじんでしまったために、いまさら変えるわけにはいかなくなってしまった。この言葉はいろいろの使われ方をするが、ここでは物理学的な意味、すなわちなんらかの仕事をなしうる能力という定義にかなうものを取り扱う。

❖**地球と生命のエネルギー**——単純なものから複雑なものへの進化が起こりえないということを主張するためにもちだされる論拠の一つに、熱力学の第二法則、いわゆる「エントロピー増大の法則」がある。しかし、この法則には適用範囲があり、断熱閉鎖系であることが前提であり、地球上の生物の進化に関してこの法則をもちだすのはまちがっている。地球も、生物も閉鎖系ではなく、外部からのエネルギーの出入りがあるからである。

地球に入ってくる主要なエネルギーは太陽からの放射エネルギーであり、その一部は宇宙空間に戻される。

地球上のあらゆる生命活動の基本にあるのはこの太陽エネルギーなのである。ただし、地球の内部に、生命にとって重要なもう一つのエネルギー源があることを忘れてはならない。それは地殻の熱エネルギーである。生命の起源の時点において、海底の熱水噴出孔のような場所で、それが重要なはたらきをした可能性があり、現在でも地殻の熱エネルギーを利用し、化学合成をおこなって生きている膨大な数の微生物が存在する。

太陽エネルギーを最初に利用するのは光合成生物（細菌、藻類、および植物）であり、そのエネルギーで有機物（炭水化物）を合成して、他の生物が利用できる化学エネルギーに変換する。生態系（↓群集）のなかでは、こうした光合成生物を生産者と呼ぶ。光合成生物を直接食べる生物が一次消費者、それを食べる捕食者が二次消費者、それをまた食べるのが三次消費者ということになる。さらに死体や落ち葉などを食べる生物が分解者である（生態系におけるこのような役割のちがいは栄養段階と呼ばれる）。こうした生食・腐食の食物連鎖を通じて、エネルギーが循環していくことが「エネルギーの流れ」あるいは「エネルギー転流」である。生産者から消費者、分解者へとエネルギーが流れる過程で、熱などの形でエネルギーが失われるので、食物連鎖の栄養段階を上がるごとに、総エネルギーは少しずつ減っていき、段階ごとの生物体量は上にいくほど小さくなるピラミッド状を呈することになる。

❖**ATP**――有機物に含まれる化学エネルギーは、生物体内ではATPという物質に変換され、これがすべての生物における一種のエネルギー通貨としての役割を果たすことになる。ATPはアデノシン三リン酸の略称で、ヌクレオチド（↓）の一種であるアデノシンにリン酸が三分子結合している。このリン酸分子のうちの二つが高エネルギーリン酸結合しており、特異的な加水分解酵素（ATPアーゼ）のはたらきによってリン酸一分子が離れて、ADP（アデノシン二リン酸）になるときに一モル当たり、七・三キロカロリー、もう一つ離してAMP（アデノシン一リン酸）になるときには合計一〇・九キロカロリーのエネルギーが発生し、このエネルギーが生体内の化学合成反応を動かし、あるいは運動エネルギーに変換される。ついでながら、ATPは、DNAやRNAの前駆体としても重要である。

それではATPは有機物からどのようにしてつくられるのか。主要な方法として酸化的リン酸化と解糖がある。酸化的リン酸化というのは、呼吸によって得た酸素で有機物を酸化分解（燃焼）し、そのエネルギーを使って、ADPからATPをつくるものである。この反応には、TCA回路（クエン酸回路、クレブス回路とも言われる）や電子伝達系が関与し、動物・植物・菌類（真核生物）のミトコンドリア（↓）の内膜、細菌（原核生物）の細胞膜でおこなわれる。酸化的リン酸化では一分子のグルコース（ブドウ糖）を完全に酸化すると、三六分子のATPが

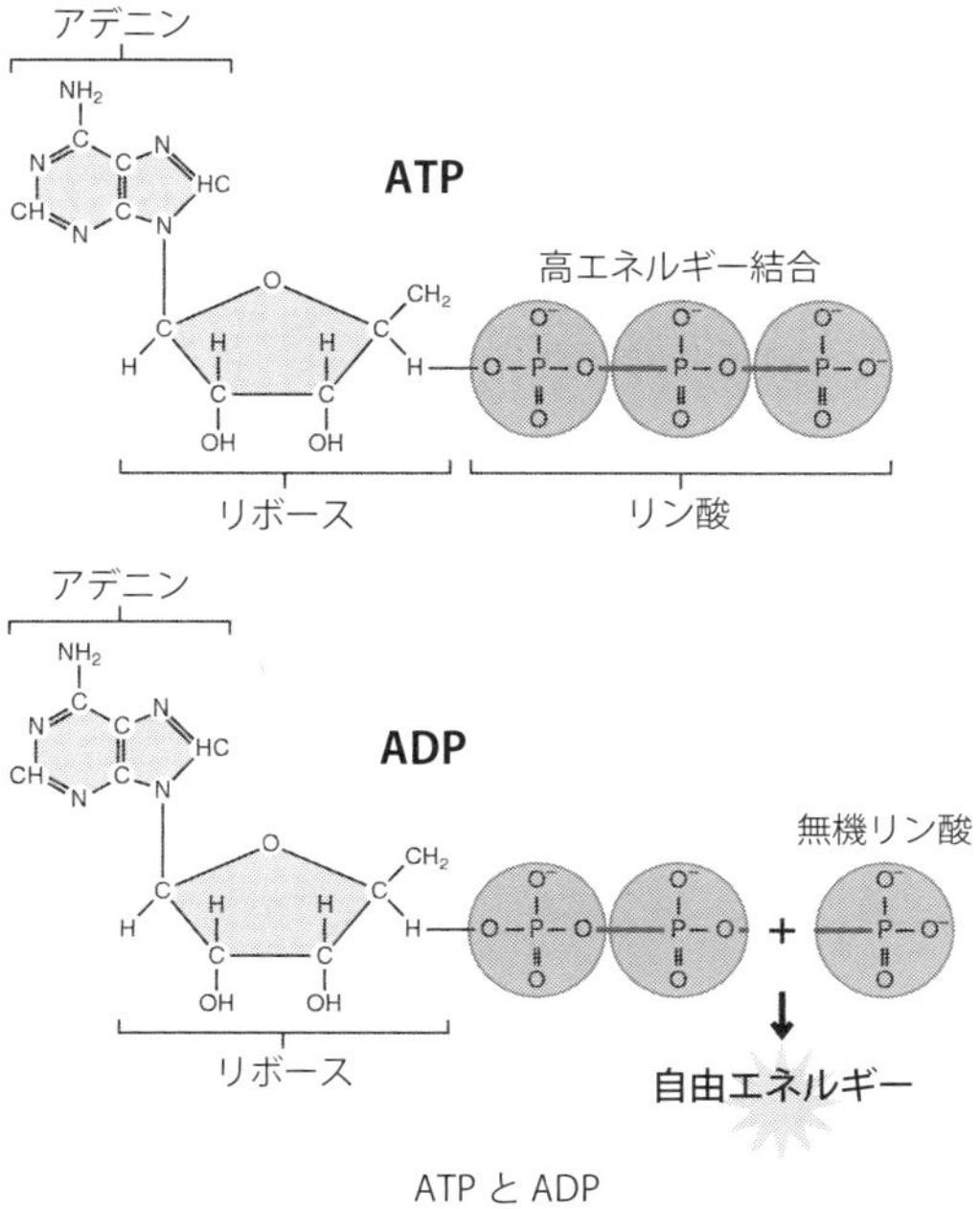


ATP と ADP

合成できる。

酸化的リン酸化には酸素が必要だが、酸素のないところでは解糖（微生物による発酵も基本的に同じ）によってATPが合成される。これはエムデン＝マイヤーホフ経路と呼ばれる一一段階の化学反応過程（ATPをつくりだす反応も、ATPを消費する反応も含まれている）を経て、最終的に一分子のグルコースから二分子のATPと二分子の乳酸がつくりだされる。ATPの生産という面では、上記の酸化的リン酸化にくらべるときわめて効率の悪いものであることがわかるだろう。このエムデン＝マイヤーホフ経路によって生じたピルビン酸が乳酸脱水素酵素によって乳酸に変えられる。ATPは動物の筋肉運動の主要なエネルギー源だが、筋肉を短期間に酷使した場合には、無酸素状態になるため、解糖によってATPをつくるので、過剰になったピルビン酸からできた乳酸がたまってしまうことになる。

### ❖滑り説

動物の筋肉は、組織構造のちがいから、横紋筋と平滑筋に大別される。横紋筋はその名の通り、顕微鏡で見ると横紋が見えるもので（環形動物や軟体動物では条紋がらせん状になっているため斜紋筋と呼ばれる）、これは、筋肉を構成する筋繊維がシンシチウム（多核体）をなす一個の細長い細胞からできていて、その全長にわたって明るい部分（I帯）と暗い部分（A帯）が規則正しく配置された数百本の筋原繊維をもっているためである。脊椎動物ではすべての骨格筋と心筋が横紋筋で、迅速な運動をおこなうのに適している。平滑筋は紡錘形の単核の細胞から構成されているため、顕微鏡で横紋が観察されないもので、脊椎動物の心筋を除く内臓の筋肉や、無脊椎動物の体筋がこれにあたり、一般に筋肉の収縮・弛緩の速度は遅い。意識的に動かすことができるかどうかという点で、随意筋（骨格筋）と不随意筋（心筋、平滑筋）に分けられることもある。

筋原繊維はサルコメアと呼ばれる単位の繰り返し構造になっている。一つのサルコメアにはI帯とA帯があり、I帯はアクチンフィラメントから構成される細い繊維で、A帯はミオシンフィラメントが構成する太い繊維であるが、二本のアクチンフィラメントのあいだにミオシンフィラメントの先端が入り込むという形になっている。

筋肉の運動は筋収縮によってなしとげられるが、筋収縮のメカニズムとして現在ひろく認められているのは、一九六四年にアンドリュー・ハクスリーとヒュー・ハクスリーらによって提唱された滑り説（sliding theory）である。これによれば、筋収縮はミオシンフィラメントがアクチンフィラメントのあいだに滑り込み、一つのサルコメアの長さが短くなることによって起こる。当初は仮説にすぎなかったが、その後電子顕微鏡による観察やX線回折による微細構造の確認、およびその他の生理学的研究から、科学的に疑いの余地ない事実として認められるにいたっており、さらに最近ではミオシンが、筋肉運動以外の生物体の運動においても、分子モーターとしての役割をもつことが明らかになっている。

**❖分子モーター**——生物の細胞は多様な化学反応をおこなうだけではなく、細胞分裂、鞭毛運動、細胞質流動など物理的な仕事も果たしており、そのためには化学エネルギーを運動エネルギーに変換する必要があり、そうした仕事を引き受けているのが分子モーターと総称される一群のタンパク質である。分子モーターの動力もやはり、ATPを加水分解してADPにしたときに得られるエネルギーである。

分子モーターは、細菌鞭毛モーターやF1ATPアーゼ（ミトコンドリアでのDNA合成に関与している）のような回転モーターと、筋収縮の場合のように、特定のフィラメントの上をタンパク質分子が滑っていくリニアモーターに大別される。そしてリニアモーターは、滑るフィラメントのちがいによって、さらにアクチンモーター、微小管モーター、DNAモーターの三つに分けられる。

アクチンモーターは、アクチンフィラメントの上をミオシンが滑っていくもので、筋収縮がもっとも代表的なものだが、細胞性粘菌の移動、細胞質分裂、食作用、膜小胞輸送なども、このモーターが動かしている。ミオシンには多数のタイプがあり、滑り速度はミオシンの種類によって異なるが、驚くべきことに、車軸藻類の原形質流動のアクチンモーターは骨格筋の一〇倍近い速度をもつことが知られている。微小管モーターは、細胞骨格の微小管の上をキネシンかダイニンが滑っていくもので、膜小胞輸送、染色体分離、あるいは真核細胞の繊毛・鞭毛運動にかかわっている。また、DNAモーターは、DNAの複製や転写の際に、DNA二重らせんを巻き戻すヘリカーゼやRNAポリメラーゼなどの酵素がDNAの上を滑っていくものである。現在ではナノテクノロジーの発達によって、分子モーターの動きを一分子レベルで観察することが可能になっている。

エネルギーが運動にかかわるところでは、どんな形のエネルギーであれ、熱の発生をともなう。そして、生物体内で生じる熱こそ、体温の源泉である。それでは、生物学における温度の問題に目を転じることにしよう。

## 【オ】温度

おんど　temperature

温度は生物にとって、酸素や水とともに、生存を左右する重要な要因である。陸上生物にとっては気温が、水生動物にとっては水温が問題であり、生物体内の細胞にとってはその生物の体温が重要な意味をもつ。地球の歴史をさかのぼれば、何度も寒冷期や温暖期が繰り返された。六～八億年前の大寒冷期はスノーボール・アースと呼ばれるように赤道まで氷河に覆われた時代があったとされるし、逆に約五〇〇〇万年前の始新世には南極や北極に氷はなく、ヨーロッパの北緯六〇度まで亜熱帯性の植物が生い茂っていた。こうした極端な温暖化や寒冷化は同時に、海面の降下や上昇、さらには大気中の二酸化炭素レベルなどの変化をともない、それまでの環境に適応していた生物には存亡の危機となるものであった。

人類が歴史に登場する更新世（約二六〇万年前～一万年前）だけ見ても、何度も氷期と間氷期が繰り返された。正確な数字は学者によって意見が分かれるが、一五回の氷期があったとする説が有力である。どうやら、一定の間隔で起こるらしいが、その原因としてあげられているのは、ミランコヴィッチ周期と呼ばれているもので、地球の自転にともなう歳差、自転軸の傾きの周期的な変動、および公転軌道の周期的な変動という三つの要素の組合せによって説明される。しかし、デボン紀、ペルム紀、白亜紀などの終わりに生物の大量絶滅をもたらした気候変動については、隕石の衝突や火山の爆発などの天変地異が引き金になったと考えられている。

**❖地球温暖化**――最後の大氷期はおよそ一万年前に終わり、現在は間氷期にあたるので、問題になっている地球温暖化がはたして、そうした自然の周期にすぎないのか、それとも人間の活動が引き起こしたものなのかについては、いまの時点で断定するのはむずかしい。しかし、石油や天然ガスの燃焼によって発生する二酸化炭素や水田や牧牛から発生するメタンガスなど、いわゆる温室効果ガスの増加が、温暖化傾向に拍車をかけていることはまちがいない。今後どういう趨勢をたどるかについては、楽観的な見通しも悲観的な見通しもあるが、「気候変動に関する政府間パネル（IPCC）」が二〇一四年に出した第五次評価報告書は、温暖化が人間活動の影響である可能性は九五％だと述べ、二一世紀末までに世界の気温はおよそ〇・三～四・八℃上昇し、海面は二六～八二センチメートルの上昇があると予測している（ちなみに二〇世紀中には気温は〇・六℃、海面は一〇～二〇センチメートルの上昇があった）。その結果、多くの地域で気温が上昇し、熱波が来襲し山火

世界平均地上気温変化

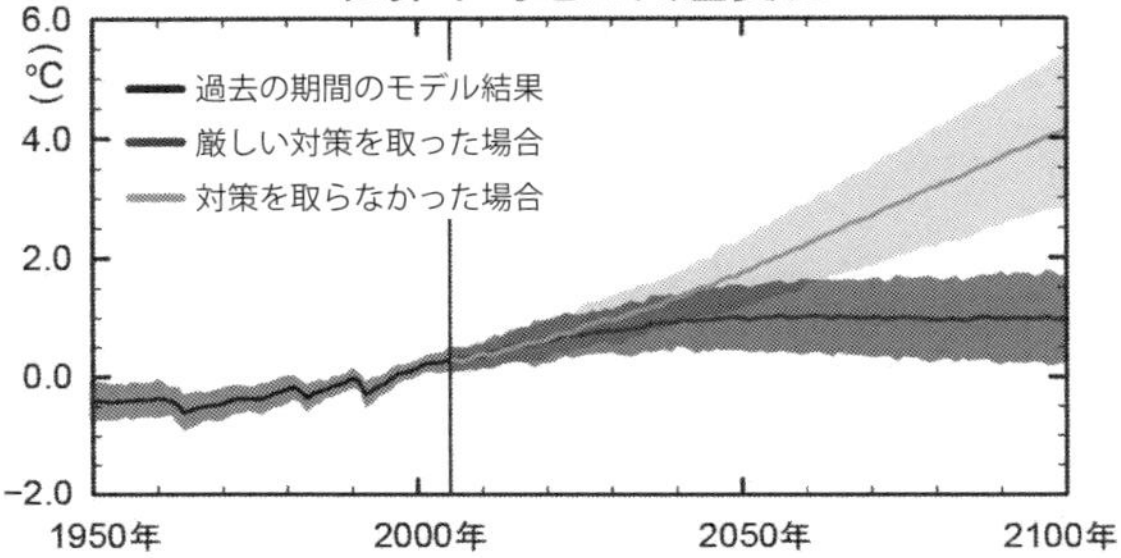


IPCC 第5次評価報告書（2014年発表）

事が増え干魃が進む一方で、極端な大雨による河川の氾濫も起きやすくなると警告している。この報告では海面の上昇は数十センチメートルという予測だが、一部の専門家は数メートルの上昇がありうると考えている。もし二メートルに達すれば、平均標高が数メートルしかないツバル、フィジー、モルジブ、マーシャルなどの海洋中の諸島が重大な脅威にさらされることは疑いない。それだけでなく、たとえば北極海の冷たい海水は、北大西洋の海流全体を動かす原動力だが、もし温暖化が進めば、この流れを止め、西ヨーロッパ全体の気候に重大な影響を与えるということもありうる。

ここ十数年の気候の緩やかな温暖化は、日本の動植物の分布にも明らかな影響を与えている。たとえば、亜熱帯産のナガサキアゲハが一九八〇年代から近畿地方、二〇〇〇年以降は関東地方でも確認されるようになり、北海道ではウスバキチョウの生息域の標高が二〇〇メートル上昇し、高山植物ヒダカソウが絶滅に瀕している。海では沖縄のサンゴ礁が温度上昇によって被害を受ける一方で、長崎県の諸島で新しいサンゴ礁の形成が見られる。環境省では、日本近海の熱帯・亜熱帯性サンゴ礁の分布海域は二〇二〇～三〇年代に半減し、四〇年代には消失すると予測している。アオウミガメの産卵場も北上し、北限が屋久島から宮崎県に上がり、二〇〇八年には愛知県の海岸で産卵が観察された。こうした例は氷山のほんの一角にすぎない。

### ❖耐熱性と耐寒性——生物の酵素反応は基本的には化学反応なので、温度が高いほど反応速度が速くなり、効率的に活動できる。しかし、あまり高くなりすぎると、タンパク質の変性が起こり、細胞が破壊されるため、ほとんどの動物では、致死温度は五〇℃以下である（ヒトでは体温が四二℃を超えると脳が

致命的な損傷を受ける)。しかし、極地の海に生息する魚のなかには致死温度が一〇℃以下というものもある。一般に生理的な体温より五〜一〇℃の上昇が起これば、熱ショックタンパク質の合成が誘導され、これによって変性したタンパク質を除去したり再生したりする機構があらゆる生物に備わっている。

耐熱温度は生物によってちがいがあり、五〇℃以上の温泉で生きる細菌類や原生生物もおり、とくに超好熱古細菌のなかには一一〇℃以上の高温で生きているものもいる。これらの細菌ではRNAおよびタンパク質の分子組成が通常のものと異なっていて熱変性に対する抵抗性がある。ゲノム分析におけるPCRというDNA複製法は、高温下で迅速な反応をおこなわせるために、好熱菌のRNAポリメラーゼを使っている。昼間の気温が致死温度を超えるような土地にすむ動物は、体温調節するだけでなく、夜行性や穴居性という習性を発達させることになる。

温度が低くなると代謝速度が低下するだけでなく、〇℃以下になると細胞が凍結してしまう危険性がある。これを回避するため、寒い地方にすむ動物は厚い皮下脂肪や毛皮をもつことで適応し、南極にすむコウテイペンギンは集団を形成し、その保温効果でマイナス四〇℃のなかでも生き抜くことができる。クマやヤマネのような冬眠する哺乳類は、体温調節で対応しきれなくなると、冬眠状態に入るが、このとき体温は数℃に落ちる。ホッキョクジリスではマイナス三℃近くになるが、非常にゆっくりと体温を落としていって、過冷却の状態で凍結を防いでいる。

ふつうの魚は水温がマイナス〇・八℃以下になると体液が凍結してしまうが、北極海や南極海の魚は水温がそれより低くても凍結しない。一般に液体に化合物が溶解していると氷点降下が起きる。極海にすむ魚類の体液には不凍タンパク質という特別な物質が含まれており、氷点がマイナス一・六〜二℃まで下がるのである。植物は細胞または器官の外側だけを凍結させて内部の細胞を守るというやり方をする。細胞は脱水されて収縮するが、氷点が降下することで凍結を免れるのである。

## ❖恒温動物と変温動物

――生物は体外の温度変化に対してなんらかの対応をしなければ生きていけない。陸の上では、夏に一日で最高温度と最低温度の較差が三〇℃を超えることもあるが、海では水の比熱が大きいために、年間を通しても同じ海域で較差が一〇℃を超えることはない。陸上ではマイナス四〇℃になる極地でも、海の水温はマイナス二〜三℃でしかない。したがって、水生生物にとって温度変化が深刻な問題になることはあまりない。ただし磯のタイドプールや干潟、あるいは浅い池などでは激しい温度変化が見られるので、そういう生息環境にすむ生物は、それぞれすぐれた体温調節能力を発達させている。

外界に温度変化があっても体温を一定に保つことができる動物を恒温動物（定温動物）と呼ぶ。哺乳類と鳥類がこれにあてはまり、それ以外の動物は、多かれ少なかれ外界の温度に体温が左右されるので変温動物と呼ばれる。哺乳類ではほとんどの種の体温が三六〜三九℃のあいだにあり、鳥類では四〇〜四一℃のものが多い。恒温動物は温血動物とも呼ばれるように、体温を一定に保つためには、全身にはりめぐらされた血管網が重要である。恐竜の一部には発達した血管系をもつものがあり、ロバート・バッカーなどによって恐竜温血（恒温）説が唱えられたが、現在では、恒温と変温の中間型だったという説が有力である。

動物の体温をエネルギーの収支で考えれば、収入は物質代謝にともなって発生する熱と外部からのエネルギーであり、支出は体外へ放出される熱である。両者のバランスによって体温が決まる。外気温が体温より高いときには、涼しいところに逃げ込むか、それができなければ放熱に頼って下げるしかない。汗腺の発達した動物は汗をかき、汗腺の発達していない鳥類やイヌは、喘ぎ呼吸で、口や気道から水分を蒸発させて、その気化熱で体温を下げる。体の表面からの放熱もあり、ネズミやゾウは体を唾液や水で濡らして、やはり気化熱で冷やす。そうしない場合でも、表面積を拡大したほうが放熱の効率はいい。恐竜のステゴサウルス類の背中の骨板は自動車のラジエーターのように熱を放出するはたらきをしたのではないかといわれている。逆に寒冷地にすんでいる動物では、放熱を防ぐために、耳、吻、尾、四肢などの突出部の面積が小さくなるという傾向が見られ、アレンの規則と呼ばれている。

しかし動物にとって、体温を上げることも重要である。体温が上がらないと代謝が鈍く、あらゆる活動が緩慢になるので、獲物をうまく捕まえることも、捕食者から逃れることもむずかしいからだ。恒温動物は、一般に主として筋肉の運動や内臓の代謝熱を利用して体温を上げることができるので内温性と呼ばれるのに対して、多くの変温動物は自分で熱をつくることができず、外界からの熱に依存するので外温性と呼ばれる。ただし、変温動物でもマグロなどの高速回遊魚や激しい羽ばたき運動をする昆虫類など、筋肉の運動によって内温的に体温を高めることができるものもいる。逆に恒温動物でも、冬眠をする比較的原始的な哺乳類のように、外温が低くなると体温を下げるものがいて、こちらは異温性と呼ばれる。

爬虫類や多くの昆虫などは気温が低い時間は体温も低いために、ほとんど動くことができず、太陽の光にあたって体を温めてからやっと活動を始める。

くりだされるので、つくりだせる熱の量は体積、すなわち体重におおまかに比例する。これに対して放熱は体表面積に比例する。すでに「運動」の項で述べたように、面積は長さの二乗、体積は三乗で増えるので、熱の収支からして、体が大きくなると体温を高く、小さくなると低く保ちやすくなる。したがって、近縁な異種間では寒い地方にすむ種ほど体が大型化する。たとえば、クマ科でいえば、マレーグマ、ナマケグマ、ツキノワグマ、ヒグマ、ホッキョクグマと分布が北にいくにしたがって大型化している。これはベルクマンの規則と呼ばれているもので、鳥類と哺乳類の多くにあてはまる。

一方、一定以上に小さくなると、体重当たりの表面積が増大するため、熱の生産が放出に追いつかなくなる。熱の生産のためには大量の食物を摂取しなければならないが、最小の哺乳類であるトガリネズミ類は、そのために、一日に自分の体重と同じほどの食物を食べる必要があり、ほとんど眠る暇もなく食べ続けなければならない。このことが哺乳類の体の大きさの下限を決めていると思われる。

### ❖体温と体の大きさ――内温性の動物の場合、体温は主として筋肉の運動と内臓の代謝熱によってつ

ヒトの体温調節中枢は視床下部にあり、そこに温感、冷感二つの温度感覚受容細胞があることが知られている。温冷の感覚情報は、皮膚にある温点と冷点と呼ばれる外部受容器からと、視床下部、脳幹、延髄などにある温度感受性ニューロンからの深部受容器からやってき、その情報を受けた体温調節中枢は、さまざまな指令を発するわけである。いよいよ感覚について論じなければならない。

## 【カ】感覚　かんかく　sence, sensation

感覚は日常的にはきわめて幅広いニュアンスで使われる言葉だが、生物学的には少なくとも二つの意味をもっている。一つは外部からの刺激を感覚器官が受容することによって生じる外感覚（このほかに平衡覚、筋肉覚、運動覚、内臓覚などの体内の器官の状態の変化を感知する内感覚があるが、これについては省く）。もう一つはそうした刺激受容の総合的な結果として個人の内部で生じる体験である。どちらも感覚という一つの言葉で表現されるが、その内容は次元の異なるものである。前者は純粋に生理学的な過程であるが、後者はゲシュタルト（構造を部分の集合ではなく、全体として捉えたもの）、あるいはかつてニュートンがファンタズム（幻影）と呼び、最近ではクオリアと呼ばれる概念に関連した心理学的ないし認知科学的な過程で、知覚と言い換えることもできる。

後者が人間以外の動物にも存在するかどうかは議論のわかれるところである。言葉をもたない動物から感覚体験を聞き出すことはできない。しかし、少なくとも動物行動学における解発刺激の研究結果からみれば、刺激の認知が要素に還元できないゲシュタルト的なものによってなされていることは明らかで、色ひとつとりあげても、その識別能力はクオリアに類するものの存在を前提にしている。なぜなら、色の認知にかかわる類人猿の色覚は、それぞれ四四〇、五四〇、五九〇ナノメートル付近の光にもっとも強い感受性をもつ三種類（多くの哺乳類では二種類しかない）の錐体細胞が受ける刺激によって成り立っているからだ。この三つは慣例として青錐体、緑錐体、赤錐体と呼ばれているが、それぞれが青、緑、赤の色そのものを感じるわけではない。脳は、それぞれの錐体の反応の総和として色を知覚するのである。したがって、もしサルが、単独の青色、黄色、赤色のちがいを明確に区別できるとすれば、たとえ彼らが言葉にすることができなくとも、単純な物理的感覚ではなく、色のゲシュタルトに類似のものが存在しているという推測が成り立つ。

さらに、ゲシュタルトとの原義である形態という点でも、チンパンジーが各種の図形を識別できるだけでなく、図形文字を理解することさえ証明されている。したがって、人間以外にも知覚が存在することは議論の余地がない。

## ❖感覚の起源

──「頭」の項でも述べたように、もっとも原初的な感覚は食物あるいは不快・危険物質の検知であり、生物個体の反応は、前者であればそれを呑み込むかそちらに向かって近づく、もし後者であれば、のたうって振り払うか逃げるかという反射ないしは走性（刺激源に対する生得的な反応）的なものであっただろう。この原初的な感覚から知覚、いわゆるクオリア的なものが進化する過程について、ニコラス・ハンフリーは『喪失と獲得』において、おおよそ次のような仮説を述べている。最初の感覚は局所的な刺激に対する機械的反応でしかないが、やがて中枢神経節に刺激情報が送られて、一定の評価を受けて適切な行動がとられるようになる。動物が進化していくうちに、刺激源についてのなんらかの知識を構築することが、生存上の有利さをもつようになることは容易に想像がつく。たとえば、ある化学的な刺激に対してそのたびに機械的に反応するよりも、敵あるいは食物の接近を告げるものであると解釈できたほうが有利である。言い換えれば、「そこにどういう刺激があるか」という事実から「そこでどういうことが起こっているか」を知りえたほうが有利である。ここから知覚の形成がはじまる。最初の知覚はおそらく刺激信号をモニターすることから始まっただろう。動物がさらに進化をとげ、環境からの独立性をもつようになるにつれて、体表面の感覚器は刺激に直接反応するという役割を失い、知覚を得るためのモニター機能へと専業化していったというのである。

「網膜」の項で眼の進化について述べることを別にすれば、個別の感覚器官の進化については論じないが、それぞれの動物は自らの生存環境においてよりすぐれた知覚を得るために、進化を通じて、特定の感覚器官の精緻化をおしすすめることになった。

## ❖感覚のわな——人間を含めてすべての動物は感覚を通じてしか世界を認知することができない。かりに「モノ自体」というものが存在するとしても、そのようなものとして知覚することは不可能で、視覚、聴覚、嗅覚、味覚、触覚のいわゆる五感の要素に分解された知覚を脳で再構成し、モノのイメージをつくっているだけなのだ（第六感の存在を信じている人もいるようだが、いまのところ、それは科学の対象になりえない）。そのうえ、そうした五感はきわめてかぎられた感覚能力しかもっていない。ヒトの視覚が感知できるのは光

スペクトラムのごく一部の波長だけだし、聴覚もごく限られた範囲の周波数の可聴域しかもたず、その他の感覚にしても同様である。

道具は手の延長だとよく言われるが、科学機器はある意味で感覚の延長として発展してきた。視覚を例に取れば、遠くを見るための望遠鏡、小さなものを見るための顕微鏡、それもしだいに精度を高め、ついには電波望遠鏡、あるいは分子や原子レベルまで見ることができる電子顕微鏡にまで到達した。また赤外線や紫外線を見ることができるスコープもできた。その他の感覚についても、人間の能力をはるかに凌駕する精密な測定機器ができ、実在の世界についてのより正確な像を築き上げるのに貢献してきた。しかしそうした機器は、感覚の第一段階にかかわるものであり、第二段階、すなわち人間が受けとる知覚を左右することはできない。

人間がありのままの自然を見ることができるというのは二重の意味で錯覚である。第一は人間の感覚器官の感受性の制約である。もしかりに人間の視覚が原子や素粒子レベルまで見ることのできる分解能をもっているとすれば、あらゆる物体は隙間だらけに見え、逆に対象物の全体像は見えなくなってしまうはずだ。科学的には正確さは増すかもしれないが、生物の生き残りという観点からすれば、それは無用の正確さである。生きていくうえで必要なのは、それが敵なのか獲物なのか、軟らかいのか堅いのかといった情報であり、原子レベルでの正確な構造が認識できても生きていくのになんの役にも立たない。聴覚にしても同じことで、あらゆる音に鋭敏であれば、あまりの騒音に眠ることすらできなくなってしまうだろう。その他の感覚にしても同様だ。つまり、人間の感覚は個体としての生存に必要な情報を得るのにちょうど都合がいい程度の精度（逆にいえば、いい加減さ）があればいいのであり、対象そのものの実像を正確に写し取ることが目的ではないのだ。

　第二は、感覚の生物学的機能に由来する制約である。感覚は環境内の異変を感知することに意味がある。異変はすなわち、敵や危険ないし餌や仲間の出現や接近を告げるものであり、異変がなければその個体はなにも対応する必要がない。したがって感覚は外界条件（温度・明るさ・におい・圧力など）の絶対値を告げるよりもむしろ、変化の大きさすなわち変化の加速度を告げることに目的がある。そのため、あらゆる感覚について、同じ刺激がつづくと反応性が落ちる感覚順応という現象が見られる。一つ身近な例をあげてみよう。エアコンの温度が二五℃に設定されているとして、もし真冬であればとても暖かく感じ、真夏であればとても涼しく感じるはずだ。このように同じ物理的な温度が知覚のレベルでは、まったく正反対の温度感覚をもたらすが、これは感覚順応のせいである。もちろん、外感覚のレベルでは絶対的な感覚が成立することがある（たとえば、特定の周波数の音を聞き分ける絶対音感や特定の化学分子のにおいを嗅ぎ分ける能力）が、視覚の明暗の感覚や皮膚の圧覚や温度覚では、外感覚レベルでも感覚順応が起こる。たとえば温度覚は皮膚にある温点と冷点に〇・二～〇・三℃の温度差がある熱導子を当てると刺激を感じる鋭敏さをもつが、この刺激がわずか三秒つづくだけで、反応しなくなってしまうのだ。

　さらに知覚レベルでは、さまざまな補正がなされる。たとえばバックグラウンドの色、音、匂いなどは平

カニッツアの三角形
（見えない三角形を見てしまう）

均化され、存在しないものとして処理される。そのため、青い光の中でも赤色を識別することができる。あるいは錯視や錯覚という心理学的現象で知られているように、人間は点のないところに点を見、音のないところに音を聞くということをしばしばしてしまう。自分のイメージ（探索像）に合うように、現実を見てしまうのである。そこを多くのマジシャンが巧みに利用し、詐欺師やインチキ宗教もまた、それに便乗するのである。そのあたりの具体例はチャブリスとシモンズの『錯覚の科学』に詳しい。

かくして、感覚の生理学は私たちに二つの教訓を与えてくれる。一つは自分の感覚を過信してはならない。感じたことが常に本当とは限らない。脚を切断された患者が、そこに脚がもはやないのにもかかわらず、神経の誤作動によって、脚が痛いと感じる幻肢という現象がある。脚が痛いという知覚はまぎれもないものだが、現実に痛みを感じる脚は存在しないのだ。いわゆる妄想は、現実に存在しないものを知覚することであり、その感覚にどれほどのリアリティがあろうとも、現実を映してはいないのである。

もう一つの教訓は、性的なものを含めて、あらゆる感覚の感度を無限に高めることは不可能だということである。感覚の受容には生理的な限界があり、しかも同じ刺激にはすぐに順応がおこってしまうからだ。これを快楽にあてはめれば、最高の快楽は禁欲によってしか得られないのである。

❖ **感覚の分子的機構**——最後に、感覚に付随して細胞レベルで何が起こっているかをヒトの五感について見ておこう。外感覚として刺激に反応するのは感覚細胞である。感覚細胞が刺激によって変化し、最終的に感覚細胞の興奮を引き起こし、そこから発射（神経生理学者の多くは発火という言葉を用いるが、これは英語の fire からの一種の誤訳と考えられる。神経伝達については「ニューロン」の項を参照のこと）される神経インパルスが神経繊維を通じて中枢神経系ないしは神経網に伝えられる。視覚の場合、「網膜」の項で詳しく述べるが、感覚細胞は視細胞で、これには錐体と桿体の二種類があり、含まれるロドプシンという物質が光を吸収して変化し、複雑な連鎖的（カスケード）反応を経て、視細胞の興奮をもたらす。その情報は視神経を通じて大脳の視覚野に送られる。聴覚の場合は、内耳にあるコルティ器官の有毛細胞が感覚細胞で、この細胞の先端にある毛が鼓膜を介して伝わってきた振動によって動くと、毛にあるカリウムイオン・チャンネルが開き、カリウムイオンが細胞内に流入し、細胞の脱分極を引き起こして、神経インパルスを発射し、それが蝸牛神経に伝達され、大脳皮質側頭葉の聴覚中枢に達する。味覚は、味蕾にある味細胞が感覚細胞である。味覚物質の接触化学刺激によって、神経インパルスが発射され、いくつかの脳神経と延髄を介して大脳の味覚中枢に伝えられる。嗅覚は嗅受容器が嗅物質の化学刺激を受けてインパルスを発射し、嗅神経を経て、終脳の前端にある嗅球に達する。触覚（皮膚感覚）については、マイスナー小体やパチーニ小体など数種の触小体と、自由神経終末が受容器で、ナトリウムイオン・チャンネル関与して生じる神経インパルスが感覚神経繊維を通って中枢へ伝達される。

しかし、こうした感覚細胞からくるインパルスをもとに形成される知覚、あるいはクオリアは、感覚刺激と一対一の対応をしているわけではなく、五感が相互に連関しあってつくりあげるものなのだ。たとえば味覚は、純粋な味覚に加えて、嗅覚、触覚、温度覚、共通化学感覚などが混ざり合った総合感覚として知覚される。視覚ですら、風邪をひいて鼻が詰まると鈍ることは体験でよく知られる通りである。外部感覚から知覚にいたる経路は、まだまだ解明されるべき余地がたっぷりと残されている。

異種個体が出会うとき、感覚を通じて互いを認知しあい、その結果さまざまな関係が生まれる。というわけで、異種個体の友好的関係の極致ともいえる共生について見てみよう。共生が生物の世界にもつ意味は、近年しだいに重要視されるようになってきている。

## 【キ】共生　きょうせい　symbiosis

かつては共棲と書いたが、漢字使用制限のために生物学用語から棲の字が追放されたために共生となった（ただし、日本に初めてこの概念を紹介した三好学は「共生」という表記を採用していた）。水生（水棲）や陸生（陸棲）と同じことだ。共生はもともと生物学用語であったが、近年では経済学や社会学でも、相互依存的な関係を表す用語として使われるようになった。そうした用法では定義は曖昧で、かなりいい加減な使われ方をしている。生物学のほうには定義があるが、こちらもかなり多義的なものである。もっとも広い意味では、異種の生物が一緒に生活していることを指す。一緒に生活しているからには、そこになんらかの利害関係が発生し、その利害のありかたによって、寄生、片利共生、相利共生という区別が成り立つ。一般に寄生は片方が利益を得て他方が損失を受けるもの、片利共生は片方だけが利益を得るが他方は何の利害もないもの、相利共生は狭義の共生で、双方が利益を得る関係である。しかし、この区別は便宜的なもので、そのあいだには、ありとあらゆる中間型が存在する。進化生態学的な観点からすれば、こうした関係はまず寄生としてはじまり、寄生者と宿主のあいだの攻防すなわち軍拡競争があり、やがて両者のあいだに利害の妥協が成立した地点が共生だと考えることができる。

**❖寄生**――片方が一方的な利益を得るという点では、捕食者（食うもの）と獲物（食われるもの）の関係もそうだが、一緒に生活しているという条件には合わない。しかし、食う方の生物が獲物の体にすみついている場合には、寄生という言い方が成立する。たとえば寄生バチや寄生バエのように、産みつけられた卵からかえった幼虫が獲物の体を食べる習性は、捕食寄生と呼ばれる。カやブユ、ダニ、あるいはヒルのように、一時的に体表にとりついて吸血するものも、厳密には一緒に生活しているとはいいがたいが、慣用的にこれらの動物は外部寄生虫と総称され、体内にすみつく寄生虫と区別される。一方、細菌やウイルスは一般には寄生と呼ばれない。ただし細胞内共生の場合には、そのかぎりではない。

寄生者（parasite）はふつう宿主（しゅくしゅ）（host；寄主（きしゅ）とされることもあるが、字面のうえで寄生とまぎらわしいので、こちらを採用する）の体内に一生じっとしているのではなく、生活史のいずれかの段階を体外あるいは別の宿主生物の体内ですごす。そうでなければ、宿主が死んだときに種が存続できなくなってしまうからだ。寄生動物の大部分は原生動物、線形動物、扁形動物、節足動物であるが、卵をつくらず特殊な生活史をもつ原生動物を除いて、卵から、幼生（および蛹）を経て成体という変態（→）をおこなうものが多い。そうした寄生動物のなかには、変態のたびに宿主を変えるものがいるが、次の宿主の体内にうまく入り込むことが大きな難題になる。そのための特殊な適応も見られるが、有名なものとして、ヴィックラーが報告した、幼生段階でオカモノアラガイ類（陸生巻貝）に寄生するレウコクロリディウム属の吸虫の例がある。この吸虫の成虫はツグミなどの小鳥に寄生するので、この巻貝が小鳥に食べられないかぎりうまく成虫になれない。そこでこの幼生はしかるべき時がくると、この巻貝の触角に入り込み、ピクピクとイモムシに擬態した動きをする。小鳥はこれをイモムシと見まちがえてつつき、食べてしまうというわけである。

もっと驚くべきは、ドーキンスが『延長された表現型』で紹介しているホームズとベスルによって研究されたポリモルフス属のパラドクススとマリリスという二種の鉤頭虫（こうとうちゅう）類の例である。どちらも中間宿主としてヨコエビの一種（*Gammarus lacustris*）を利用するが、最終宿主は、パラドクススでは水面で採餌するマガモ、マリリスではスズガモ類のような潜水ガモである。そこで、この二種の寄生虫は感染したヨコエビがそれぞれのカモに食べられやすいように宿主を操作する。つまり、パラドクススに感染したヨコエビは水面を泳ぎ、マリリスに感染したヨコエビは水底に向かう傾向を強めさせるのである。かくして、最終宿主にたどりつくことに成功するのだ。まことに巧妙といわざるをえない。風邪をひいたときにくしゃみをするのも、狂犬病にかかったイヌがやたらに噛みつくのも、ウイルスが自らの遺伝子をまき散らすために、宿主を操作しているという説もある。説得力のある仮説だが、真偽のほどはわからない。

### ❖寄生去勢

——寄生者が宿主を搾取する手練手管にはまさに自然の驚異を感じさせられる。たとえば、飼い殺し寄生と呼ばれているもので、寄生バチや寄生バエによる捕食寄生の際に、幼虫が成長するあいだ食物がなくならないように、宿主を生きたまま内部から食べていき、ちょうど孵化するときに宿主が死ぬようにする。モンシロチョウの幼虫に寄生するアオムシコマユバチがこの例で、コマユバチの仲間には、ヒメスギカミキリの幼虫に飼い殺し寄生するものもいる。しかし、なんといっても寄生者による究極の宿主操作は、寄生去勢だろう。これは、寄生された宿主の二次性徴を変えるもので、雄を雌化させてしまうものが多いが、ときには雌の性徴が影響を受けることもある。カニやヤドカリ類に寄生する蔓脚（まんきゃく）類フクロムシ類や等脚（とうきゃく）類ヤドリムシ類が有名な例だが、セミ類、バッタ類、ハチ類など多様な昆虫に寄生するネジレバネ類も寄生去勢することが知られている。寄生去勢は、宿主の成熟を遅らせ、できるだけ長期にわたり、しかも効率よく資源として利用するための適応と考えられている。

**❖寄生から共生へ**——寄生はもともと一方的な搾取として始まるが、長い進化的な攻防を通じて、宿主に害を与えない片利共生、さらには宿主も一定の利益を得るような相利共生といった、共生的な関係が確立される。片利共生の例としては、サメにつくコバンザメやナマコの腸に隠れるカクレウオなどがよくあげられるが、厳密に片利であることを証明するのはむずかしい。逆に、相利共生の例としてよくあげられるクマノミとイソギンチャク、アリとアブラムシ、シジミチョウ類とアリ、大型魚と掃除魚の関係などは、片利共生的な様相をまだ色濃く残している。しかし、草食性哺乳類とその腸内細菌、アリと腸内原生動物、マメ科植物と根粒菌、サンゴと褐虫藻（かっちゅうそう）類、あるいは共生（symbiosis）の語源でもある地衣類（藻類と菌類の共生体）といった例では、相互の依存度は、どちらの生物ももはや単独では生きていくことができないところまで緊密の度を増している。

じつは、褐虫藻類やアリの腸内原生動物は、細胞内共生の例で、細胞内に他の生物が入り込んで共生的関

L. マーギュリス

係を築きあげているもので、これら以外にも植物と菌類の細胞内共生は多数知られている。細胞内共生もおそらくは細胞内寄生に起源をもつものであり、ボルバキアと呼ばれる細菌は、線虫類や多くの節足動物の細胞に寄生するが、フィラリア線虫などではボルバキアに寄生されたものは病原性をもつようになり、象皮病を引き起こす。節足動物では、ボルバキアは生殖細胞に寄生し、その個体の雄を殺したり寄生去勢を引き起こしたりすることで、雌のみによる単為生殖を誘発する。

細胞内寄生ないし共生は、生物の進化にとって、さらに重大な意味をもっている。それは、リン・マーギュリス（一九三八―二〇一一）が一九七〇年に唱えた真核細胞の起源についての共生進化説である。その詳細については、「細胞」の項で述べるが、現在ひろく認められている見方によれば、古細菌に細胞内共生した酸素呼吸能力をもつ真正細菌（紅色細菌など）がミトコンドリアとなり、光合成能をもつシアノバクテリア（藍藻）が葉緑体になったとされる。現在でも原生生物では、細菌の細胞内共生の例が多数知られている。

共生はふつう、種と種の一対一の関係をいうが、ともに暮らしている生物相互の関係という本来の意味に立ち戻れば、複数の種間にも共生的関係を認めることができる。たとえば、アフリカのサバンナにすむ多種多様な草食獣は、異なる植物（種類および部位）を食べながら、群れをなすことで、互いに捕食者を発見しやすいといった利益を得ている。そして、ひとつの森や、サンゴ礁といった生態系を形づくっている生物群集は、お互いどうしの複雑な相互関係によって、その生息環境を維持しているのであり、そういう意味では、次項で述べる生物群集こそが、生物の究極的な共生の姿といえるのではないだろうか。

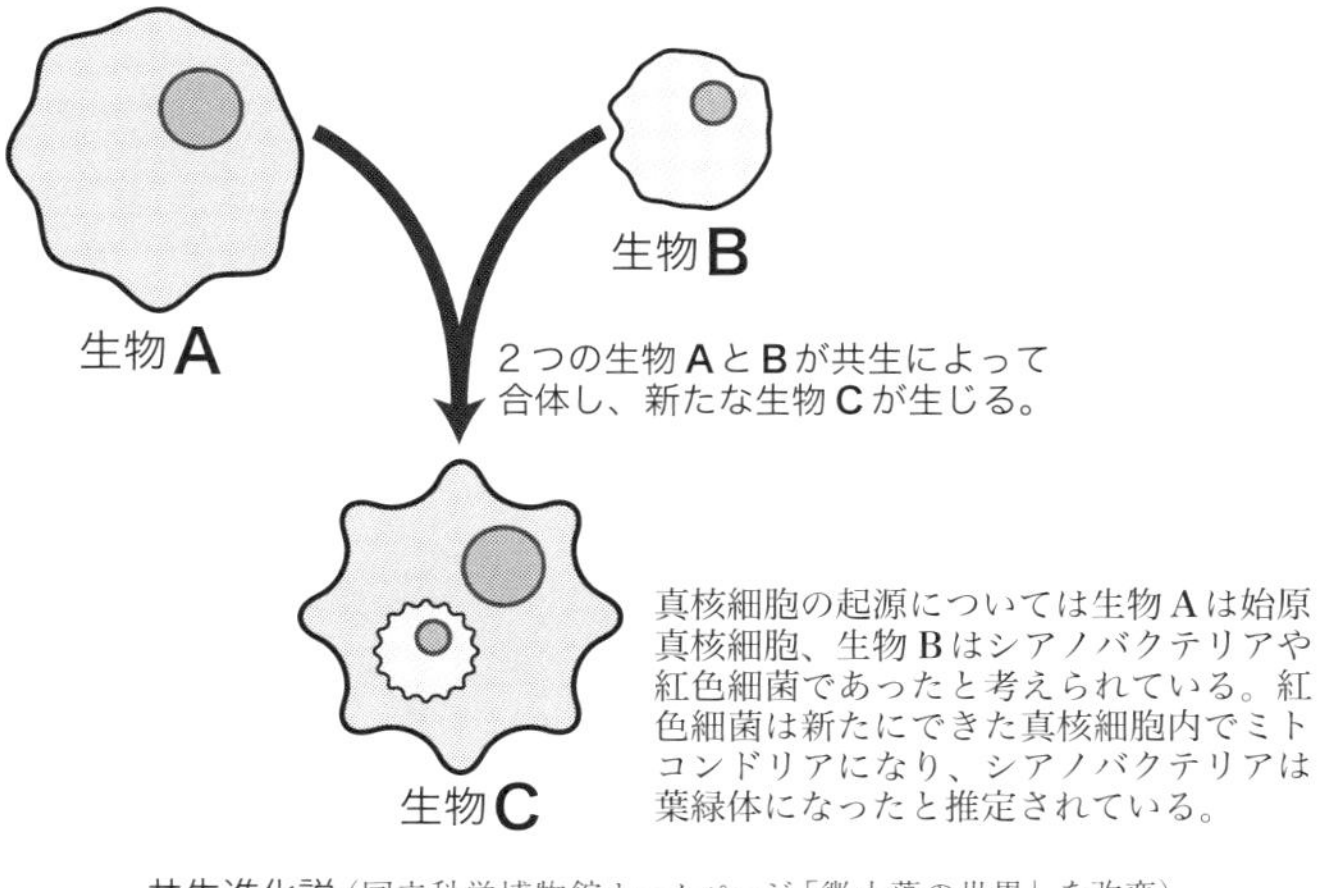
生物A
生物B
2つの生物AとBが共生によって
合体し、新たな生物Cが生じる。
生物C
真核細胞の起源については生物Aは始原
真核細胞、生物Bはシアノバクテリアや
紅色細菌であったと考えられている。紅
色細菌は新たにできた真核細胞内でミト
コンドリアになり、シアノバクテリアは
葉緑体になったと推定されている。

共生進化説（国立科学博物館ホームページ「微小藻の世界」を改変）

## 【ク】群集と生態系 ぐんしゅうとせいたいけい community and ecosystem

異種生物からなる集団を扱う生態学用語として群集と生態系がある。生態系のほうはジャーナリズムでもてはやされているが、生物学的には群集のほうがむしろ重要な概念である。両者は互いにオーバーラップするところがあり、しばしば誤用・混用されるので、整理をしておこう。

群集は群衆とまぎらわしいので、頭に生物をつけて生物群集（biological community）と呼ばれることが多い。特定の地域にすむすべての生物の集まりを意味する生態学用語である。一つの種だけの個体の集まりを個体群（population）と呼ぶが、群集には多様な種の個体群が含まれる。群集を意味する英語は社会学でいう共同体と同じcommunityだが、生物群集における種間の関係は、かならずしも共同体的な協調に限られることはなく、多様で複雑である。類似語である生態系が生物の世界を経済学的な視点から見る概念であるのに対して、群集はどちらかといえば、社会学的な関係を重視する概念である。

❖**群集の構造**——群集を扱う生態学では、もっぱら種間の関係と、それが生物群集の構造に及ぼす影響が研究の対象となる。群集の構造はそれを構成する種数（種組成）に規定されるところが多く、その意味で生物多様性は群集の構造を表す基本的な指標とみなすことができる。通常、群集はそこにすむ動物、植物、菌類、原生生物、細菌のすべてを含むが、特定の生物群だけに着目して、昆虫群集や植物群集といった言い方もできる。植物群集は、植物群落とほぼ同義で、生物群集の枠組みをつくるものとして重要である。また、群集はそこにすむ生物にとってはハビタット（生息環境）を意味するので、その関係を逆手にとって、潮間帯生物群集、土壌生物群集、熱水噴出孔生物群集といったとらえ方もできる。

❖**遷移**（succession）——生物群集は地質学的な時間尺度でも、日常的な時間尺度でもたえず変化をとげている。構成する種の組成が変わり、群集全体の姿が変わっていく過程を、植物群落に重点をおいて、遷移という概念としてまとめあげたのはＦ・Ｅ・クレメンツ（一八七四―一九四五）の功績である。地質学的な遷移は、地球気候の寒冷化や温暖化、酸素濃度の変化、小惑星の激突などの要因による大量絶滅にともなう生物群集の移り変わりを指すが、ここでは扱わない。通常の生態学的な遷移は、群集と環境の相互作用として一定のパターンで進行する自然の過程である。典型的な遷移は生物が存在しない状態から、しだいに種数を増し、種の構成が変わり、最終的にその風土において安定した群集、つまり極相（climax）が形

F. E. クレメンツ

成されるまでの過程を言う。現在の世界で、生物が生息できる環境であるにもかかわらず生物の存在しない土地というのは、天変地異か人為的な攪乱のいずれかが原因によるものしかない。火山から噴出した溶岩によって地表が覆われる場合や、海の中に新しい島が出現した場合は、最初はそこに生物がいないが、山火事跡や造成地などでは、土のなかに種子、根、地下茎、土壌生物などが生き残っている。スタートの条件が根本的に異なるので、前者から始まるものを一次遷移、後者から始まるものを二次遷移と呼んで区別する。

一次遷移の場合、裸地にまず土壌が形成されることが第一段階で、そのあとにコケ類や地衣類が現れ、土がさらに蓄積されていくにつれて草が生え、土壌動物がすみ、昆虫や鳥が訪れるようになり、つぎに低木林が出現し、やがて（日本の温帯を例に取れば）マツやシラカバのような大きな日射量を必要とする陽樹が成長して森になるが、やがて木の密生にともなって林内の日射量が減ると、それに適応できるブナやシイ、カシなどの陰樹の森になると安定する。これが極相と呼

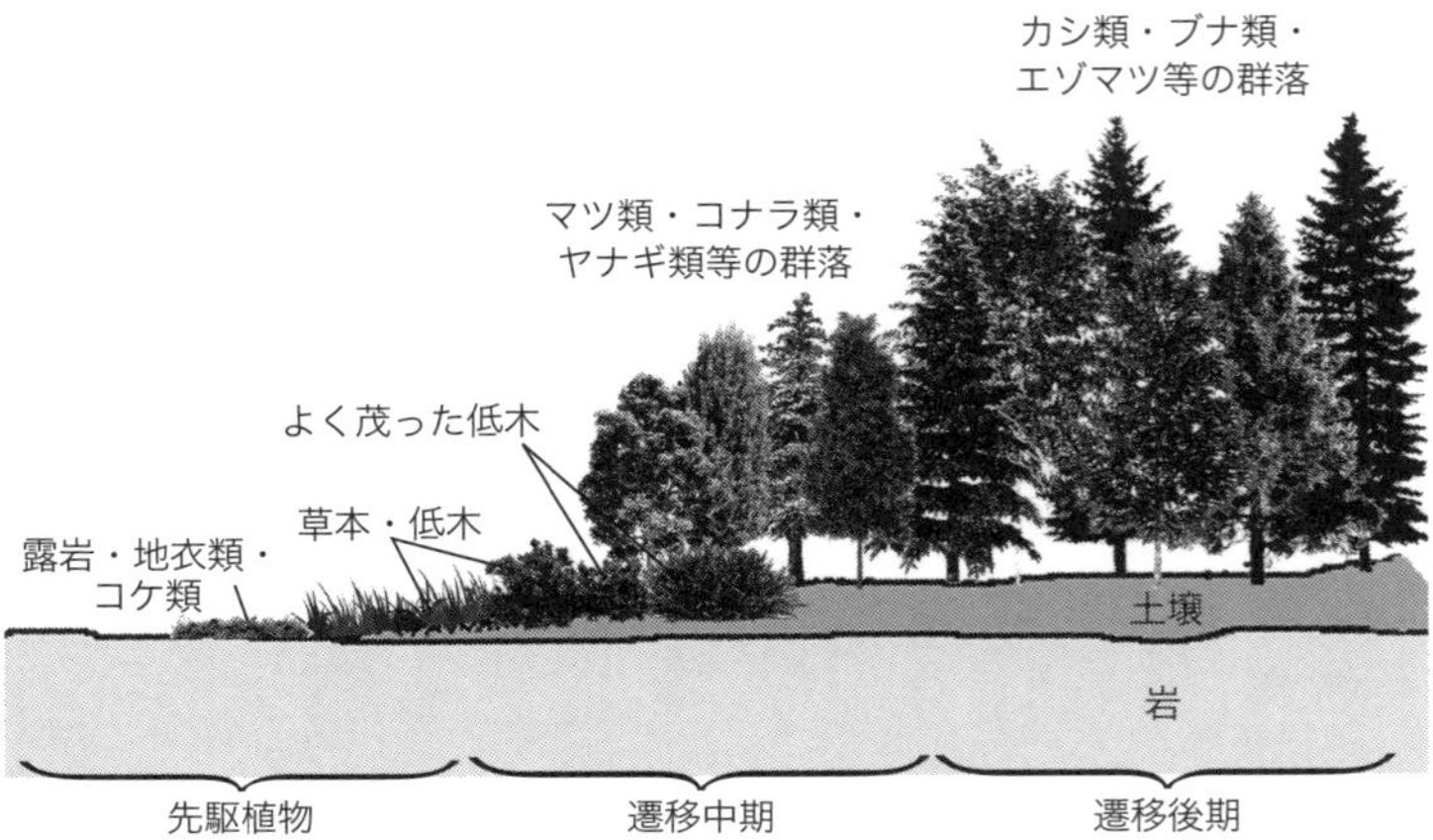

日本列島における遷移

ばれるものである。二次遷移の場合には、土中に種子や根があるため、すぐに草の生育がはじまり、そのあとは一次遷移の場合と基本的に同じである。このような荒れ地からはじまる遷移は乾性遷移と呼ばれる。

これに対して、火山活動でできた穴に水がたまったような湖沼から出発する遷移は湿性遷移と呼ばれる。湖に最初にプランクトンが侵入し、ある程度繁殖して、湖に栄養がたまると沈水性の水草が生え、次にオモダカやヨシのような抽水植物や浮葉植物が生え、湖底に遺体が堆積して、富栄養化が進むと、湖はしだいに浅くなり、やがては湿地となる。そしてさらに土壌が堆積して草原になったあとは、乾性遷移と同じ変化をたどることになる。実際には、土地の気候、土壌の質、栄養条件などによって移り変わる生物の種類も異なり、また人間による干渉が加わるために、このような典型的な遷移をたどるとはかぎらない。たとえば日本の高層湿原の多くは、樹木が侵入しにくい条件があるので湿原のままでとどまることが多いが、人間の活動によって富栄養化が進めば、森林化への遷移が推進されることになる。極相林のなかにも、局所的な倒木や伐採があれば、さまざまな遷移段階のものが混在することになる。

**❖種間関係**――群集の構造を決定する生物間の関係として最も重要なものは、種間競争と食う者と食われる者の関係、および寄生・共生（↓）関係である。種間競争とは、似たような生態的地位をもつ種どうしが、餌やすみ場所をめぐって競合することで、比較的安定した平衡状態にある生物群集では、すみわけや食いわけという形をとる。近年話題になっているブッラクバスの場合のように、移入された外来種が在来種との競争に勝つと、駆逐された在来種だけでなく、それと密接なかかわりをもつその他の種にも影響が及び、群集の構造に大きな変化が生じることもある。食う者と食われる者の関係は捕食者（＝天敵）と被食者（＝餌）との関係で、これをつないでいけば、大型捕食者を頂点とする食物連鎖のピラミッドができあがるが、実際には一つの種が複数の種を食べ、また複数の種に食べられることが多いので、ピラミッドというよりはネットワークであり、食物網と呼ぶ方がふさわしい。この関係は食う側のみが一方的に利益を得ているわけではなく、捕食を通じて双方の個体数が長期的に安定な状態を保たれるようにする効果もある。寄生や共生は二種の生物間の関係として典型的なものであるが、近年、ナミハダニに寄生されたリママメが誘引物質を放出してナミハダニの天敵のチリカブリダニを呼び寄せるといった三種間での複雑な関係の例が知られるようになっている。また、アリゾナのソノラ砂漠で営巣するノドグロハチドリの卵やヒナはメキシコカケスに捕食されるのだが、クーパーハイタカやオオタカが営巣する近辺では捕食を受けないことが調査によって明らかになっている。これらのタカは、カケスは捕食するが、ハチドリは素早すぎ、小さすぎるので相手にしないため、こういうことが起こると考えられている。つまり、天敵を捕食するタカのおかげでハチドリは無事に繁殖できるのだ。このほか、森の樹木やサンゴ礁のようにその生物の存在が、ほかの生物のすみ場所を提供するといった形での間接的な種間関係もある。

❖**生態系**――多くのエコロジー運動家は、生態系という言葉を有機的な思想を表す概念と思いこんでいるようだが、生物学史的にいえば、アーサー・タンズリー（一八七一―一九五五）によって一九三五年に提唱されたこの概念は、むしろ物理学的・機械論的なものであった。タンズリーは群集概念には環境という視点が抜け落ちていると批判して、生物群集に環境を加えたものを生態系と呼び、それを一つの閉じた系（システム）とみなして、力学的・経済学的に解析するべきことを強調した。したがって、生態系は物質循環とエネルギーの流れによって支えられたシステムとして捉えられ、基本的には生産者・消費者・分解者・無機的環境の四つの要素から構成されているとされる。

生産者というのは有機物を生産するもの、つまり植物のことで、消費者はそれを食べて生きているもの、つまり各種の動物である。植物を直接食べている動物を第一次消費者、その動物を食べる動物は、順に第二次、第三次、第四次消費者と呼ばれることになる。分解者というのは、生物の死体や排出物を分解して、生産者が有機物を再利用できるようにする生物のことで、細菌・菌類・土壌動物などがこれに当たる。無機的環境は分解者をはじめとしたすべての生物の生息条件としての意義をもつ、こうして、生産者→消費者→分解者→生産者というサイクルを通じて、生態系は維持されることになる。

生態系は、環境のちがいに応じて、海洋生態系、島嶼生態系、河川生態系、湖沼生態系、草原生態系、森林生態系、砂漠生態系、極地生態系などが区別されるが、物質とエネルギーの循環をまっとうすることができるシステムでありさえすれば、なんでもよく、小は水たまりから、大はガイアのような地球生態系、はては宇宙生態系まで考えることができる。

A. タンズリー

## ❖生態的地位（niche）

——ニッチともいう。ニッチというのは本来、花瓶や像などの飾り物を置くために壁にくりぬかれた小さなくぼみのことである。これから転じて一般に人間が社会の中で占めるべき役割や地位を意味するようになった。一九一〇年にR・H・ジョンソンが、生物学用語として、群集内で個々の生物が生息する場所という意味で用いたのが最初である。その後、J・グリンネル、C・S・エルトン、G・E・ハッチンソンなどによってニッチ概念の精密化がはかられながら、しだいに普及していくことになった。厳密な定義にはさまざまな議論があるが、一般的には、生物群集（あるいは生態系）における生物の小さな生息空間と、その生物がそこで果たしている役割の両方を指す概念と理解されている。擬人的にいえば、生物群集という社会における個々の生物の生業（どこに店をかまえているかを含めて）に相当するものである。草原生態系を例にとれば。そこに生えるイネ科草本は地域によって種が異なっていても同じ生態的地位を占め、その一次消費者である大型草食獣は、シマウマ、ヌー、バッファロー、カンガルーあるいは家畜と、地域によって種は異なっても、同じ生態的地位にあるとみなすことができる。天変地異その他の理由によって、特定の種が絶滅し、そこに生態的地位の空白ができると、その空白は新しい種の進出によって埋められることになる。

生態系のなかを循環するのが有機物質とエネルギーだとすると、生物個体の体のなかを循環するのは血液である。それでは、血液について見てみよう。

## 【ケ】血液　けつえき　blood

血液はつまり血のことで、生物学的には酸素の運搬がもっとも大切な仕事なのだが、「血を分けた」「血は水よりも濃い」「血が汚れる」といった日本語の表現に見られるように、血縁の象徴とされることが多い。英語のbloodにも同じような使われ方がある。もちろん血液によって遺伝が決まるわけではなく、おそらくは、赤ん坊が産まれるときに臍の緒で母親の血管とつながっていて、母親の血が胎児に注がれていることからの連想であろう。最近では「血を分けた」よりは「DNAを受けついだ」という方が流行のようだが、人間の成熟した赤血球には細胞核もミトコンドリアもなく、DNAは含まれていない。

❖**血液の成分**——血液はふつう全身をめぐる血管の中を流れ、体の内部環境を一定に保つために重要な役割を果たしている。ヒトの血液は、液体部分としての血漿（けっしょう）（**blood plasma**）と固形部分としての血球および血小板からなる。血漿は九〇%が水で、七%をアルブミン、グロブリン、フィブリノーゲンなどの血漿タンパク質が占め、そのほかに、少量の無機塩、有機物が含まれる。血管が破れて出血すると、出血箇所で血液凝固が起こる。血液凝固は、フィブリノーゲン、プロトロンビンなど十数個もの因子が関与する複雑な過程で、結果として血餅（けっぺい）(blood-clot) ができる。血餅はフィブリン繊維の網の目に血球や血小板が絡め取られたもので、これが出血部位を塞ぐ栓の役目をする。血友病は、特定の凝固因子を遺伝的に欠いているために血が止まらないという病気で、X染色体上の劣性遺伝子によって支配されている（そのため、原則としてX染色体を一本しかもたない男子でのみ発症し、女子では二本のX染色体のどちらもがこの劣性遺伝子をもつきわめて稀な場合にしか発症しない）。血餅になった固形成分を取り除いた、透明な琥珀状の液体が血清である。血球は、すべて造血幹細胞（人間ではほとんどが骨髄にある）から分化してくるが、赤血球と白血球に大別される。本稿では主として赤血球に話をしぼり、白血球については「免疫」の項で述べることにする。

❖**ヘモグロビン**——人間の血について真っ先に言うべきはそれが赤い色をしていることだろう。いうまでもなくこれは赤血球に含まれるヘモグロビンの色である。ヘモグロビンは、グロビンとい

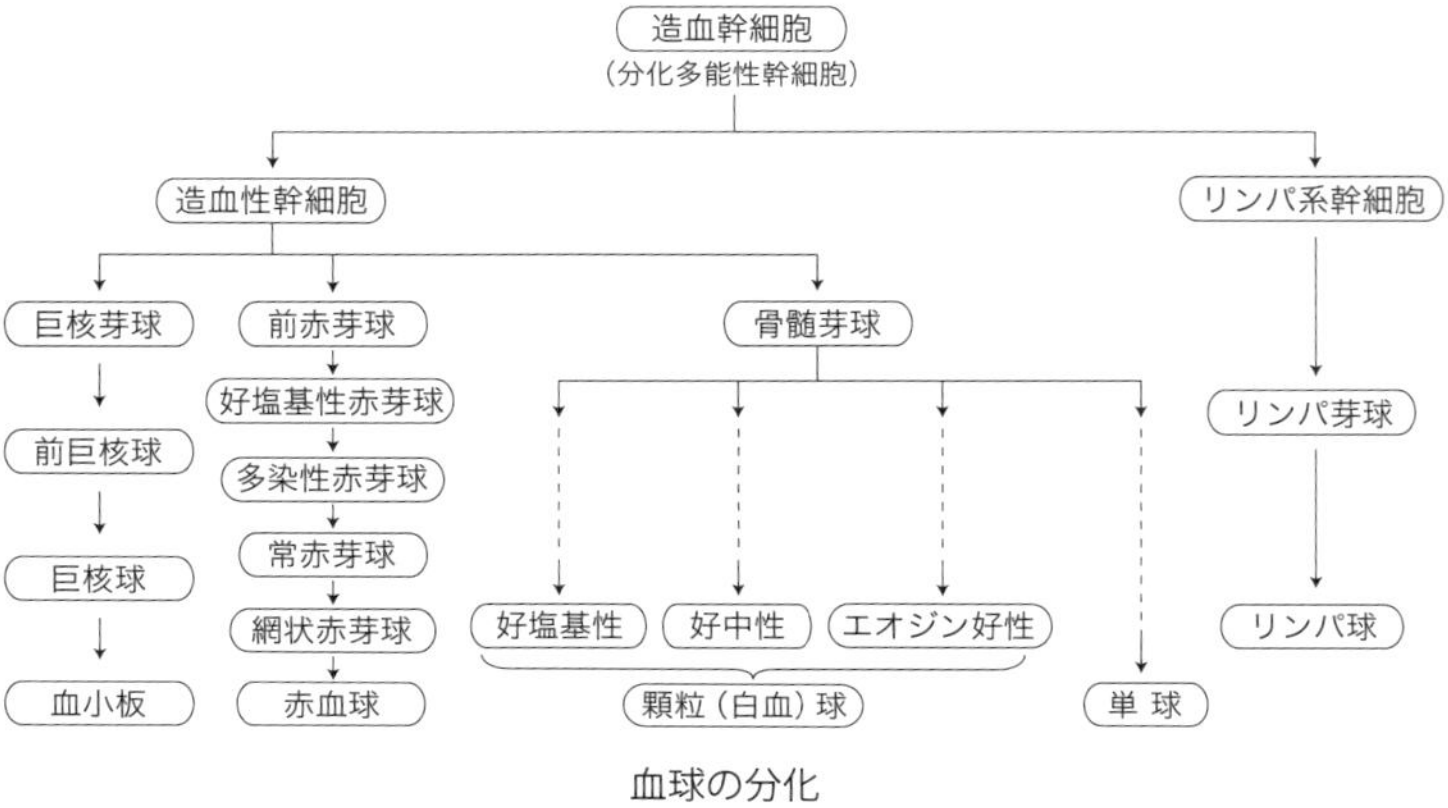


血球の分化

うタンパク質にヘムという化合物が結合したもので、ヘムはポルフィリン環［野球のホームベースのような形をしたピロール環を四隅においてあいだをメチン基（-CH=）でつないだ化合物］の中心に二価の鉄原子を配した小さな分子で、この鉄原子が赤い色のもとである。人間の体にある複合タンパク質としては非常によく研究されている。

ヒト成人のヘモグロビンはアミノ酸一四一個からなるα（アルファ）鎖二本とアミノ酸一四六個からなるβ（ベータ）鎖二本、合計で四本のグロビン分子（それぞれは分子量約一万六〇〇〇）が結合したもので、総分子量は約六万四〇〇〇、ヘムはそれぞれのグロビン分子に一つずつ結合している。物理化学的な分析によって、この四つのサブユニットからなるヘモグロビン分子全体の立体構造が明らかにされていて、一つのヘムの鉄原子に酸素が結合すると、立体構造が変化して、他のヘムにも酸素が結合しやすくなる。血液中の酸素濃度が高い呼吸器官で酸素と結合し、濃度の低い末端組織で酸素を放出する。一酸化炭素やシアン化水素（青酸ガス）は酸素よりもヘモグロビンに対する親和性が強いため、これがあると酸素が結合できずに中毒症状が起き、ときには死に至る。

### ❖ヘモグロビンの進化と遺伝病

――ヘモグロビンの分子進化は古くから研究されており、現在ではグロビン分子をつくるＤＮＡ塩基配列も明らかになっている。αグロビン鎖およびβグロビン鎖をコードする遺伝暗号は、それぞれヒトの一一番および一六番染色体にあり、一一番染色体上には、よく似た七つのαグロビン遺伝暗号があいだにいくつかのジャンク遺伝子（機能が特定されていないＤＮＡ領域）をはさみながら並んでクラスターを形成している。七つのうちの四つは塩基配列に異常があるためグロビンをつくれない。残りの三つのうちの二つが二本のα鎖をつくり、最後の一つは胎児の時にだけ使われるζ（ゼータ）鎖をコードしている。一六番染色体のほうには六つのβグロビン遺伝子がならんでいて、そのうち二つが二本のβ鎖を、もう一つが幼児にのみ使われるε（イプシロン）およびγ（ガンマ）グロビンをコードしている。

　これらの遺伝子はすべて、もとは一つであり、おそらくは脊椎動物が誕生したときにすでに存在し、その後の長い進化の過程を通じて、重複によって数を増やし、少しずつ変異しながら、一つの染色体から別の染色体に乗り換えるということも起こって、現在のような形になったと考えられている。正常なグロビン遺伝子に突然変異が起きると、ヘモグロビン異常が生じ、貧血症の原因となる。もっとも有名なのは鎌状赤血球症で、これはβ鎖の六番目のアミノ酸であるグルタミン酸がバリンに変異しているためで、この変異ヘモグロビンSをもつ赤血球は正常なドーナツ形ではなく鎌形になり、重篤な貧血症（この突然変異遺伝子を二つもつホモ接合体の場合で、ほとんどの場合成人前に死亡する）か、軽度の貧血症（一つだけもつヘテロ接合体の場合で、低酸素状態でのみ貧血症を呈する。この状態で、マラリアに対する強い抵抗性を示すために、マラリア多発地帯でこの遺伝子が生き残ったと考えられる）をもたらす。

❖**呼吸色素**――「赤い血が流れている」という表現は、人情があること、温かい気持ちがあることの比喩として使われる。しかし、赤い血をもっているのは人間だけではない。ヘモグロビンは冷血動物を含めたすべての脊椎動物（じつは植物にもヘモグロビンはあるのだが、ここでは措いておこう）がもっているだけでなく、深海底にすむシロウリガイにも見られる（ただし血球は存在しない）。酸素運搬にかかわる色素は一般に呼吸色素と呼ばれ、さまざまな動物の血の色は呼吸色素によってきまっている。ナマコ、アカガイ、ユスリカ、ゴカイ類の血液色素であるエリトロクルオリンはヘモグロビンによく似た分子で、やはり赤い。ヘムエリトリンはホシムシ類の血漿および血球に含まれ、これも鉄原子を含むので赤い色をしている。クロロクルオリンはケヤリムシなどがもつもので、これも鉄原子をもつが、透過光では緑色、反射光で赤く見える。ホヤ類はヘモバナジウムという緑色の色素をもつ。エビ・カニ類や軟体動物の多くはヘモシアニンをもっている。これは鉄のかわりに銅原子を含み、酸素と結合したときに青色を呈する。傷つくと、青い血を流すのだ。ただしヘモシアニンは血球に含まれることはなく、血リンパと呼ばれる体液中に溶けている。

## ❖血液型

――昔は、輸血をして血液型不適合のために死ぬことがあった。輸血を受けた人の血清中の抗体が赤血球の表面にある血液型物質を認識して凝集反応を引き起こすためである。一九〇一年にオーストリアの生物学者カール・ラントシュタイナー（一八六八？―一九四三）は異個体血液間の凝集反応を利用して、人間の血液型におけるA、B、O、ABの四型を識別し、与血者と受血者の組合せを配慮すれば問題が生じないことが明らかにして以降、輸血による死者は激減した。その後、ラントシュタイナーのグループによって、A、B、O式血液型以外にも、MN式、Rh式（実験に用いられたアカゲザル rhesus

K.ラントシュタイナー

monkeyの頭文字をとったもの）など多くの血液型があることがつぎつぎと明らかにされ、現在では数十通りの分類方式が知られている。血液型の不適合は輸血だけでなく、母子のあいだでも問題になる。遺伝的な組合せによって母親と胎児の血液型が異なる場合があり、母親の血液中の抗体が胎児の血流に入り込んで、軽い新生児黄疸や貧血を引き起こす。とくにＲｈ式血液型の相違は深刻で、Ｒｈマイナスの母親がＲｈプラスの胎児を妊娠すると母親の血液中にＲｈに対する抗体ができ、胎児に重度の黄疸や死産を引き起こすことがある。さらに厄介なのが免疫反応のつねとして、第一子よりも第二子、第二子よりも第三子と反応が強くなることで、妊娠・出産に大きな困難をともなう。

血液に性格や人格を決めるようななんらかの要因があるという思いこみは、日本人には強く、それが、血液型性格判断という形で流布している。血液型による性格の遺伝は、その科学的根拠の欠如にもかかわらず、多くの人に信じられており、最近では韓国や中国にもひろまっている。そこでの性格分類は、およそ科学的に定義しようのないもので（たとえば、能見俊賢による血液型の性格類型では、Ａ型は「陽気な人」、「耐え抜く人」、「生き方を貫く人」、「やさしい人」ということになっている）、こんな曖昧な指標では、心理テストによる自己評価はできたとしても、遺伝学的な検定など不可能である。まあ信じるのも信じないのも自由だが、信じて幸福な気分になれたとしても、酒に酔っぱらえば気分がいいという以上の意味はないだろう。ちなみに人間に近い類人猿では、ニシローランドゴリラはＢ型のみ（マウンテンゴリラはO型とＡ型のみ、ヒガシローランドゴリラはＢ型とO型のみ）、チンパンジーはＡ型とO型のみ、オランウータンにはＡ型、Ｂ型、ＡＢ型があり、進化的にはＡ型が原型であったと思われる。血液型信奉者は、Ｂ型の人は、ニシローランドゴリラと同じ性格だとでも言うのだろうか？

さて、血液の役目は体に酸素を運ぶことだといったが、それには血液に酸素を取り込ませ。全身に送るシステムが必要だ。それはつまり呼吸である。そこで、つぎに呼吸について見ることにしよう。

## 【コ】呼吸　こきゅう　respiration

呼吸とは息をすることだが、古代人はしばしば息を命と同一視していた。日本語の「生き」の語源が「息」だという説にどれほどの国語学的な根拠があるのか知らないが、「息を引き取る」「息の根を止める」「息を吹きこむ」といった表現には、明らかに同一視が認められる。英語の心理学やサイコという単語の語源であるギリシア語のプシュケは一般に心や魂と翻訳されるが、これも、息をするという動詞psychoに由来するものである。実際、呼吸の停止は、伝統的な死の判定において、心停止、瞳孔反射の消失とならんで、三大要件の一つである。

生物学的には、呼吸という言葉は非常に幅の広い意味をもっている。もっとも一般的には息を吸って吐くという呼吸運動、つぎに、この運動によって個体が酸素を取り入れて二酸化炭素を排出するガス交換、すなわち外呼吸を指す。外呼吸によって取り入れられた酸素は、全身の組織と細胞に送られ、細胞レベルでのガス交換がおこなわれ、これを内呼吸と呼ぶ。そしてもっとも広い意味では、細胞呼吸の基礎にある生化学的反応、すなわち有機物が酸素のはたらきで分解されてＡＴＰが生産される過程を言う。

**❖なぜ呼吸が必要か**――息をしないとなぜ動物が死ぬかといえば、酸素がないと代謝が止まってしまうからである。生体内における複雑な化学反応の多くに酸素の介在が不可欠なだけでなく、化学反応を動かすエネルギーそのものが酸素を必要とするのである。「エネルギー」の項で説明したように、生物の基本的なエネルギー源はATPであり、そのリン酸一分子を切り離してADPになるときの分解エネルギーが利用されるのである。生物が生き続けるためには消費されたATPをたえず、ADPから再生産して補充しなければならない。このATP再生産過程の口火を切るのが、酸素を使って糖（グルコース）を燃やす反応なのである。酸素を使わないでATPを再生産する経路（解糖）も存在はするが、酸素を使うのに比べて非常に効率が悪く、激しい運動をする動物には適していない。植物は、光合成によって空気中の二酸化炭素から酸素をつくりだすことができるので、とりたてて外部から酸素をとりこむ必要がない。ただし、根は光合成をしないので、まわりの土壌が酸欠になれば、死んでしまうことになる。

**❖植物の呼吸器官**――植物は二酸化炭素を取り入れ、光合成でできた酸素を排出するが、これは植物にとっ

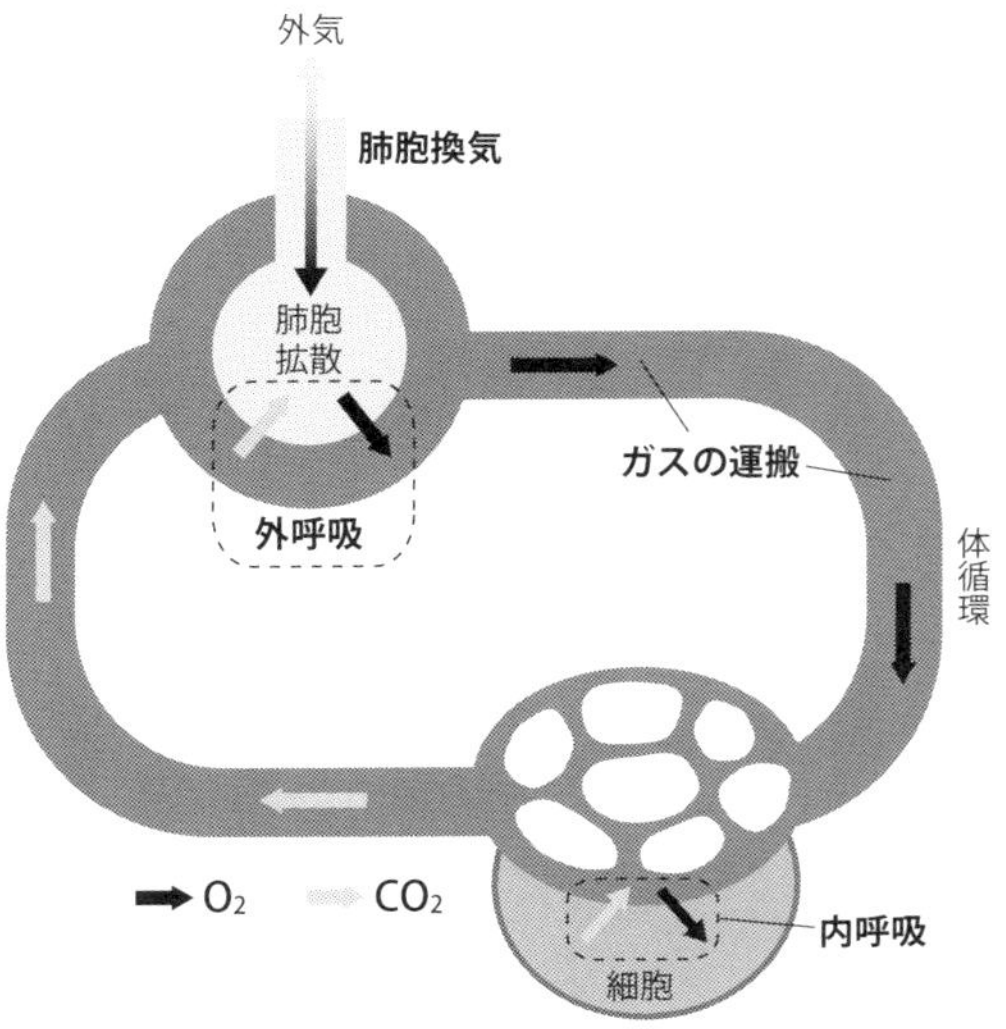

呼吸の仕組み

ての呼吸ともいえる。そのための器官が葉にある気孔で、ここから水蒸気や空気が出入りする。気孔を通じての水分の排出すなわち蒸散は、気化熱による温度調整の機能を持っているが、過剰な蒸散は水分不足をもたらす。大多数の植物で気孔が葉の裏にあるのは、水分の喪失をできるだけ抑えるための適応である。気孔は二つの孔辺細胞がつくる隙間で、孔辺細胞の形が変わることによって、穴の大きさが調節され、それに応じて取り入れる二酸化炭素の量も変わる。したがって、気孔の数と分布は種によって異なるが、環境状況によっても変化する。なお、植物の循環組織としては維管束がある。

気孔が開くのは、孔辺細胞の細胞膜のイオンポンプが作動し、水素イオンが排出され、カリウムイオンが取り込まれる結果、浸透圧が高まり、体積が増大したとき、両端を周囲の細胞によって固定されているため、屈曲して、隙間ができることによる。逆に、アブシジン酸などの作用でカルシウムイオンの濃度が上昇すると浸透圧が下がり、細胞が縮んで気孔は閉じられる。

孔辺細胞は、表皮細胞が大小に不等分裂してできた細胞のうちの小さい方に由来する孔辺母細胞から一回だけ分裂してつくられるが、この一回だけの分裂を制御している三つの遺伝子からなるネットワークの作用が、ワシントン大学、九州大学、理化学研究所の共同研究によって明らかにされている。

### ❖水中の呼吸器官――水中にすむ単細胞生物では、細胞膜を通して周囲の水から酸素を自由に取り入れ、二酸化炭素を排出することができる。しかし多細胞生物になれば、外側の細胞はともかく、内側の細胞は直接酸素を取り入れるのがむずかしくなる。そこで、海綿動物や刺胞動物のような比較的単純な多細

胞生物は体内に腔所をつくって、そこに水を呼び込んで、内側の細胞も直接酸素を取り込めるようにしている。ところが体がもっと大きく複雑になれば、そんなやり方では追いつかなくなり、特別な呼吸器官をつくり、そこで酸素を吸収し、循環系を通じて全身に配送するというシステムが必要になってくる。一般に水生動物の呼吸器官は鰓（えら）と呼ばれる。生物の種類によって鰓の形態は多様であるが、効率よく酸素を吸収し、二酸化炭素を排出することができるようにするためのいくつかの適応が共通に見られる。第一に、鰓の末端組織はさまざまな凹凸をつくりだすことによって表面積を拡大し、できるだけ多くの酸素や二酸化炭素の分子が出入りしやすくなっている。第二に、鰓は原則として体表部にあって直接に環境に接するようになっている。体内にある場合でも、鰓裂（さいれつ）や鰓孔（さいこう）から水が入り込める位置にある。第三に、吸収した酸素をただちに全身に送り出すために、こうした呼吸器官には稠密（ちゅうみつ）に血管が張り巡らされている。第四に、単位時間当たりに吸収できる気体分子の量を実質的に増大させるために積極的に水の流れをつくりだしている。

　水生動物が流れをつくりだす方法は自分が泳ぐことによって速い水流が鰓を通過するようにするか、さもなければ、なんらかのポンプ機能によって、実際に水流をつくりだすかである。前者の例は遊泳性の魚類であり、後者の代表的な例は、海綿動物をはじめとした多くの無脊椎動物で、繊毛や鞭毛のはたらきで水流をつくりだしている。軟体動物は筋肉の力で水を吸い込み吐き出すことによって、殻の内部に水の流れをつくりだす。

❖**陸上の呼吸器官**——生物が陸上に進出すると、酸素を取り入れるべき媒体は水から空気に変わる。含まれている酸素量は空気中のほうが水中よりもはるかに大きいので、陸上のほうが酸素の取り入れは容易になる。その反面、二酸化炭素は水に溶けやすいので、排出は水中でのほうがはるかに容易である。陸上での呼吸器官は肺と総称される。鰓は、軟体動物のような例外もあるが、基本的には体の表面にある。これに対して肺は基本的に体内に収められた袋であり、そこに空気を送り込むという形になっている。

肺は消化管の一部がふくれあがってできたもので、まず肉鰭類など一部の魚類で原始的な肺が進化したと考えられている。これらの魚類は高い遊泳力をもち、鰓だけではまかないきれない酸素を、ときどき空気を呑み込むことによって補っていたらしいのだ。これから陸に上がった脊椎動物に本格的な肺が進化し、一方多くの魚類は、原始的な肺からのちに鰾（うきぶくろ）を発達させた。鰾から肺が進化したという俗説は誤りである。

肺は脊椎動物に典型的に見られるものであるが、陸生の無脊椎動物にも肺やそれに類似した器官はある。クモ類は本のページのように何葉にもわかれた書肺をもち、気管を通じて空気が送り込まれる。昆虫をはじめとした多くの陸生無脊椎動物では、体表に気門と呼ばれる空気を取り入れる開口部とそれらをつなぐ気管系をもっている。昆虫類は体節構造をしているので、呼吸も体節単位でまかなえるので、中枢的な呼吸器官は重要でない。ちなみにカの幼虫であるボウフラは、尾端に呼吸管をもちときどき水面に浮上して、空気呼吸をする。したがって、水面に油を浮かべられると呼吸ができなくなって死ぬ。

肺も鰓と同じように、表面積を拡大し、血管系を密に配備し、積極的に空気の流れをつくりだす呼吸運動が必要になる。哺乳類では胸郭と横隔膜の運動によって肺の容積を拡大・縮小することで、空気の出し入れをする。ワニ類も肝臓につながった横隔膜に類似の組織をもっていて、それによって呼吸をおこなう。鳥類は肺の前後に気嚢と呼ばれる袋状の構造をもち、肺そのものは大きさを変えないで、気嚢をフイゴのように拡大・収縮することで、肺に空気の流れを恒常的につくりだす。この方式は横隔膜で肺の容積を増減させる方式よりもずっと呼吸効率がよく、そのため鳥類は、哺乳類がすめないような空気の薄い上空でも楽々と呼吸することができる。

### ❖循環系と心臓——肺がいくら効率よく酸素を吸収できても、それがすみやかに全身の細胞に移送されなければ意味がない。

心肺機能や心肺組織という言葉からうかがえるように、心臓と肺は一体のものであり、呼吸における循環系の重要性はひろく認識されている。循環系というのは文字通り体液を循環させるシステムのことで、脊椎動物では体液の分化にともなって血管系とリンパ系が区別されるが、無脊椎動物ではその区別がない。ミミズのような環形動物の循環系は無脊椎動物の基本形で、背と腹に二本の主管が走り、両者が体節ごとの環状血管でつながって閉鎖的な血管系をつくっている。血管壁に収縮性があって心臓の役割を果たしている。無脊椎動物の循環系がもつ最大の特徴は、血流の方向が背側で前方に向かい、腹側で後方に向かうことで、脊椎動物とはまったく逆になっている。昆虫では腹側の主管がないため、開放血管系となり、血液とリンパ液が区別されることなく、血リンパとして、体腔内を流れる。

脊椎動物では、もっとも原始的なナメクジウオ類でも、腹側の大動脈は体の後から前に向かって流れ、鰓裂部分を流れる多数の支脈を通って背側に向かって背側大動脈に合流する。背側大動脈は体の前から後に向かって流れ、支脈が静脈となってふたたび腹側大静脈に合流するという閉鎖血管系をもっている。ただし心臓はなく、腹側大静脈の前端部が収縮性で、体の後方からきた静脈血を鰓に送る。無脊椎動物で心臓と呼ばれるものの多くは、律動性をもつ血管壁ないしは小さな袋で、心室や心房の分化は認められない。

脊椎動物は、先にも述べたように鰓呼吸する魚類や両生類と胚呼吸する爬虫類、哺乳類、鳥類に大別できる。体が大型化すると、全身に血液を送り込むためには強力なポンプが必要になる。それが心臓だ。鰓呼吸する動物では、腹面前方に心臓があり、心臓から送り出された血液は何本かの支脈に分かれて鰓を通過したあと動脈血となり、背側大動脈を通じて全身に送られたあと、各臓器からの静脈を経て心臓に戻ってくる。肺呼吸をする動物では、肺循環系と体循環系の分離が起こる。心臓は収縮によって血液を送り出す心室とその上流にあって血液を蓄える心房に分かれるが、その数は進化とともに魚類の一心房一心室から、両生類・爬虫類における二心房一心室を経て、鳥類・哺乳類における二心房二心室に至り、静脈血と動脈血の分離が完成し、呼吸効率は飛躍的に改善されることになった。

**❖呼吸と進化**――呼吸は生物が生きていくうえでもっとも重要な機能であるがゆえに、大気中の酸素量は進化に大きな影響を与えたと推測される。ピーター・ウォードは、近年明らかになった地質時代の酸素量推定曲線をもとに、酸素量の変動こそが、生命進化の鍵を握っていたという仮説を提唱している。オルドビス紀末、デボン紀末、三畳紀末などの大量絶滅の時期が酸素濃度の低下期と一致しており、それまでの体制（ボディ・プラン）で生きていた生物のほとんどが低酸素に対応できずに死滅し、ごく少数のものだけが新たな体制をつくりだすことによって生き残り、つぎにふたたび酸素濃度が上昇したときに、その新しい体制の生物が急激に適応放散したのだと考える。この説によって、大進化と小進化を一元的に説明することができ、断続平衡と呼ばれる現象ともよく合致する。ウォードによれば、カンブリア紀に多様な節足動物が出現したのは体節化によって鰓の個数を増やし、個体当たりの酸素吸収能力を高めるための工夫であり、また、軟体動物の殻は防御という側面よりもむしろ、鰓を通過する水流をつくりだすための新工夫だったという。そして、恐竜は鳥類と同じ気嚢という新しい呼吸方式を開発したがゆえに、低酸素の世界で繁栄することができたのだという。

呼吸もせんじつめれば細胞の呼吸にたどりつくように、生物のあらゆる機能は細胞が基本になっている。いよいよ細胞について考えるべきときだ。

## 【サ】細胞　さいぼう　cell

細胞は生命の最小単位である。生命は何かという定義はむずかしく、それについては「生命の起源」で論じるが、生命と認めることに疑問のあるウイルスを別にすれば、それ以外の生命体がすべて細胞からなりたっているのはまちがいない。一六六五年にロバート・フック（一六三五―一七〇三）がコルクの組織で細胞（cell）を発見したというのは有名な話で、顕微鏡が生物学の発展に大きな役割を果たしたことを示すエピソードである。彼は死んだ組織を見ただけのように言われているが、実際には生きた細胞も観察していたようである。しかし、細胞がもつ本当の重要性が認識されるのは、一八三八年から三九年にかけて発表された、M・J・シュライデン（一八〇四―一八八一）とT・シュワン（一八一〇―一八八二）の細胞説によってである。細胞説は、

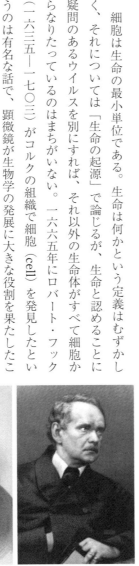

T. シュワン

M. J. シュライデン

細胞に核があることや原形質の重要性を指摘し、細胞が生物の構造的な単位であるだけでなく、機能的な単位でもあることを指摘した点で、近代的な細胞学の出発点となった。

❖**細胞の構造**——細胞は核のあり方をもとにして、原核細胞と真核細胞に大別される。原核細胞は、マイコプラズマや、シアノバクテリア（かつては藍藻と呼ばれた）を含む細菌類だけに見られるもので、核膜をもたず、環状の染色体が細胞質中で核様体としいう構造をつくっている。これに対して真核細胞は細菌を除くすべての生物がもつ細胞で、核膜があり、染色体はそのなかに局在している。核膜は細胞膜がくびれこんでできる小胞体の一部として形成されたと考えられている（細胞膜および小胞体については「膜」の項で説明する）。どうしてできたかはともかく、いったん核膜が形成されると、それまで環状だった染色体を、いくつかの紐状の断片に分けて、核内に隔離して、DNAの複製の誤りを防ぎ、タンパク質合成の場を核外におくことができるようになり、遺伝情報の量的・質的な進化が可能になった。一部の原生生物を除いて、すべての真核生物は細胞膜に包まれた細胞内部に核、ミトコンドリア（↓）、リボソーム、および小胞体、ゴルジ体などのオルガネラ（細胞小器官）をもち、細胞の構造と強度はアクチン、チューブリンなどの多様な微小繊維からなる細胞骨格によって維持されている。植物細胞では、そのほかに葉緑体（↓）や白色体などのオルガネラをもち、また細胞膜の外側に細胞壁をもつ点で動物と異なる。

### ❖細胞の起源

――最初の細胞、すなわち最初の生物はおよそ三十数億年前に、おそらくは熱水噴出孔の付近に出現したと考えられている。これらがどういうものであったかの詳細は不明だが、熱水のエネルギーを利用する化学合成細菌であったと思われる。このなかから水面近くに移動し、太陽のエネルギーを利用して光合成をする真正細菌類（緑色硫黄細菌、紅色細菌、シアノバクテリアなど）と、そのまま熱水噴出孔付近にとどまった古細菌類（メタン生成細菌や好熱好酸菌など）への分化が起こり、真正細菌類では、ストロマトライトという群体をつくって生息するシアノバクテリアがとりわけ大繁栄をする。シアノバクテリが放出する酸素によって地球の大気中の酸素濃度は増加し、それまでにいた他の細菌（ほとんどは嫌気性細菌だった）の多くは強い化学反応力をもつ酸素の毒作用によって死滅し、三〇億年～二〇億年前になると、それに代わって好気性細菌が出現する。なお、酸素濃度は約一〇億年前にほぼ現在と同じレベルに達したと考えられている。

海底や深海で生き残った嫌気性細菌はしだいに大型化し、核膜を形成して、始源真核細胞となった。真核細胞は原核細胞の一〇〇倍から一〇〇〇倍の容積をもち、それにともなって内部構造と機能も複雑になる。始源真核細胞は他の細菌を捉えて食べるようになり、そのうちとりこんだ紅色細菌をミトコンドリアとして細胞内共生させることに成功し、好気的な条件でも生きることができる本格的な動物型の真核細胞が出現した。植物型の真核細胞には葉緑体その他の色素体があるが、これらは始源真核細胞に細胞内共生したシアノバクテリアに由来すると考えられている。葉緑体を獲得した植物型真核細胞は、もはや餌を求めて動きまわる必要がなくなる一方で、光のよく当たる場所に定着する必要が生じる。それを解決する一つの方策が、細胞壁の発明である。細胞壁は他の生物に食べられることから身を守る役目をするだけでなく、接着部を補強する「のり」の役目も果たすことになった。

## ❖単細胞から多細胞へ——時間の経過とともに

多細胞生物が進化してくる。およそ十数億年前に、菌類、動物、植物でそれぞれ多細胞化がはじまる。最初の多細胞生物は、単純な群体から始まり、各細胞どうしが依存の度を深めてゆき、細胞間の分業を生じて多細胞生物へと進化していったと考えられるが、それぞれの分類群における多細胞化の起源の詳細についてはいまだに議論があり、確定しているとはいいがたい。

多細胞動物は、細胞の数が増えるにつれて、しだいに体が大きくなっていく。大きくなることには、敵から身を守りやすくなるとか、多数の細胞が機能を分担して、より複雑な行動をとることができるとかいった利点があるが、それなりの代償を支払わなければならない。どんな細胞もまわりの環境から水や酸素あるいは栄養を取り入れ、二酸化炭素や老廃物を排出しなければならないのだが、細胞の数が増えると、それができにくくなる。最大の問題は、表面積と体積の増え方がちがうことで、何度も言うように、同じ形だとすると、面積は長さの二乗、体積は三乗に比例して大きくなる。いいかえると、体積が増えた分だけ表面積は増えてくれない。したがって、体が大きくなるにつれて、まわりの環境から遮断された内側の細胞の割合が増えてくる。そこで、内部の細胞に酸素や栄養を補給し、老廃物を排出するシステムが必要になる。かくして、動物では循環系、排出系、植物では維管束系という内部輸送路が進化してくることになる。

### ❖細胞分裂と細胞周期——有性生殖をするすべての生物は、卵という一個の細胞から出発して、細胞分裂を繰りかえして細胞の数を増やすと同時に、それぞれの細胞が特定の役割だけを担うように分化していく。細胞分裂の過程はまず顕微鏡による観察から始まり、分裂期（M期）と間期が区別された。M期はさらに前期・中期・後期・終期に分けられる。前期にはそれまで糸状だった染色質がらせん状に絡み合ってはっきりと染色体として識別できるようになる。中期には核膜が消失し、細胞の赤道面上に染色体が対になって並ぶ。後期には染色体が縦に二分裂し、それぞれ一組ずつが両極に向かって移動していく。そして終期には新しい核膜が再生され、細胞質が中央でくびれて、二つの娘細胞ができあがるのである。その過程で染色体や紡錘体などの糸状の構造が見られるので、有糸分裂（mitosis）とも呼ばれる。真核細胞で一般的に見られる分裂様式だが、あくまで顕微鏡で観察される現象でしかない。その後の細胞学の発達によって、分子的に重要な出来事はほとんど間期に起こっていることが明らかになり、細胞周期という概念が出てくる。

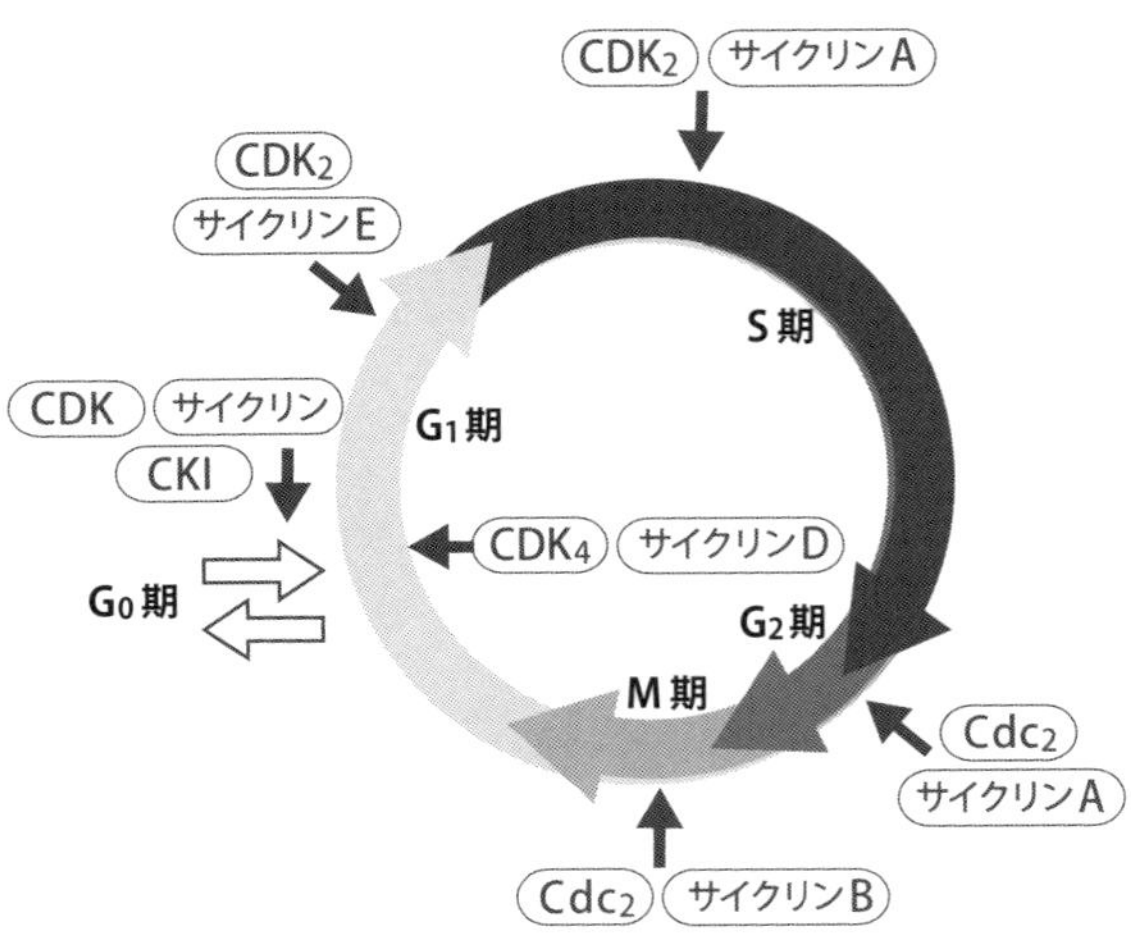

細胞周期とチェックポイント（Cdc2はCDKの1タイプ）

細胞周期は、細胞分裂によって新しくできた細胞がふたたび分裂して新しい娘細胞をつくるまでを言う。従来の間期はG1期、S期、G2期に分けられ、これにM期を加えて、細胞周期は全体として四期に分けられる。静止期（G0期）の細胞はG1期の途中にあり、ここから細胞周期がはじまる。G1期にはDNA合成に必要な酵素群が活性化され、S期でDNAの複製が起こり、G2期ではM期に必要な分裂のためのタンパク質などの準備が整えられる。期から期への移行にあたっては、それぞれチェックポイントがあり、なんらかの異常があれば、周期はストップし、異常がなければそのまま進行する。このチェックポイントで、細胞周期の進行を制御している因子は、サイクリン、サイクリン依存性キナーゼ（CDK）、およびCDK阻害因子（CKI）の三つである。このうちCDKはタンパク質のリン酸化を触媒する酵素群で、いわばエンジンに相当する。このエンジンをサイクリンは加速し、CKIはブレーキをかける。それぞれ異なるタイプがあり、チェックポイントごとにその組合せがちがっている（一般に癌遺伝子はこの加速系遺伝子の突然変異、癌抑制遺伝子はブレーキ系遺伝子の突然変異であり、結果として無制限な細胞分裂が引き起こされる）。

**❖減数分裂**——有性生殖をする生物では、体細胞の半分の数の染色体をもつ配偶子、つまり生殖細胞（卵と精子）をつくり、受精によって合体させなければならない。体細胞の染色体数を二倍体［**diploid**：倍数体と呼ばれることも多く、染色体数は2nで表される］とすると、配偶子は一倍体［**haploid**：半数体という呼び方をされることが多いが、二倍体との整合性のために、こちらを採る。染色体数はnで表される］である。この一倍体の細胞をつくるための細胞分裂は、体細胞分裂とはまったく異なった方式でなされ、減数分裂（meiosis）と呼ばれる。減数分裂は、第一分裂と第二分裂の二段階からなり、第一分裂ではまず同じ形で同じ遺伝情報をもつ二つの染色体（これを相同染色体と呼ぶ）が対になり、それぞれが縦に二分裂する。したがって、顕微鏡下では四本の染色分体が束になっているように見える。このとき絡まり合った四本の染色分体間で交叉・組み換えが起こる（染色体レベルでの多様性が生じる重要なメカニズムの一つ）。次にこれらの染色体が細胞の赤道面に並び、四本の染色分体が二本ずつの染色分体に分かれて、両極に移動し、二つの二倍体娘細胞ができる。ここまでが第一分裂で、そのあと第二分裂によって、二本の染色分体が一本ずつに分かれて、四つの一倍体細胞がつくられるのである。こうしてできるのが卵子と精子であり、両者が合体して、二倍体の染色体をもつ受精卵ができる。

二倍体染色体の半分は父親に半分は母親に由来するものだが、第一分裂で二つの娘細胞に、第二分裂で四つの配偶子に分かれるとき、由来に関係なくランダムに分配される。したがって、二組（四本）の相同染色体しかもたない生物でも、配偶子は2×2＝4通りの染色体の組合せがあり、雌雄の配偶子の受精によってできる次世代の子供では4×4＝16通りのゲノム変異が生じる。性染色体を含めて二三組（四六本）の相同染色体をもつヒトで考えれば、次世代の組合せはおよそ7×10の14乗という莫大な数に達する。これに交叉・組み換えを加えると膨大な変異が可能になる。このようなゲノムの変異こそは、生物進化の大きな源泉である。いよいよ、つぎに進化のメカニズムについて考察することにしよう。

## 【シ】進化論　しんかろん　evolutional theory, theory of evolution

日本語の進化論という言葉には二つの異なった意味がある。一つは生物が進化するという事実のことで、キリスト教原理主義者が進化論を認めないと言うとき、生物は神がつくったときのまま不変であり、進化など起こっていないと主張しているのである。もう一つは、事実としての進化を認めたうえで、進化が起きたメカニズムを説明する理論という意味である。ここではまず、進化を支持する証拠について述べ、そのあとに進化の理論について考えてみることにする。

❖**進化の証拠**——生物学だけでなく、宇宙物理学、地球科学、古生物学など多くの分野の証拠が、進化の実在を支持している。もちろん、歴史的な出来事を直接に証明することは不可能なので、すべてが状況証拠であるのは否定できない。しかし、その状況証拠は強力で、殺人事件の捜査にたとえれば、凶器にある人物の指紋がついており、残された髪の毛もＤＮＡ鑑定でその人物と一致し、そのときの着衣に被害者の血がついており、その人物には動機があり、アリバイがないといった状況である。たとえ現行犯で抑えられなかったとしても、誰もがその人物が犯人であることを疑わないだろう。以下にその具体的な証拠を見てみよう。

（1）まずは化石である。地層は基本的に古い地層の上に新しい地層が堆積することによってできる。堆積物はその時代の気候風土や、生物相によって異なるので、年輪のような層（層序）が形成される。隆起・浸食・断層、褶曲などの変化を受けて部分的に不整合な地層ができるが、他の地域における層序と比較することによって、先カンブリア時代から古生代、中生代、新生代に至るまでの層序が確定されている。グランドキャニオンのような大渓谷では数億年にまたがるはっきりとした層序を実際に見ることができる。そしてそれぞれの地層に含まれる化石は決まっている。先カンブリア時代には化石がほとんどなく、古生代のはじめのカンブリア紀に三葉虫類をはじめとする節足動物の爆発的な出現が見られ、中生代にはアンモナイト類、恐竜類、新生代には哺乳類などが出現する。被子植物は白亜紀初期、顎のない魚類の最初の化石が見つかるのはカンブリア紀の末だが、著しく発展するのは古生代のオルドビス紀からデボン紀にかけてである。最古の人類化石はおよそ六〇〇～七〇〇万年の中新世から見つかっている。つまり、数度の大量絶滅をまじえながら、年代が新しくなるほど生物はより複雑な形態と機能を獲得していった証拠が化石の記録にはっきりと残されているのである。

化石の年代測定が恣意的であるという批判は言いがかりでしかない。現代の年代測定は、その時代の古さに応じた精度をもつ（したがって一定の誤差を前提とした）さまざまな測定法が組み合わされている。木材が残っているところでは、年輪から正確な年代と気候変化を知ることができる。海底の堆積層の花粉分析によっても同様なことがわかる。現代から一億五〇〇〇万年前までならば、海底の岩石の地磁気の方向から、その年代を特定することができる。放射性同位元素を用いる年代測定法は、同位体元素の半減期によって精度が異なる。炭素14の半減期は約五七〇〇年なので、炭素年代決定法は数万年以上古い試料（サンプル）には使えない。カリウム40の半減期は一二億五〇〇〇万年なので、カリウム＝アルゴン法はもっと古い年代まで使えるが、海中で冷却された岩石ではアルゴン・ガスが抜け切れていないために誤差を生じやすい。四五億年という長い半減期をもつウラニウムを用いたウラニウム／鉛法は、生物進化の初期の年代を推定することができる。こうしたいくつもの推定法を組合せ、互いに補正することによって、現在ではあらゆる地質年代の初めと終わりの時期が誤差の範囲付きではあるが、正確に決められているのである。この地質年代は古生物学だけでなく、地球科学や宇宙論のすべての知識ともうまく整合しているのである。

（2）つぎの証拠は、ダーウィンが進化論の根拠の一つとした人為淘汰である。人類は変異個体のうちから自分たちに都合のいいものを選抜することによって栽培植物や家畜をつくってきた。選抜する主体が人間であるということを除けば、その原理はあとで述べる自然淘汰とまったく同じである。ダーウィンは『種の起原』でハトの例を取り上げ、多様なハトがカワラバトというたった一種の野生種からつくりだされたものであり、それらは自然状態であれば当然別種とみなされるほど色彩も形態も異なっていることを例証している。ここではイヌを例にとってみよう。イヌは一万五〇〇〇年前から一万年前の間に家畜化されたと考えられているが、現在のような多様な品種ができたのは、それほど古い話ではない。一四世紀末に書かれたイヌの品種に関する記述では、イヌの品種は六品種しかあがっていないが、現在では各国のケンネルクラブごとに約二〇〇品種（総品種数は四〇〇近い）が公認されていて、そのなかには、体重一キログラム前後のチワワから一〇〇キログラムに達するセントバーナードまでいる。わずか六〇〇年ほどのあいだにこれだけの品種をつくりだすことができたのだ。

ちょっとまった。どんなに大きさがちがっていようともイヌであることには変わりがない。これで新しい種ができたとはいえないと、反進化論者は言うだろう。しかし、これは奇妙な言い分である。この大きさと形態のちがいは、ネコとライオンやトラとのちがいに匹敵する（実際に多くの大型ネコ科動物のあいだは一代雑種ができるほど遺伝的に近い）。たまたまチワワとセントバーナードに関しては、そのあいだをつなぐ中間的な品種が存在するがゆえに同種とみなされているにすぎない。中間的な品種が絶滅し、それぞれが別の島に生息していれば、ほとんどの形態分類学者は別種とみなすにちがいない。少なくとも、選抜育種という単純な方法で、ネコ科における別種のちがいに相当するだけの変異がイヌの品種として生みだされるのである。

（3）次は自然における実際の種分化の例である。ガラパゴス諸島の島々は海によって隔てられているために、地理的な隔離が起こり、ゾウガメやフィンチ類は島ごとに異なる種に分化している。ジョナサン・ワイ

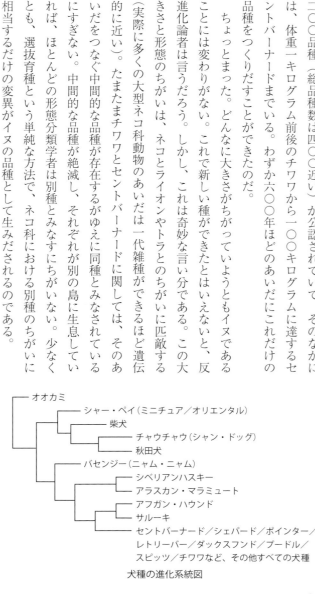

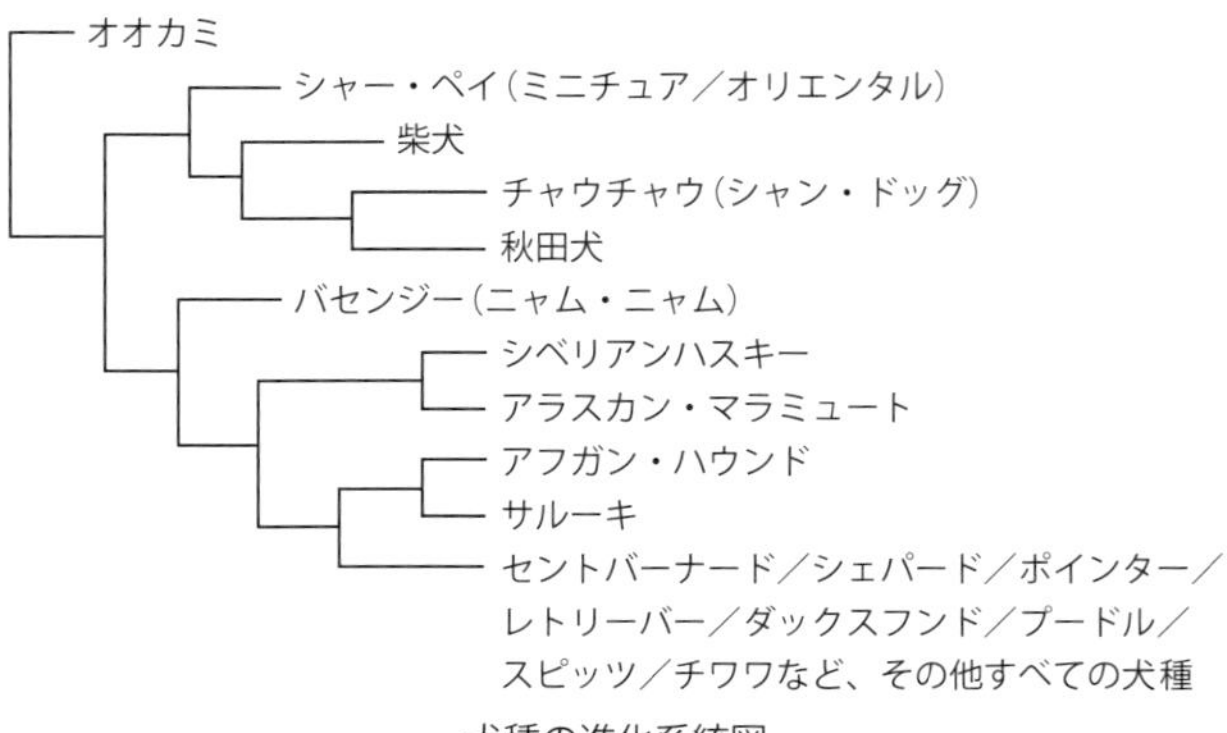


犬種の進化系統図

ナーの名著『フィンチの嘴』に描かれているように、グラント夫妻の研究は、旱魃によって食べられる果実の大きさが変異することで、嘴の平均的な大きさが変異することを実証している。またアフリカの大地溝帯にあるヴィクトリア湖はできてからわずか一〇万年しかたっていないが、そこには四〇〇種あまりのシクリッド（和名カワスズメ）という魚がいる。それらはすべて固有種で、おそらく一種または数種の祖先から短期間に爆発的に進化したと考えられており、現に遺伝学的な類縁関係も明らかにされつつある。それ以外にも、ハワイのナンヨウエンマコオロギ、ロンドン地下鉄におけるアカイエカ種群、アメリカサンショウウオ属やグッピー類の種分化、サンザシミバエからリンゴミバエの分岐、越冬地の異なるズグロムシクイにおける習性や形態の変化など、現在進行中の進化の実例が数多く存在する。

もう一つの興味深い実例は、セグロカモメとニシセグロカモメの例である。英国ではこの二種がいずれも見られるが、翼の背の色などではっきりと区別され、まれに一緒に生活することがあっても、けっして交雑することはない。したがって、英国でこれが別種とされるのは妥当といえる。ところが、もしセグロカモメの集団を英国から西に向かって北アメリカまで追いかけていき、それからシベリアを経由して世界を一回りしてふたたびヨーロッパまで戻ってくるとすると（この間にいくつかの地域亜種名がつけられてはいるが）、とても奇妙な事実に気づくことになる。北極のまわりを西に回っていくにつれて、「セグロカモメ」はしだいにセグロカモメらしくなくなり、しだいにニシセグロカモメに似てくるのだ。そしてついには、西ヨーロッパのニシセグロカモメがセグロカモメから始まってリング状につながる連続的なスペクトラムのもう一方の端であることが判明する。このリングのあらゆる段階を通じて、どの鳥も輪のなかのすぐ隣の鳥と十分によく似ていて、交雑することができる。したがって、セグロカモメとニシセグロカモメは一つの種の両極端を示しているにすぎない。もし途中のどこかでこの鳥の仲間が絶滅してしまえば、種分化が起こり、別種として認められることになるのだ。

（4）つぎはダーウィンが『種の起原』第一一章で述べている生物の地理的分布である。地理区については「地理的隔離」の項でくわしく述べるが、それぞれの地理区における生物相のちがいは、物理的な環境によっては説明できず、遺伝的な系譜の問題としてしか説明がつかない。オーストラリアの有袋類が他の大陸における真の哺乳類が占めるあらゆる生態的地位に適応放散しているというのは、あまりにも有名な話だが、キツネザル科二十数種がすべてマダガスカル島にのみ生息するという事実も、一つの祖先種からの適応放散を物語る証拠である。

（5）最後は分子遺伝学的な証拠で、ヒトゲノム計画の終了のあと、その手法を他の生物に応用する試みが進行中であり、遺伝子レベルでの系統関係の解析が急速に進んでいる。「血液」の項でヘモグロビン遺伝子の進化について述べたが、多くの遺伝子について、進化的な出現の時期と、時代につれての重複、変異、染色体転移などの経過が明らかにされつつあり、遺伝的な改変による進化が起こったことのまぎれもない証拠を提示している。

**❖進化論の誕生**——生物が変化するという漠然とした認識は、古代ギリシアの自然哲学や東洋の輪廻転生的な自然観にもうかがうことができるが、歴史的な過程としての進化の認識が成立するのは、一八世紀以後のことである。地質学が地球の変化を明らかにし、古生物学が異なった地層から異なった化石を見つけだし、比較解剖学が生物の構造には種を越えた共通性があることを示し、発生学が卵から複雑な器官が形成される過程を、生物地理学が世界各地の生物相の特異性を明らかにするにつれて、あらゆる事柄が進化の事実を指し示すようになった。

こうした状況のなかで、進化論的な発想の先駆けとなるものがいくつか現れた。たとえば、ジョフロワ・サンチレールやリチャード・オーウェンが提唱した動物の器官の相似や相同という概念は、共通のプランからの進化を前提としていたし、フォン・ベアはヘッケルに先だって高等動物の初期胚が下等動物の成体に似ることを指摘していた。また反進化論者として有名なキュヴィエも神による創造という枠内で、天変地異による新種の出現を認めていた。なかでも、チャールズの祖父であるエラズマス・ダーウィンは、著書『ズーノミア』において、フィラメント状の原始生物からすべての動物が進化したことを明確に述べた。ただし、進化の要因を環境の変化に対する動物の反応に求めていた。またラマルクは、著書『動物哲学』で、生命はつねに自然発生しており、その内在的な能力によってしだいに成長・複雑化していく。さらに環境への適応として使われる器官が獲得形質の遺伝を通じて発達することによって生物の多様性が増すと述べていた。後世、この後者の点のみが強調されることになり、ラマルク説＝獲得形質の遺伝とみなされるようになった。

### ❖ダーウィンの進化論――西欧における進化論の受容がキリスト教的な世界観や産業社会の発展といった社会的な要因に影響されたのはまぎれもない事実であるが、ダーウィンの進化論（厳密には、アルフ

C. ダーウィン

レッド・ラッセル・ウォレスが同時発見者である）がそれ以前の進化論と一線を画し、最終的に社会に認められ、現代生物学の基盤となった最大の理由は、科学的な進化のメカニズムを初めて提出したところにある。

『種の起原』でダーウィンが述べている自然淘汰（自然選択）説の原理を要約すると次のようになる。あらゆる生物は生存できる以上の子どもを産むので、それらの子どもどうしのあいだで必然的に生存競争が生じる。一方、子どもには個体ごとに変異があり、生存競争においては、より適応した性質をもつ個体が生き残りやすい。変異の一部は遺伝するため、この過程の累積によって変種が生じ、変種が新しい種の発端になるというのである。ダーウィンの時代には、遺伝の法則はまだ発見されておらず、変異の原因も不明ではあったが、自然淘汰説は、生存競争と変異の組合せによって、神が介在しなくとも、種が自動的に進化するメカニズムを提示したのである。

ダーウィンの進化論は、社会進化論や優生学といった形で、生物学以外の世界にも多大の影響を与えたが、生物学の歴史においても、人間を含めてすべての生物を神秘の座から科学の対象に引き下ろし、すべての生物現象を進化的適応という観点から見ることを要請した点において、決定的な重要性をもっていた。

### ❖ 現代総合説

――生物が進化するという考えそのものは『種の起原』が出版されてから一〇年ほどで学界に広く受け入れられたが、自然淘汰説に対してはさまざまな異論が出された。一九世紀末には獲得形質の遺伝を強調するネオ・ラマルキズムや定向進化説が米国の古生物学者コープやオズボーンなどによって主張され、多くの支持を得た。定向進化説は、化石の記録に基づいて進化に方向性があるとするもので、その原因を生物の内在的な力に求めた。オオツノシカの巨大な角、剣歯虎の長く伸び過ぎた犬歯は定向進化の好例とされ、このような過度の発達は、自然淘汰説では説明できないとされた。

また逆に、ド・フリースは、突然変異こそが新しい種が産まれる原因であると主張し、軽微な連続的変異の累積が進化の要因であるとするダーウィンの自然選択説に異を唱え、多くの支持者を得た。一九一〇年代には、進化の説明理論としての自然淘汰説は存亡の危機に瀕していた。

この危機を打開したのが、生物測定学（生物統計学）派に起源を発する集団遺伝学の発展であった。米国のS・ライト、英国のR・A・フィッシャー、J・B・S・ホールデンらによって体系を整えられた集団遺伝学は、集団の遺伝子構成（遺伝子頻度）を統計的に処理することによって、生物の形質には多数の遺伝子が関与しており、したがってメンデル遺伝学と連続的な変異が矛盾なく両立できることを示した。これに、種分化における隔離の重要性を指摘したT・ドブジャンスキー、E・マイア、定向進化を実証的に否定した古生物学者G・G・シンプソンらが加わって、一九三〇~四〇年代に進化の総合説が確立される。

総合説は、ネオ・ダーウィン主義と呼ばれることもあるように、ダーウィンの自然淘汰説を、現代的な科学知識の上に再構築したもので、現在における正統派進化論として大多数の生物学者によって認められている。総合説によれば、進化は集団の遺伝子頻度の変化として理解される。つまり、突然変異や遺伝的組み換えによって生じた遺伝的変異の集団内における頻度が、遺伝的浮動によって非適応的に、あるいは自然淘汰の作用によって適応的に変動し、地理的な隔離を受けることによって、異なった遺伝子構成をもつ変種集団になり、やがて別の種となると考えるのである。

総合説とダーウィンの自然淘汰説の最も大きな相違点は、ダーウィンの場合には自然淘汰の単位が個体であり、生存競争を通じて適応的な個体が生き残ることによって進化が起こると考えるのに対して、総合説では、自然淘汰の単位は遺伝子であり、適応的な遺伝子が集団中に増えることによって進化が起こると考えるところにある。ドーキンスの利己的遺伝子説はこのことを比喩的に強調したものである。

## ❖総合説への異論――正統派進化論への異論は、創造説論者からトンデモ理論を含めて数多くあるが、

検討に値するものだけを簡単に紹介しておこう。第一に自然淘汰ないしは生存競争を否定し、集団のすべての個体が一斉に変化するという主張がある。ネオ・ラマルク説、定向進化論、今西進化論などがこの範疇に入る。その場合、変化に向かう要因として考えられているのは、生命力のような内在的（または主体的）な力か獲得形質の遺伝である。内在的な力は、それが具体的に提示されないかぎり、科学的に検証することができない。古典的な意味での獲得形質の遺伝は、現代遺伝学の知識に照らして否定される。逆転写現象の発見によって、DNA→RNA→タンパク質というセントラルドグマに例外のあることが明らかになったとはいえ、一般的に個体が生涯に獲得した形質がこどもに遺伝的に伝えられるメカニズムは見つかっていないからである（一部のエピジェネティックな変化が遺伝性をもつことは明らかになっているが、一般化できるようなものではない）。ただし、個体のレベルではなく、集団のレベルでは、適応的な遺伝子が世代を重ねる

ごとに集団内に広がっていくので、集団として獲得した適応的形質が遺伝していくようにも見えるが、これは見かけだけのことにすぎない。群淘汰説も広い意味ではここに含まれるかもしれない。

第二に形質変異の原因に対する異論がある。従来の総合説では、突然変異と交配の際の遺伝的組み換えのみを想定していたが、遺伝学の発展によって、それ以外の形による変異も知られるようになった。一つは木村資生が指摘した生体分子の中立進化説で、この説は、分子が環境とは無関係に進化をするという意味で自然淘汰説に衝撃を与えたが、その原因を突然変異と遺伝的浮動によって説明でき、また機能的に重要なタンパク質における分子進化は自然淘汰によって抑制されることが明らかになり、現在では総合説の枠組みと矛盾しないと考えられている。マクリントックらが発見した跳躍遺伝子や分子駆動の存在は、染色体間あるいは個体間の水平的な遺伝情報伝達があることを示して、親から子への垂直的な情報伝達のみを考慮に入れていた総合説に、深刻な見直しを迫るものではあるが、進化の基本的なメカニズムとして自然淘汰説にとってかわるものではない。

第三に進化の漸進性に対する異論がある。グールド＝エルドリッジの断続平衡説が最も典型的なもので、種が段階的に変化するいわゆる小進化には総合説が適用できても、新しい種やそれより上位の分類群の出現つまり大進化には、大量絶滅などの環境の激変と、新しい形質の爆発的な発現が必要であると説く。この説は古生物学的な事実とはよく一致するが、生物学的なメカニズムは明確ではない。ただし、近年の分子遺伝学は、ゲノム中に膨大な機能をもたない遺伝子、多くの生物に共通する遺伝子群、多数の遺伝子を制御するマスター遺伝子などの存在が明らかにされており、これらの遺伝子が激変期に重要な役割を果たしている可能性は高い。

第四に非連続的な進化の実例としてリン・マーギュリスが提唱した細胞共生説がある。これは真核生物のミトコンドリア、葉緑体、鞭毛が別の単細胞生物との共生によって生じたとするもので、現在ではミトコンドリアと葉緑体に関してはこの説が正しいことがほぼ立証されている。これは、自然淘汰とはまったく次元を異にした進化の様式で、高等動物の進化においても共生微生物やウイルスの遺伝子が同じような形で影響を与えている可能性は否定できない、

いずれにせよ、進化こそが今日私たちが目にするような、絢爛たる生物の世界を生みだしたのだ。ダーウィン進化論のあまりにも単純な原理と、それがもたらした驚くべき結果に思いをいたすとき、陶然たる気分に襲われる。しかし、ここで眠ってしまうわけにはいかない。眠らないために、眠りの生物学に挑戦してみよう。

## 【ス】睡眠　すいみん　sleep

睡眠とはつまり眠ることだが、眠りをめぐる謎は深い。眠りを小さな死とみなす文化は多いし、死を永眠と表現したりもする。子供の頃に、眠ったまま目が覚めなければ死んでしまうのだろうかと思った人はきっと多いだろう。眠りがいつかは覚めるという点で死と異なるのは自明だが、外からただちに判別できるとはかぎらない。ふつうは声をかけるなり、体を揺するなどすれば、すぐに目覚めるが、深い眠りにあるときは、簡単には目覚めないし、昏睡（coma）の場合には、刺激に対する反応性がまったくなくなってしまう。いったい死と眠りはどこがちがうのか。眠りは生きていくうえでなくてはならないように思えるが、眠っているあいだにいったい何が回復されるのか。眠っているあいだに見る夢というのはなになのか。眠りにまつわる疑問はつきない。ようやく近年、神経科学と分子遺伝学の発達によって、睡眠の本質が解き明かされはじめつつある。

## ❖睡眠の起源

——ふつう睡眠には、感覚の鈍麻ないしは消失、筋肉の弛緩、心拍数の減少、体温の低下といった現象が伴い、これらは明らかに消費エネルギーを抑えるという効果をもっている。地球上のすべての生物は自然がもたらす周期的な変化のなかで生きている。春夏秋冬、乾季と雨季、昼と夜、満月の夜と新月の夜というふうに、それぞれの生物にとって過ごしやすい時期と過ごしにくい時期とが交互に訪れるわけである。なかでも昼夜の変化は非常に劇的である。植物にとっては太陽の光のある昼間は光合成ができるので、葉や花を一杯にひろげるが、夜になれば、葉をひろげているのはただ水分を失うだけであり、夜花を開いていても訪れる昆虫はあまりいないから、花も葉も身を縮めるものが多い。多くの動物にとって昼間は餌を見つけるのにも、敵の姿を見つけるのにも好都合だが、夜に動きまわるのは、いずれにせよ失うものが多く、得るものが少ない。そういうときにはじっと動かずに、すべての代謝速度を落とすのが経済的である。

眠りが、もともと夜間のエネルギー消費を抑えるものとして進化したものだろうという推測を裏づける傍証は、睡眠がほぼ二四時間の周期（概日周期）をもつ体内時計によって支配されていることである。ただし、この概日周期は正確な二四時間ではないので、現実の日周期とはズレが生じてくるので、光などの環境条件に合わせて随時リセットされる必要がある。この体内時計がつくりだしているのは、目を覚ませという信号で、昼間この信号は強いが、夜には信号が弱くなるので眠くなるのを抑えられない。体内時計の中枢は、人間では脳の視床下部の視交叉上核というところにあり、そこにある神経細胞がリズムをつくりだしている。驚くべきことに（あるいは、すべての生物が二四時間周期の地球上で生きているのだから当然と言うべきなのかもしれないが）、概日周期は原核生物のシアノバクテリアまで、あらゆる生物で見つかっており、さらにそれを支配する遺伝子もわかっている。時計遺伝子と総称される一群の遺伝子で、そのメカニズムについては、ショウジョウバエでもっともよく研究されている。ショウジョウバエでは、ピリオド、クロック、サイクル、タイムレスという四種類の遺伝子が生物時計の部品を構成している。それぞれの遺伝子がつくるタンパク質が、他の遺伝子の転写を制御する因子としてはたらくことで、複雑なフィードバック・サイクルを形成しており、このサイクルを一回りするのにちょうど二四時間がかかり、その間にそれぞれの遺伝子がつくるｍＲＮＡおよびタンパク質の量が周期的に変動するのである。ヒトでもほとんど同じ遺伝子が存在し（ただしタイムレス遺伝子の役割はクリプトクローム遺伝子が担っている）、これらの遺伝子に異常があると、生物時計は機能不全に陥る。

### ❖睡眠のサイクル——眠りの周期は、外からでもある程度の見分けがつく。じっと動かず、目を閉じ、筋肉が弛緩しているなどの特徴から判別でき、この方法は脳の発達していない

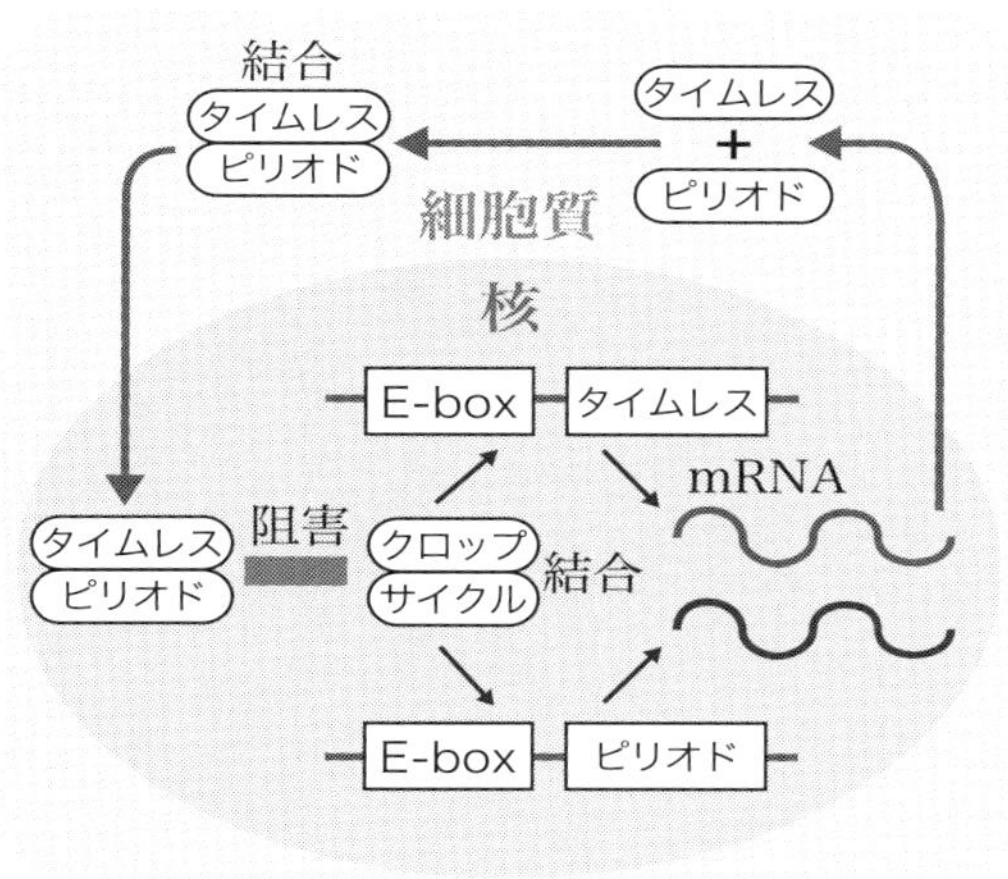


ショウジョウバエにおける時計遺伝子の作用
E-box は転写因子が認識する DNA 配列。タイムレスとピリオドが核内にあるとサイクルとクロップの活動は抑制され、タイムレスとピリオドは合成されない。その結果、核内からタイムレスとピリオドがなくなると、サイクルとクロップは活動できるようになり、その転写因子によってタイムレスとピリオドの合成が開始される。（粂和彦『時間の分子生物学』を参考に作成）

動物にも適用できる。しかし、そのときに体内で何が起こっているかは、外からは推し量れない。そこで脳波の測定という手段が用いられる。脳波のちがいをもとにして睡眠はレム睡眠と、それ以外の非レム睡眠に分けられ、非レム睡眠はさらにステージ１、２、３、４の四段階に分けられる。目覚めているときの脳波は振幅が小さく周波数の大きな$\beta$（ベータ）波で、しずかに横になっていると周波数は小さく、振幅が大きな$\alpha$（アルファ）波が現れ、それがさらに周波数の小さな$\theta$（シータ）波に取って代わられると非レム睡眠のステージ１に入る。これで感覚は外の世界から遮断されるが、まだ眠りは浅く、体に触れたり、大きな音がしたりするとすぐに目覚める。五分くらいたつと、ステージ２に入るが、このときの脳波には、睡眠紡錘波とK複合波という特徴的なパターンが見られる。さらに五〜一〇分たつとステージ３に入り、さらに進んで、もっとも深い眠りであるステージ４に達する。このときの脳波は周波数が非常に小さいが振幅の大きなゆっくりとした$\delta$（デルタ）波である。このあと、それまでとは逆の経過をたどって眠りが浅くなり、目覚める寸前でレム睡眠に入る。レム（REM）とは急速眼球運動（Rapid Eye Movement）の頭文字をとったもので、文字通り、眼球がまぶたの下で激しく動くことから、こう呼ばれている。脳波は覚醒時とほぼ同じで、脳はほとんど起きているが筋肉は弛緩している。レム睡眠は記憶の整理にとって重要らしい。人間が夢を見るのはほとんどこの時期で、たまたま目が覚めると、意識ははっきりしているのに体は動かない、いわゆる金縛りの状態になる。レム睡眠のあと、ふたたびノンレム睡眠に戻っていくというサイクルが一晩のうちに四〜五回繰り返される（ただし、ノンレム睡眠は段々浅くなり、ステージ２あたりからまたレム睡眠に戻るようになる）。

このノンレム睡眠からレム睡眠までの周期（睡眠周期または睡眠単位）は九〇分前後で、人間では目覚めることなく数回繰り返して、平均八時間程度の睡眠時間になる。しかし多くの哺乳類は一日の睡眠時間は八～一三時間だが、一回の睡眠周期ごとにいったん目を覚ます。おそらくは危険を避ける安全対策なのだろう。予想にたがわず、肉食獣のほうが、草食獣よりも一般に一日の睡眠時間は長い。ヒトがこれほどの連続的な睡眠をとるのは、安全を確保できるようになったことと、それだけの深い睡眠を必要とするなんらかの理由があったからだろう。ちなみに多くの鳥類では、睡眠周期は数分で、合計睡眠時間は五～一〇時間である。

## ❖睡眠の進化――レム睡眠とノンレム睡眠の分化は鳥類と哺乳類にだけ見られるもので、それ以外の動物では、覚醒状態と睡眠状態の切り換えだけである。レム睡眠はそうした原初的な動物の睡眠をひきついだもので、単純に筋肉を弛緩させ活動を低下させる。変温動物では、活動を低下させれば、体温が下がるので、あらゆる代謝が抑制されて、エネルギーの節約になる。しかし恒温動物である鳥類と哺乳類では、単純に筋肉を弛緩させるだけでは、体温を下げてエネルギーの節約をすることも、大脳を休ませることもできない。そこ体温を下げ、意識レベルを下げるノンレム睡眠が出現したのである。そしてレム睡眠は意識レベルの下がった脳を覚醒に向かって準備させるという役割を果たすようになった。レム睡眠が進化的に古いものであることは。ノンレム睡眠の中枢が視床下部近くにあるのに対して、レム睡眠の中枢は脳の中でもさらに古い脳に当たる中脳から延髄にかけての部位に存在することからもうかがえる。

## ❖睡眠不足はなにをもたらすか——何日も寝不足がつづくと、いやおうなく眠気が押し寄せてくる。

この眠気というのはいったいどこからくるのだろう。多くの睡眠研究者は、「睡眠負債」という言葉を使う。それぞれの人には一日あたり必要な睡眠量があり、それを満たさないと負債のようにたまってきて、どこかで解消しなければならなくなる、つまり眠気は睡眠負債に比例するというのだ。しかし、睡眠負債ではあまりに抽象的すぎる。その実体はなにかを問うてみなければならない。じつは睡眠の制御はきわめて入り組んだ複雑な過程であるらしく、そこに神経系とホルモンの関与があることはわかっているが、まだ全容が解明されたとはいいがたい。しかし睡眠負債の実体とみなせるような候補者が見つかっていないわけではない。それは睡眠物質と呼ばれるもので、無理矢理眠らせない状況をつくりだした場合（断眠実験）に、脳内や血液中に出現する物質で、睡眠誘発性をもっている。現在知られているものとしては、γヒドロキシ酢酸や、ノンレム睡眠を誘発するペプチド（DSIP）や、ウリジン、酸化型グルタチオンなどがあり、これらの物質は、ニューロンに作用して、その活動を抑制あるいは亢進させることによって、眠りを誘発する。また、二〇一六年に柳沢正史らによって睡眠時間の長いマウスの系統で、その原因となる遺伝子変異（Sik3）が特定され、それがあるタンパク質リン酸化酵素の変異であることが判明した。その後の解析によって、この酵素による一群のタンパク質リン酸化の進行が眠気の実体であるという説が有力視されている。

断眠実験下では、ナチュラルキラー細胞の数が減り、インターロイキン2の生成も抑制されることが知られている。そのため、不眠によって体が受けるもっとも深刻なダメージは免疫力の低下なのである。不眠状態がつづくと病気になりやすい理由は、ここにある。さらに近年、睡眠中には脳細胞が縮み、脳脊髄液の流れるスペースが拡大することによって、有害物質が除去されることもマウスの実験で示されており、睡眠不足はアルツハイマー病などの発症の要因になるという説が出されているが、ヒトではまだ実証されていない。

睡眠と覚醒の制御については、オレキシンという神経伝達物質の役割が明らかになってきている。これは視床下部外側野にある神経細胞がつくる神経ペプチドで、この領域の障害がナルコレプシーという神経障害の原因であることが、一九九八年に明らかにされた。遺伝子も特定されており、この遺伝子をノックアウトしたマウスでナルコレプシー症状が現れることも確認されている。

## ❖休眠

――人間の睡眠が、夜という不都合な時期をやりすごすための方策として始まったとすれば、四季の変化や乾季など、都合の悪い時期を堪え忍ぶために、生物が採用する方策も眠りの一種と考えていい。それがすなわち休眠である。植物では、芽・種子・胞子などの休眠が見られ、日照時間や温度が刺激となって増加する植物ホルモンのはたらきによって制御されている。動物では、成体における夏眠や冬眠のほかに、線虫類の被嚢胞子、ミジンコの耐久卵など多様な形の休眠が見られる。高温・低温・乾燥などが休眠を引き起こす要因で、休眠状態に入った動物は成長や運動をほとんど停止し、物質代謝も著しく低下する。一般に休眠を引き起こした要因がなくなると休眠から覚める。

昆虫における休眠は、他の動物とちがって、緊急避難的な適応というだけでなく、個体発生の各段階を季節に合わせるためのスケジュール調節という側面があり、種によって、卵休眠、幼虫休眠、蛹休眠、成虫休眠など休眠の起きる段階が決まっている。昆虫の場合にも、休眠の誘発・解除はホルモンによって制御されている。

眠りを支配する体内時計遺伝子はすべての生物にあることがわかってきたが、そのような能力を身につけた最初の生命はそもそもどのようにして出現したのだろうか。

## 【セ】生命の起源　せいめいのきげん　origin of life

生命の起源を論じようと思えば、まず生命とは何かを問わなければならない。英語の life は「生命」と「生物」の両方を意味するので、翻訳のときには悩まされるのだが、起源ということになれば、ちがいはない。生命の起源はすなわち生物の起源だからである。哲学的な議論も神学的な議論も措いて、自然科学的な観点のみからいえば、生物とは一般につぎの三つの性質をもつものである。

（1）膜によって外界から区別された構造をもつ。個体レベルでは外被や皮膜、細胞レベルでは細胞膜によって外界と隔てられている。

（2）外界と物質をやり取りし、内部で代謝することができる。現在ではATPと各種の酵素が代謝を司っている。

（3）自分と同じものを複製することができる。現在では、核酸、すなわちDNAまたはRNAが自己複製を司っている。

（3）は生物が生きていくための不可欠の要件ではないが、これがなければ寿命がくると個体は消滅して、種として存続しえず、進化することもできない。ウイルスは（1）を満たしているが、他の生物に依存しないかぎり、（2）と（3）を満たすことができないので、生物と呼ぶことができない。

**❖生命はどこからきたか**——この問いに対する一つの答は神がつくったとするものだが、それを認めれば、その神はどうしてできたのかという問いが避けられない。神は最初からあったというのでは、科学的な議論にならない。もう一つ宇宙からやってきたという答えもあり、一九〇六年にスヴァント・アレニウスが提唱したパンスペルミア説が代表的なものである。これは他の天体で発生した微生物の芽胞（スペルミア）が宇宙空間を飛来して、地球に到達したという考え方で、有機物を含んだ隕石の存在などから、この説を支持する科学者もいる。生命の起源に宇宙から飛来した物質が関係していたという可能性は否定できないが、もし生命が地球外の天体で始まったのだとしても、それがどのようにして起源したのかという問いに答えなければならなくなる。

L. パスツール

J. T. ニーダム

F. レディ

❖自然発生説――昔の人々は生物が自然に発生すると考えていた。「ウジがわく」という表現は、まさにそういう見方を反映している。自然発生というのは、親のいないところで、生命が生じることを言うが、なにもないところにカビが生え、汚水にボウフラがわき、腐肉にウジがわいてくるといった現象からの推測である（コムギと汚れた洗濯物をおいておくとネズミが自然発生するという説さえあった）。体系的な自然発生説はアリストテレスが最初に提唱したものであるが、つまるところ、きちんとした観察ができなかったから生じた誤解にすぎない。一七～一八世紀になって顕微鏡による観察が可能になると、異論がではじめる。最初にこの誤りを批判したのは、イタリアの医学者F・レディ（一六二六―一六九七）で、一六六八年に、肉を入れた容器を清潔なガーゼで覆えばウジがわかないことを示して、ウジはハエが卵を産みつけるからわくのだとして自然発生を否定した。これに対して、生物の体をつくる物質には生命力があると信じるイギリスの微生物学者J・T・ニーダム（一七一三―一七八一）は、ヒツジの肉汁を加熱して容器を密封しても時間がたてば微生物がわいてくることを示して反論した。今度はイタリアのL・スパランツァーニが、ニーダムの実験に不備があり、微生物が混入したのだとし、長時間の煮沸ののちに厳密に密封すれば微生物が出現しないことを示したが、ニーダムは長時間煮沸のために生命力が損なわれたのだと反論して、論争は決着がつかない。一八世紀後半から一九世紀にかけてさえ、モーペルテュイ、ラマルク、ネーゲリ、ヘッケルといった大物が自然発生説（唯物論的という側面もあって話は単純ではない）を支持していた。

最終的な決着は一九世紀後半に、発酵の研究で知られるルイ・パスツール（一八二二―一八九五）によってなされる。彼が大気中にある生命力が自然発生をもたらすとするルーアンの博物館長プーシェと論争をつづけ、一八六二年に有名なスワンの首フラスコを使った（空気は通れるけれども微生物は通れない）巧妙な実験によって、自然発生を完璧に否定したのである。

## ❖化学進化——神様がつくったものでもなく、宇宙からきたものでもないとすれば、生物は、無生物から誕生したのでなければならない。上に述べた生命の三条件が一挙にできたわけではないから、どういう順で誕生したかが、生命の起源論における大きな論争になっている。膜状の構造については、オパーリンのコアセルヴェート説や、プロティノイドミクロスフィア説が述べるように、一定濃度の有機物が存在すれば、比較的簡単にできる。あるいは硫化鉄膜や岩石表面、水滴などがその代用をしたかもしれない。（2）と（3）について、どちらが先だったかに関して、後述するような、自己複製子起源説と代謝起源説の対立がある。しかし問題は、その前提となる有機物の生成が自然状態でどのようにして起こったかである。無機物から有機物がつくられる過程は化学進化と呼ばれている。

化学進化説を最初に唱えたのは、ソ連の生化学者A・I・オパーリン（一九二四）だが、それを実証的な議論にのせたのは、一九五三年にシカゴ大学ハロルド・ユーリー研究室でおこなわれたスンタリー・ミラーによる放電実験である。ミラーの実験は、原始地球の大気組成と想定されたメタン、水素、アンモニアの混合気体に火花放電（雷の作用を模したもの）を起こさせ、その結果アミノ酸が生じた。これは簡単な物質から有機物が合成されたはじめての実証例として大きな意味をもつが、現在では原始大気は、二酸化炭素、窒素、水蒸気の混合と考えられていて、ミラーの実験におけるような還元的な条件ではなかったし、数種のアミノ酸からより複雑な酵素や核酸がつくられる過程も未知である。

オパーリンやミラーは、放射線や雷の影響でできた有機物が蓄積した原子の海が生命誕生の場だと考えていたが、分子遺伝学的な手法を使って生物の系統的な起源を探る研究から、もっとも古い生物とされる古細菌類が、好熱菌に起源をもつことが明らかになり、生命誕生の場として、熱水噴出孔が注目を浴びることになった。熱水噴出孔は大洋の中央海嶺の裂け目から流れ込んだ海水がマグマによって熱せられて膨張して、熱水となって吹き上げているところで、一九七六年に地質学者P・F・ロンスデールがガラパゴス諸島沖の海底で見つけて以来、世界各地の海底で見つかっている。この熱水に含まれる硫化水素などを利用して増殖する化学合成細菌が一次生産者となって、そのまわりに、ハオリムシ類やシロウリガイ類などの特異な生物群集が形成されている。熱水噴出孔周辺には黄鉄鉱が多く、この表面が触媒的なはたらきをしてアミノ酸重合反応が起こり、そこに最初の代謝系ができたとする表面代謝説が、生命起源の一つの可能性として提唱されている。

### ❖自己複製子起源説――最初の生物が熱水噴出孔の好熱細菌であったとしても、いきなり細菌が誕生

できたわけがなく、それに先立つ準備段階があったにちがいない。生命の三条件のうちで、自己複製能力を重視する立場から、生命の起源はまず自己複製能力をもつ分子の誕生であるという見方がでてくる。現在の大多数の生物の遺伝子はＤＮＡであるが、それは突然に生じるにはあまりにも複雑な分子であり、反応を触媒するタンパク質酵素がなければ複製することもありえない。その難題を解決する有力な候補者としてＲＮ

Aが登場する。ＲＮＡはＤＮＡと同じように二重らせん構造をとって遺伝子としての役割を果たすこともできるし、一本鎖が折りたたまれてタンパク質のような複雑な構造をとることもでき、実際に酵素的な機能をもつＲＮＡ（リボザイム）もある。したがって、ＲＮＡは遺伝子と酵素の両方の役目を果たすことができるのである。そして、一九八六年にＤＮＡの塩基配列の解読法でノーベル賞を受賞したＷ・ギルバートは、「ＲＮＡワールド」を提案した。つまりＲＮＡ分子だけが存在する世界では、自らが触媒となってＲＮＡを組み立てていくことができ、これが進化の最初のステップだったというのだ。

しかし、ＲＮＡもそれほど単純な分子ではない。構成単位であるヌクレオチド（↓）は、糖（リボース）と、リン酸、および塩基が正確な立体構造をとっており、九〜一〇個の炭素原子、数個の窒素および酸素原子、十数個の水素原子およびリン酸基がかかわっている。組合せの数だけを考えても膨大なもので、機能をもつＲＮＡが自然にできる確率は天文学的に小さい。しかし、太古の地球には無限の時間があったから、それが起こりえた可能性も十分に考えられる。

**❖代謝起源説**——生命の三条件のうちで代謝系であることを重視する立場からは、代謝起源説が提唱される。ＲＮＡのようなものがいきなりできる可能性はきわめて低く、それよりもむしろ、自然界の膜面に集まった小さなタンパク質分子群が代謝サイクルを形成し、しだいに複雑な系をつくっていくなかで大きくなり、ついには情報を担う分子をそのなかに含むことができるようになったと考える。この考え方はニューヨーク大学のＲ・シャピロなどに代表されるもので、タンパク質ワールドとも呼ばれる。

池原健二によるGADV仮説は、一般的なタンパク質ではなく、四つのアミノ酸、グリシン、アラニン、アスパラギン酸、バリンからなるタンパク質（それぞれのアミノ酸の頭文字をとってGADVタンパク質と呼ぶ）が生命の起源にかかわっていたと想定する。これら四種のアミノ酸がランダムに結合したタンパク質は、αヘリックス、βシート、ターンなど、通常のタンパク質が取りうるあらゆる構造をつくる能力があり、それはすなわちペプチド結合反応を触媒できるものが生じることを意味し。GADVタンパク質は擬似的な複製が可能で、触媒機能の向上にともなってオリゴヌクレオチド（原始的なRNA）の合成が可能になる。この四つのアミノ酸の遺伝暗号はいずれもGNC（Nは任意）であり、アミノ酸とヌクレオチドの立体化学的な対応関係から、最初の遺伝暗号として、GNCが生まれ、やがて現在のような二〇種類のアミノ酸を指定できる遺伝暗号システムが完成したというのである。

代謝系が生命の起源であったというのは、まだ実証されていない一つの可能性にすぎないが、代謝によってエネルギーを獲得する動物にとって、まず食物を摂るというのが大前提である。というわけで、つぎは、動物の食性について見てみよう。

## 【ソ】草食と肉食　そうしょくとにくしょく　herbivore & carnivore

草食と肉食というのは、動物の食性に関するおおまかな区分で、厳密には草だけあるいは肉だけを食べるという意味ではない。草食には草の葉だけでなく、木の葉や新芽、樹皮、花蜜、花粉、種子、あるいは藻類を食べるものも含まれ、植物食ないし植食と呼ぶほうが正確だが、慣行として草食が使われることが多い。肉食には哺乳類や鳥類を捕らえてその肉を食べるものだけでなく、腐肉食、魚食、昆虫食、貝類食なども含まれる。植物と動物の両方を食べるのが雑食だが、純粋な肉食動物がまれに植物を食べることもあれば、草食動物が動物（たとえば胎盤）を食べることもある。

❖**食性**——動物が、どのような食物をどのような方法で手に入れ、食べるかを食性という。食性には、肉食・雑食・草食という区分のほかに、食物の対象となるものの種類の幅のちがいに着目し、限られた食物しかとらない狭食性と多様な食物を食べる広食性という区別もある。とくに昆虫ではもっと細かく、単食・少食・漸食・多食・汎食が区別されることもある。

採食行動の面からも、食性は区別されるが、こちらは生態学的に重要な意味がある。草食動物では、草の葉食い（grazer）と木の葉食い（browser）のちがいがある。これは動作でいえば、葉をむしりとるのと囓りとるのとのちがいである。当然これには口の形にもちがいが生じ、同じサイ科でも、草の葉を食べるシロサイは一度にたくさんの草をむしりとれるような幅広の唇をもつのに対して、木の葉食いのクロサイは木の枝を引き寄せることができるように、上唇の先端が鋭く曲がった口をもっている。

イネ科の草は草原では豊富にあり、再生力も強いので、量的な制約はないが、栄養的には劣る。それに対して木の新芽や若葉、果実などは栄養価が高いが、場所によっては数が乏しく、季節も限られる。再生力も弱いので、過剰に食べられると資源の枯渇につながる。

肉食動物では、自分で獲物を殺すか殺さないかで、捕食と腐肉食（スカベンジャー）が区別されるが、多くの肉食獣は、状況に応じて両者を併用している。もう一つ、海生動物に多い濾過食者がある。これは海水のなかからプランクトン類を濾し取って食べる動物のことで、貝類をはじめとする小型の無脊椎動物だけでなく、ヒゲクジラ類のような巨大な濾過食者もいる。

**❖草食と消化器官**――食物としての植物の難点は、タンパク質の含有量が低いことと、細胞壁をつくっているセルロース、ヘミセルロース、およびリグニンなど噛み砕きにくく、消化しにくい物質を大量に含んでいることである。第一の難点に対しては、いくつかの対処法がある。まずチョウやガの幼虫のように、量で解決するというやり方がある。ひたすら大量に食べて、わずかに含まれるタンパク質を吸収していくので、糞はほとんど原型のままで出てくる。つぎに、繊維質の多い部分を避けて、果実や種子、密や花粉、新芽といった消化しやすく栄養価の高い部分だけを食べるという方策がある。このやり方は、栄養面では効率的だが、餌のある時期や場所、あるいは量が限られるだけでなく、嘴や口器に特殊な適応が必要になるという欠点がある。

もう一つ、回収率をよくするという方法もある。多くの反芻動物のように、複雑な消化器官系を発達させて、徹底的に栄養分を吸収しつくすのである。一般的に消化が簡単な肉食動物に比べて草食動物ははるかに長い消化器官をもち、雑食動物は中間の長さをもっている。最後に、多くの草食獣の雌は、出産のあとの後産を食べることでタンパク質の補給をする。

消化しにくさに対処するためにもさまざまな適応が見られる。まず歯だが、堅い植物質をかみ切り、すりつぶすために、草食哺乳類では門歯（切歯）と臼歯がよく発達しており、歯の形から草食であるか肉食であるかを判別することができる。鳥類は砂嚢（さのう）と呼ばれる消化器官で食物をすりつぶすが、肉食性の鳥類よりも草食性の鳥類においてとくに、砂嚢の著しい発達が見られる。多くの草食動物は、腸内細菌のはたらきによって植物のセルロースを発酵させ、その生成物を栄養として摂取している。もっとも代表的なものはいわゆる反芻動物の消化器官である。反芻動物というのは分類学的な単位ではなく、ウシ、ヒツジ、ヤギ、アンテロープ、キリン、シカ、ラクダ、ラマ、カバ、ナマケモノ、カンガルーなど、反芻胃をもつさまざまな動物の総称である。反芻胃はこぶ胃とも呼ばれる発酵室で、消化管の一部が大きく拡大したもので、ウシではその容積は全体積の一五％ほどにも達する。ここで膨大な量の微生物と食物が混合され、十分に植物組織が分解されるだけ長期にわたって（ときには数日間）貯蔵される。反芻胃の内容物の一部はふたたび口に戻されて噛み砕かれ、唾液と混ぜ合わされてさらに消化をすすめるので、そこから反芻動物という名前が生まれた。微生物のはたらきを利用したこの消化過程では、タンパク質も有効に分解される。

齧歯類とウサギ類は、大量の細菌を含む大きな盲腸をもっていて、そこでセルロースが分解されて炭水化物になるが、腸では十分に吸収しきれない。そのため、細菌によって分解されて排出された糞をもう一度食べることによって完全に吸収する。ウサギ類では夜間に排出される軟便と昼間に排出される堅い糞とがはっきり区別できる。コアラも盲腸でユーカリの葉を分解し、赤ん坊は半消化状態のものを親の肛門からなめとり、その際に分解細菌も受けとる。シロアリ類の主食である木材はほとんどセルロースでできているので、これが分解できないとお話しにならない。多くのシロアリ類の腸内には鞭毛虫類などの原生動物がいて、セルロースを分解しているが、近年、シロアリ自身もセルロース分解酵素をもっていることが明らかになった。どう

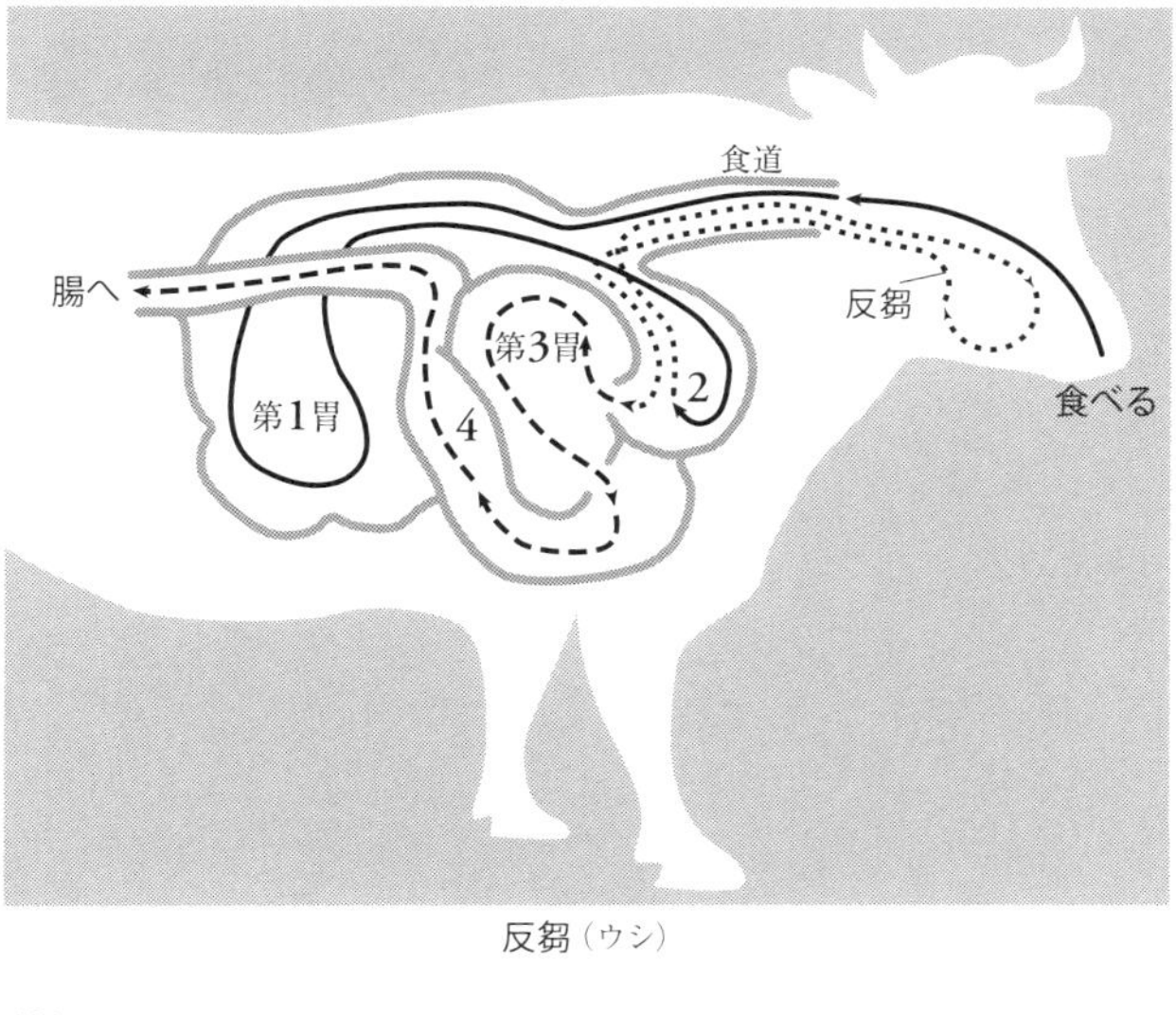


反芻（ウシ）

やら、これは共生微生物の遺伝子がシロアリの遺伝子に移ったものらしい。キノコシロアリ類のような一部のシロアリは共生原生動物をもっておらず、キノコ（担子菌類）を培養して、与えた糞中のセルロースを分解させ、分解物を摂取している。アリ類のなかにもハキリアリのように、菌類にセルロースを分解させているものがある。

## ❖肉食と捕食戦略――食物としての動物は、消化がよく栄養分ことにタンパク質に富むし、獲物の内臓にはビタミン類もたっぷりと含まれている。しかし、棘や毒といった防御を別にしても、動いて逃げることのない植物とちがって、動物を捕らえるのは簡単ではない。肉食獣の象徴たる血にまみれた牙と爪は、獲物を倒し、肉を引き裂くために不可欠の道具だが、それだけでは獲物は手に入らない。狩りのテクニックも必要になる。捕食戦略は待ち伏せ・忍びより型と、追跡型の二つに大別することができる。

（1）待ち伏せ・忍びより型　もっとも単純なやり方はじっと身を潜めて獲物が近づくのをまち、射程距離に入ったところで攻撃するというものだ。クモの巣やアリジゴクなどは典型的な待ち伏せ戦略である。カメレオンやワニなどもそうだし、動物ではないが食虫植物のやり方もこの戦略に含まれるだろう。チョウチンアンコウやワニガメのように、体の一部をルアー（擬似餌）に変形させて、獲物をおびき寄せるような手の込んだやり方をするものもいる。大型肉食獣であるライオンやトラなどネコ科の動物は基本的には待ち伏せ型で、忍びよりを併用する。一定の距離までそっと忍びよって待ち伏せ、獲物が近づいたところで一挙に追撃するのである。チーターなどは一見追跡型のように見えるが全力疾走できるのはせいぜい三〇〇〜

四〇〇メートルなので、十分に忍びよってからでないと狩りの成功はおぼつかない。

（2）追跡型　これに対してオオカミやリカオンをはじめとするイヌ科の動物は追跡型で、長距離の走行に適したしなやかな体と長い脚をもっている。ハイエナは他人の獲物を横取りするという世評に反して、かなりの割合で獲物を狩る。速く走ることはできないが、獲物の集団から一頭を選び出して、群れで執拗に攻撃し、逃げてもにおいを追って追撃することによって仕留める。

## ❖捕食者＝被食者関係――生物の群集（↓）において、食う者（捕食者）と食われる者（被食者）の関係が、とくに個体数変動に関して重要であることは、チャールズ・エルトンらによって指摘されており、それを示す具体的な例や理論的な研究があげられてきた。たとえば、ハドソン毛皮商会の毛皮データから推定されたオオヤマネコの個体数がユキウサギの個体数変動に追随するものであるという研究は有名であり、理論面では、A・J・ロトカとV・ヴォルテラの式やガウゼのゾウリムシを用いた実験モデルがある。しかし自然状態では、捕食者と被食者との関係が一対一ということはなく、捕食者は複数の獲物を捕らえ、被食者は複数の敵に狙われるというのがふつうなので、単純に捕食者がいなければ被食者の数が増えるということにはならない。

米国のイエローストーン国立公園におけるオオカミ再導入の試みは、捕食者の果たす役割の複雑さを示す実例である。この国立公園にはもともと野生のオオカミが生息していたのだが、人間によって絶滅させられ、その結果、ワピチ（アメリカではエルクと呼ばれているアカシカの仲間）が増えすぎ植生が被害を受けることになった。そこで、当局は、本来の生態系の回復とワピチ個体数の抑制を目標に、一九九五年と九六年に、カナダから一四頭および一七頭の野生のオオカミを導入した（二〇一七年時点での公園内のオオカミの個体数は一〇〇頭前後で安定している）。その結果、一九九〇年代に二万頭にまで膨れあがっていたワピチの個体数は一万頭以下にまで減った（現在では約四〇〇〇頭）。それだけでなく、ワピチはオオカミの存在によって警戒心が強くなり、それまであった川岸のハコヤナギなどへの食害が著しく減少して植生が回復した。一方で、オオカミ不在のあいだ代役をつとめていたコヨーテが減少し、ためにアカギツネやビーバーの個体数が回復するという事態も起きた。目下、多数の研究者が、オオカミ導入後の生態系を調査中であるが、今後さらに多面的な影響が明らかにされるかもしれない。

草食動物の多くはイネ科草原の発達とともに進化してきたが、典型的な草原の出現の時期は一〇〇〇万年前より新しくない。それ以来、草食動物と肉食獣の新たな戦いがはじまった。食う者と食われる者の関係を進化的にみれば、そこには一種の共進化が見られる。捕食者が追いかけるスピードを上げ、獲物を打ち倒す武器を発達させるにつれて、食われるほうも逃げるスピードを上げ、武器に対向する手段を進化させる。それに対して、捕食者のほうはさらにスピードをあげ、武器を磨く。こうして食う者と食われるもののあいだでのシーソーゲームが起こる。これをJ・R・クレブスとR・ドーキンスは軍拡競争（arms race）と呼んでいる。どちらか一方が滅んでしまうとこの軍拡競争は終わりになるが、通常はどこかの時点で安定状態に達する。この競争に要するコストが得られる利益を越えてしまえば意味がなくなる地点で妥協がなされるからである。キツネはウサギよりも速く走れるようにはならない。キツネにとってウサギはご馳走の一つにすぎないから失敗しても命にかかわることはなく、何回かに一回の幸運に恵まれて仕留めることができれば十分だが、ウサギのほうは、つかまったらお終いである。キツネとウサギでは切実さの度合いがちがう。ウサギにとってキツネより速く走れるかどうかは死活問題なのだ。クレブスとドーキンスはこれを、命／ご馳走原理と呼んでいる。

肉にありつけたキツネはご満悦だが、肉は食物としてみればタンパク質の塊である。生物にとってタンパク質はどれほど、ありがたいものか、見てみることにしよう。

## 【タ】タンパク質　たんぱくしつ　protein

食物に含まれるタンパク質は消化器官によって分解されてアミノ酸になり、吸収されたアミノ酸から、体内で新たなタンパク質が合成される。タンパク質は体の構成材料として、また、さまざまな生体化学反応を触媒する酵素として、生物にとって不可欠の栄養成分である。化学的には、多数のアミノ酸がペプチド結合してできた高分子化合物、すなわちペプチドで、結合するアミノ酸の数が少ないときにはオリゴペプチド、数が多いときにはポリペプチドと呼ばれる。ペプチド結合というのは、アミノ酸のカルボキシル基（-COOH）とアミノ基（$-NH_2$）が脱水縮合してアミド結合（-CO-NH-）を生じるものである。というわけで、タンパク質について考えるにはなにはともあれ、アミノ酸について語らなければならない。

❖**アミノ酸**――アミノ酸はカルボキシル基とアミノ基をもつ有機化合物の総称だが、タンパク質を構成するアミノ酸は二〇種類しか知られていない。すなわち、アラニン、アスパラギン、アスパラギン酸、システイン、グルタミン、グルタミン酸、グリシン、プロリン、セリン、チロシン、アルギニン、ヒスチジン、トリプトファン、ロイシン、イソロイシン、トレオニン、フェニルアラニン、メチオニン、リシン、バリンである。植物や一部の微生物はすべてのアミノ酸を、生体内の代謝経路（エムデン＝マイヤホーフ経路やクエン酸回路）を通じて生合成できるが、動物はいくつかのアミノ酸をまったく（あるいは必要なだけ）合成できないので、食物から摂取しなければならない。不可欠アミノ酸または必須アミノ酸と呼ばれるゆえんである。上の二〇種類のうち哺乳類ではふつうヒスチジンからバリンまでの九種類がそうだが、鳥類では、グリシンも不可欠アミノ酸である。

生体のすべてのタンパク質は二〇種類のアミノ酸からできているが、たった四つのアミノ酸が結合しただけのペプチドでも、二〇の四乗、つまり一六万通りの組合せがある。平均して数千から数万のアミノ酸からできている生体タンパク質では、その組合せはほとんど無限に近く、実際に有用なタンパク質だけでも数十億種類に達する。

**❖タンパク質の合成**――アミノ酸からタンパク質がつくられる場所は細胞内のリボソームである。ＤＮＡの遺伝情報を転写されたメッセンジャーＲＮＡ（以下ｍＲＮＡとする）は核から細胞内に

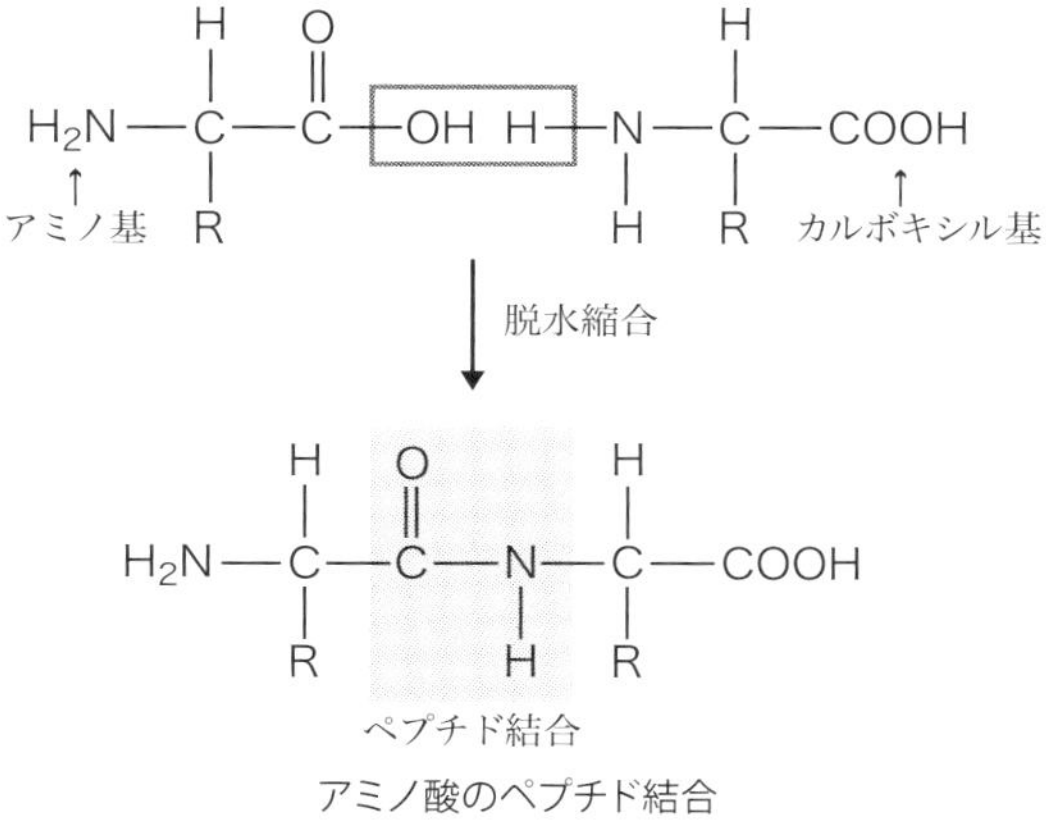


アミノ酸のペプチド結合

移動して、リボソームに結合する。原核細胞では、DNAから転写されたRNAがそのままmRNAになるが、真核細胞では、転写されたままのRNA（mRNA前駆体）には、不要な配列が含まれているので、スプライジング（切断）や修飾という処理を受けたのちに、mRNA（成熟RNA）になって、核から細胞質に出る。

RNAの遺伝情報は、四種類の塩基（A、U、C、G）の配列を文字として書かれている。この文字は三つでコドンと呼ばれ、アミノ酸を指定する一つの単語になっている（たとえばCACはヒスチジンを表す）。細胞内にはこのコドン配列と相補的な（塩基のAとU、CとGは二重らせんをつくるときに必ず対をなす）三文字配列（これをアンチコドンと呼ぶ。ヒスチジンの例では、GUGという配列）をもつ転移RNA（以下tRNAとする）があり、tRNAのアンチコドンの種類によって結合しているアミノ酸は決まっている。この関係が遺伝暗号である。リボソーム上で、mRNAの開始コドンから読み取りが開始され、それ以降のコドンに対応するアミノ酸をもつtRNAが順次やってきて、その末端のアミノ酸どうしがペプチド結合して、ペプチド鎖がどんどん伸びていく。mRNAの終止コドンがくると、読み取りは終了して、ポリペプチド鎖はリボソームから切り離され、そのあと、さまざまな修飾を受けながら、最終的なタンパク質としての構造をとる。この過程は、結果として四種類の文字（塩基）で書かれた情報を、二〇種類の文字（アミノ酸）で書かれた文章（タンパク質）に転換することになるので、遺伝情報の翻訳と呼ばれている。このあたりの詳細については「ヌクレオチド」の項を参照してほしい。

この翻訳によって、タンパク質のアミノ酸配列、すなわち一次構造が決定される（ポリペプチド鎖のなかのアミノ酸部分はアミノ酸残基と呼ばれる）が、生体分子としてのタンパク質の重要性は、その高次構造によって決まってくるのである。

## ❖タンパク質の高次構造——タンパク質の構造はアミノ酸配列から二次的、三次的に決まってくる。

アミノ酸は側鎖の物理化学的な性質によって、疎水性アミノ酸（ロイシン、イソロイシン、バリン、フェニルアラニン、プロリン、トリプトファン、メチオニン、グリシン、アラニン）、親水性アミノ酸で中性のもの（アスパラギン、セリン、グルタミン、トレオニン、チロシン、システイン）、酸性アミノ酸（アスパラギン酸、グルタミン酸）、塩基性アミノ酸（アルギニン、ヒスチジン、リシン）などに分けられるが、このちがいがタンパク質の高次構造にとって重要な意味をもっている

個々のアミノ酸残基の原子の空間的配置のために、ポリペプチド鎖が自然に折りたたまれるのが二次構造で、ふつうはαヘリックスかβ構造だが、それ以外の折りたたまれ方もある。αヘリックスというのはアミノ酸一〇個で約三回転する右巻きのらせん構造であり、親水性のアミノ酸残基が外側に疎水性のアミノ酸残基が内側に来るのが安定なことから生じる構造である。β構造は何本かのペプチド鎖が平行または逆平行に並んで、隣り合ったお互いのアミノ基とカルボニル基のあいだで水素結合が起こり、全体として波型シートのような形状をとるものである。αヘリックスとβ構造のいずれをとるかはアミノ酸の種類と配列によって決まり、αヘリックスはたとえばヘモグロビンのようにがっちりした構造をもつものに多く、β構造は免疫グロブリンや酵素など機能的なタンパク質に多い。

タンパク質のペプチド鎖は二次構造をとったあと、さらに丸まって立体構造をとるが、これが三次構造で

ある。この場合も親水性の残基が外側、疎水性の残基が内側にくるのが安定な構造になるという原理がはたらいている。側鎖間のさまざまな結合力が構造を安定させているが、とくにシステインやメチオニンなどイオウ（S）を含むアミノ酸残基は、S—S結合をつくることによって、構造を強固なものにする。

四次構造は、ヘモグロビンや免疫グロブリンのように、三次構造をもつタンパク質が複数集まって、大きなタンパク質分子をつくるときの配置を指す。タンパク質の機能は主として、三次、四次構造によって決まるので、変性、つまり熱や圧力、あるいはまわりの酸性度（pH）によって構造が変われば、機能を失ってしまう。

## ❖生体内での機能——タンパク質が生体内で果たしている役割は多様であるが、つぎの四つに大別することができる。

（1）構造材としての役割。安定した構造をもつタンパク質はさまざまな器官の基本構造をつくり、ふつう酵素活性をもたない。筋肉をつくっているアクチンとミオシンは動物のあらゆる運動にかかわっている。爪や毛などの主成分であるケラチンのペプチド鎖には多数のS—S結合が含まれていて固い組織をつくる。細胞骨格をつくっている大小の繊維構造は、チューブリン、デスミン、ケラチン、アクチンなどのタンパク質からできている。骨、腱、靱帯、角膜、歯の象牙質、皮膚などの結合組織の主成分で、哺乳類の総タンパク質量の四分の一を占めるコラーゲンは、αヘリックスをなすポリペプチド鎖三本が絡み合って三重螺旋のロープを形成した分子から構成されている。眼の水晶体をつくっているクリスタリンや染色体をつくっているヒストンも重要な構造タンパク質である。ただし、クリスタリンは乳酸脱水素酵素の活性をもつことが知られており、進化的に、酵素から構造タンパク質への転用が起きたのだと考えられている。

（2）栄養体としての役割。ミルクに含まれるタンパク質の約八〇％を占めるカゼインは、微量の糖を含むリンタンパク質で、すべてのアミノ酸を含む点で、子供に与える栄養素としてすぐれている。卵白タンパク質の六五％を占めるアルブミンも胚の栄養として使われる。血液中に大量に存在する（血液中のタンパク質の六〇％を占める）血清アルブミンは、物質の運搬や、浸透圧調整になど多様な役割を果たしている。植物の種子タンパク質でも種子アルブミンが数％を占めるが、もっとも多いのは種子グロブリン類で、数十％を占める。植物によって分子にちがいがあり、大豆のグリシニン、落花生のアラキンなど、それぞれ種にちなんだ名前がつけられている。

（3）情報伝達体としての役割。タンパク質は複雑な立体構造をもつため、特定のタンパク質どうしが、鍵穴と鍵のような関係で、互いにぴったりはまりこむことができる。各種のホルモンの作用を受ける細胞の細胞膜には受容体と呼ばれる膜タンパク質があり、それが鍵穴に相当する役割を果たしている、正しい鍵の形をもつホルモンがやってくると、そこで結合が成立し、それによる膜タンパク質の構造変化がその情報を細胞内の代謝系に伝えることになる。免疫グロブリンについては、「免疫」の項で説明するが、グロブリンの鍵穴に抗原の鍵がはまりこむというのが基本的な構図である。

ヘモグロビンが運ぶのは情報ではないが、鉄原子を含むヘム部分に酸素が結合したときの構造の変化が、全身に酸素を運搬し、二酸化炭素を持ち帰るうえで重要な役割をはたしている。また遺伝子の働きを制御す

る転写因子もタンパク質で、特殊な構造によって、ＤＮＡの特定の塩基配列に結合することで、転写を制御する

（４）酵素としての役割。生体内におけるタンパク質のもっとも重要な役割は、なんといっても酵素としてのはたらきである。生物の体内では無数の化学反応が非常に秩序だって進行しているが、それらはすべて酵素によって触媒されている。酵素は通常の化学反応における触媒よりもはるかに作用の特異性が高い。たとえば、ゲノム解析に利用されてきた制限酵素はＤＮＡの特定の塩基配列だけを認識して切断する酵素だが、現在五〇〇種類以上も見つかっている。膨大な種類の化学物質（基質）に対して、特異的にはたらく酵素が存在できるのは、二〇種類のアミノ酸のつくる組合せの膨大さのおかげである。各酵素タンパク質はそれぞれ異なった立体構造をもち、鍵穴に相当する立体構造に、鍵に相当する構造をもつ特別な基質がはまりこんではじめて触媒作用が始まるのである。実際の触媒反応においては、酵素に付着した補酵素ないし補欠分子団（色素、ヌクレオチド、ビタミン誘導体、金属化合物など）が関与している場合が多い。酵素はタンパク質であるがゆえに、温度やｐＨなどの条件で構造が変われば変性して活性を失う。

分子進化の証拠は、歴史的にはまず、シトクロム、ヘモグロビンといったタンパク質のアミノ酸配列の変化から得られた。というわけで、いささか牽強付会だが、つぎは、進化の実際的要因としてもっとも重要な地理的隔離について見ることにしよう。

## 【チ】地理的隔離　ちりてきかくり　geographical isolation

もともとは一つの種であった生物集団が地理的な障壁によって隔てられて、交配が妨げられている状態。具体的な障壁として、陸生動物では、（1）海や川のように、泳いだり飛んだりする能力をもたない生物が越えられない障壁。各大陸や大洋諸島の各島は海によって隔離されている。（2）サハラ砂漠やヒマラヤ山脈のような厳しい環境は多くの生物にとって越えることのできない障壁となる。両生類などの小動物にとっては、小さな山でも障壁であり、谷筋ごとに種が異なることもよくある。アフリカ大地溝帯は（1）と（2）が合わさったもので、深い断崖と湖沼群のために分布が隔てられている。（3）森林生物にとっての草原も障壁である。南米のタマリン類は森林に依存しているため、まわりが伐採されて草原になると孤立してしまう。コアラはユーカリの森に分布を限定されているために、州ごとに生息する種が異なる。水生動物では陸地が障壁になり、湖や池は河川系でどこかでつながっていないかぎり、生物は移動できない。たとえつながっていても、高い山を越える水系であればやはり障壁になる。

### ❖地理的隔離の成因——現在の地球上で見られる地理的隔離のほとんどは、地質学的な原因によってできたものである。かつて地球は巨大な超大陸であったが、その後の大陸移動によって、現在のような諸大陸に分かれた。大陸の分裂が生物進化に及ぼした影響はきわめて大きく、オーストラリア大陸の有袋類のように、主要な動物群の分化の時期と大陸分裂の時期によって、それぞれの大陸に特有の生物相を生みだすことになった。

大陸移動は地球内部のマントル対流によって地球の地殻プレートが動くことによって生じるもので、この運動は現在でもつづいている。アフリカの大地溝帯は一〇〇〇万年前あたりから始まったプレート運動の裂け目で、現在も拡大しており、数百万年後にはアフリカ大陸が二つに分裂すると考えられている。こうした運動は大陸を分裂させただけでなく、大きな山脈をつくり、海を取り囲むという形での障壁もつくりだす。また大洋中では、移動するプレートの隙間から吹き上げるマントルでハワイ諸島のような火山列島が形成されるのも、地理的隔離の場をつくりだすのに一役買っている。

大陸間あるいは島のあいだが断絶しているかどうかは生物相への影響が大きい。現在ユーラシア大陸と北アメリカ大陸を隔てているベーリング海峡は、かつてはベーリング地峡（陸橋）を介して陸続きであった。多くの動植物がここを通って大陸間を移動した。百万年ほど前には現在のラクダやウマの祖先が発祥の地であるアメリカ大陸からベーリング地球を越えてユーラシア大陸に入って繁栄したが、発祥の地ではその後、一万二〇〇〇年ほど前に人類がアメリカ大陸に進出するとともに絶滅してしまった（現在北アメリカにいる野生馬は、後にヨーロッパから再移入されたもの）。ユーラシア大陸からアメリカ大陸に移動した哺乳類の代表はゾウ類で、中新世に何度かにわたってゴンフォテリウム類（南アメリカ）やマストドン類（北アメリカ）が栄えたが、やはり人類の進出とともに絶滅した。南北アメリカは約六五〇〇万年前ではつながっていたが、現在のカリブ諸島にあたる部分が地殻プレートに乗って北東に移動してから断絶し、その後三五〇〇万年前になるまで交流が途絶えていた。その間に南北両アメリカ大陸で非常に異なった動物相が形成されていたが、現在のパナマ地峡ができて交通が回復されたとたん、激変が起きた。北から南へは二七属もの動物が移動し、南から北へは一二属の動物が移動した。ところが、北へ移動した動物は三属を残して絶滅したのに対して、北から南へ移動した動物は大いに繁栄した。たとえば、ラクダの祖先は南アメリカにわたってリャマを進化させた。つまり南北アメリカを隔離していた障壁の消失は、全体として、北アメリカ動物相の衰退という結果をもたらしたのである。

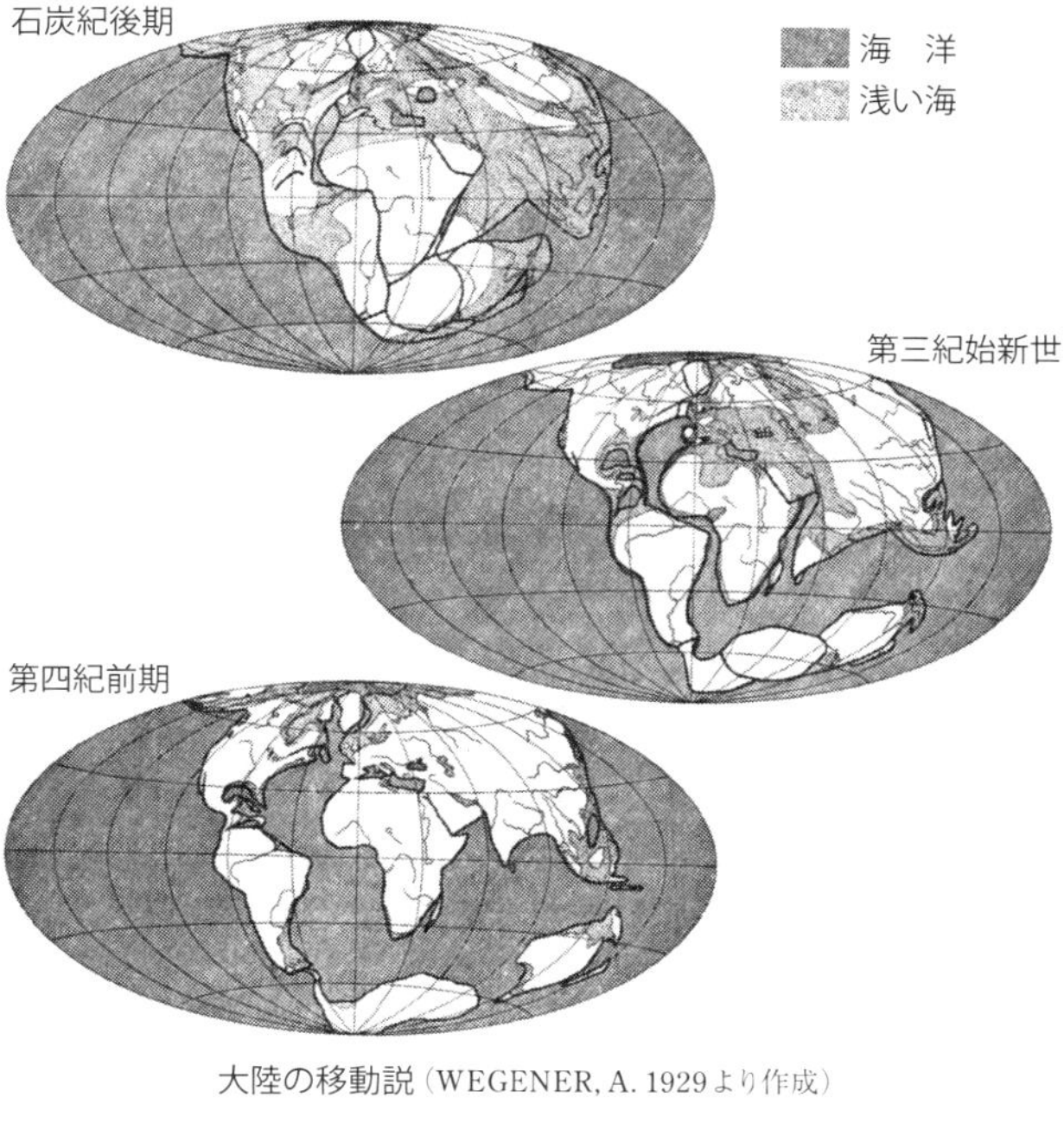

大陸の移動説（WEGENER, A. 1929より作成）

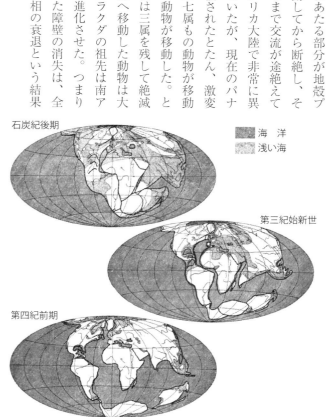

### ❖気候条件による隔離

——多くの生物は物理的な障壁だけでなく、気温や降水量などの環境条件によっても分布を制限されている。とくに冬の寒さと降雪、夏の暑さは、分布の北限や南限を決定している。逆にいえば、気候が変化すると分布も変化することを意味する。寒冷期に広く分布していた種が、温暖化にともなって温度の低い高緯度地帯へ後退するとき、山岳地の標高の高い場所でのみ生き残って低地では絶滅する。そのため、連続していた分布は断ち切られ、高山だけにまるで島のように取り残される。この場合にも結果として地理的隔離が生じる。一方で、一九七〇年代以降の気候の温暖化は、日本における暖地性チョウ類の分布域を年々北におしひろげつつある。

各地域にすむ生物の全種類を生物相、動植物を区別して、動物相または植物相と呼ぶが、それをもとにして世界を生物地理区にわけることができる。動物では動物地理区、植物では植物地理区（植物区系と呼ばれることが多い）がそれにあたるが、どちらも基本的な区分は全北区（ユーラシア大陸＋北アメリカ大陸）、旧熱帯区（アフリカ大陸）、新熱帯区（南アメリカ大陸）、オーストラリア区の四つで、動物ではこれに大洋区が、植物では南極区とケープ区が付け加わる。これを見れば、気候が地理的隔離に劣らず、生物の分布にとって大きな要因となることがわかるだろう。同時に高さによる気候条件の変化も分布の制限要因であり、山岳地域における植物の垂直分布を生じることになる。

水中では、もっとも重要な条件である水温と光条件が水深と相関しているため、垂直分布が見られる。また海岸の潮間帯では、潮の満ち引きに応じて塩分濃度や温度が極端に変化するのに応じて生息する種が変わる。たとえば、日本の岩礁海岸では、上から順にタマキビ類、カメノテ・フジツボ類、ヒザラガイ類といった明確な水生無脊椎動物の垂直分布が観察される。

**❖生殖的隔離**——現代の進化論では、単一の生物集団のメンバーのあいだで遺伝的な交流があるかぎり、それは一つの種とみなされ、なんらかの形で、遺伝的な交流の停止、すなわち生殖的隔離が生じた場合にのみ種分化が起こると考えられている。そういう意味では、物理的に交配を不可能にする地理的隔離はもっともわかりやすい。しかし、それ以外の方法でも生殖的隔離が起こりうる。おもな生殖的隔離の方法は、つぎのようなものがある。（1）繁殖期に出会わないようになっている。（2）出会いはあるが、配偶行動のちがいによって交配が起こらないようになっている。（3）解剖学的構造その他の理由によって交配が物理的に不可能になっている。

（1）の例としては、まずチョウの春型、夏型、秋型がある。これらは別種ではないが、繁殖期が異なるために生殖的に隔離されており、体の大きさや斑紋にちがいがある。また生活空間を別にすることによる生殖的隔離もある。たとえば北海道に生息するアカシジミとキタアカシジミは非常によく似ていて同種とする人もいるが、前者がおもにミズナラ、コナラ類を食草にするのに対して、後者がカシワのみを食草とするというちがいがあり、出会いが制限されている。アメリカで一三年および一七年という周期で一斉に羽化するそれぞれ三種、計六種の非常によく似た周期ゼミがいる（一三年周期のセミは主として北部、一七年周期のセミは主として南部に分布し、両者は原則として混在していない）。こうした素数周期は、捕食者に対する適応だと考えられているが、最近、吉村仁は、生殖的隔離のための方策ではないかと主張している。つまり周期の異なる種のあいだの交雑を防ぐには素数周期になるのがもっとも効果的だったからだというのである。植物では開花時期がずれていたり、媒介昆虫が異なっていたりするという形での生殖的隔離の例が数多く知られている。

（2）多様な動物で、繁殖期の行動のちがいが生殖的隔離を可能にしている。日本の大場信義の研究によって明らかにされた西日本と東日本のゲンジボタルの雄の発光周期のちがいは有名で、これによって両者は交雑を妨げられている。現在はまだ一つの種だが、種分化の過程にあるのかもしれない。同じような例は近縁種で生息域の重なるヤマアカガエルとニホンアカガエル、トノサマガエルとダルマガエルのあいだでも見られ、鳴き声によって生殖的に隔離されている（ただし、場所によってはまれに交雑が起こることもあるらしい）。その他、鳴き声を出す昆虫類でも多くの実例が知られている。スジグロチョウと近縁のエドスジグロチョウは前者の雄がホバリングという求愛行動をとるのに対して、後者はそれをしないという点で生殖的に隔離されている。てそれまで一種と考えられていたササノハラベラがアカササノハベラとホシササノハラベラという二種の混群であり、しかも生殖的に隔離していることが一九九四年に発見された（松本一範と馬淵浩二）。この場合、とくに行動上のちがいはないようで、どうやら両種は大きさ、色彩、斑紋などで識別しているらしい。色彩や形は、行動上の解発刺激として重要なので、種を識別する指標になるのは不思議ではない。

（3）昆虫類では、外部形態が非常によく似ていて区別がむずかしく、生殖器によってのみ種の同定ができるものが多い。こういう種では、交尾器の相違によって受精が起こらないことが生殖的隔離を実現している。またイヌという一つの種内の変異ではあるが、チワワとセントバーナードは、体の大きさがちがいすぎて、自然交配は不可能である。このほか、実際に交配がおきても、染色体がちがうとか、雑種が稔性をもたないなどの理由によって交配が成立しない場合もあり、交配後隔離と総称される。

### ❖隔離と種分化——地理的隔離は種分化の条件の一つではあるが、それだけでは種分化に結びつかない。

隔離によって二つの集団に分かれたあとで、それぞれの環境条件に適応して、別種と認められるだけの遺伝的変化が起きなければ種分化が起きたとはいえない。逆に、隔離された二つの集団のあいだで別種と認められるだけの遺伝的変化が起こっていても、生殖的隔離機構が確立していなければ、地理的隔離が取り除かれたときに、容易に交雑がおこり、集団はまた一つに混ざり合ってしまう。たとえばマカク属は種分化が不完全で、ニホンザルは、人為的に導入されたカニクイザル、タイワンザル、アカゲザルと交配して生殖能力のある雑種をつくることができる。生殖的隔離は種分化の契機としてよりもむしろ、いったん種分化が起こったあとで、種間の交雑を防ぐという意味合いが強いと考えられている。

地理的隔離にもとづく種分化を異所的種分化と呼ぶが、それに対して、同じ生息場所を共有する集団のあいだで分裂が起きるのを同所的種分化と呼ぶ。一般には非常に起こりにくいが、植物では染色体の倍数化のような突然変異によって同所的な種分化が起こりうる。有性生殖をする動物では一個体の突然変異では種として存続できないので可能性は小さい。ただし、昆虫類では、幼虫の食草が決まっていて、成虫がその食草の上で交尾し、産卵することが多いが、たまたまなんらかの原因でまちがった種類の植物に産卵してしまえば、孵化した幼虫はその植物に刷り込まれ、成虫になったときにそのまちがった植物のまわりで交尾し、産卵するということが起こりうる。そうなれば、たった一世代で、生殖的な隔離が成立し、種分化が起きることになる。実際に、昆虫学者の多くは、そのような同所的種分化を認めている。

地理的隔離は多くの動物の分布を限定する要因だが、翼や翅などの飛翔器官をもつ動物にとっては、地理的障壁は乗り越えられない壁ではない。大空をかけるという特権を動物に授けてくれた翼の進化について考えてみよう。

## 【ツ】翼　つばさ　wing

ここでの翼はもちろん、動物の飛翔器官のことであって、飛行機の翼ではない。神話的な図像に関して私がつねづね抱く違和感は、天使や天馬ペガサスの翼のありようである。野暮を言っているのは承知だが、あんなところに翼が生えるはずがないし、あんな翼で飛べるはずがないという思いを振り払えない。なぜなら、あきらかに鳥の翼をモデルにしているのだが、鳥の翼は爬虫類の前肢に起源をもつものであり、したがって前肢のほかに翼をもつなどということは、生物学的にありえないことだからである。この問題を論じるには、まず、生物学における相似と相同という概念を説明しなければならない。

❖**相似と相同**——生物の類縁関係を調べる一つの方法として、似ているところと似ていないところを比較するというやり方がある。しかし単純に形が似ているからといって、コウモリが鳥類と、タツノオトシゴと爬虫類が同じグループだと考えるのはまちがいである。系統的な関係を調べるためには、外見的な類似と由来の類似を区別しなければならない。それが相似（analogy）と相同（homology）の区別である。こ

R. オーウェン

の区別を現代的な意味ではじめて定義したのはロバート・オーウェン（一七七一―一八五八）で、簡単にいえば、相同は進化的な起源が同じであることを意味し、外見的にはかならずしも似ていない場合がある。これから説明する鳥の翼は、人間の腕、ウマの前脚、アザラシの鰭（ひれ）脚、魚類の胸鰭と相同器官であり、これらの器官がすべて同一の起源に由来するものであることは、個体発生からも遺伝学的な解析（関係するホックス遺伝子も特定されている）からも裏づけられている。植物では、たとえばサボテンの棘とふつうの植物の葉が相同器官の例である。

相似は、進化的な起源は異なるが、同じ機能をはたすために似たような形になったものを言う。鳥類やコウモリの翼と昆虫の翅は、いずれも飛ぶという機能を果たすために進化したものだが、起源が異なるので相似器官なのである。こちらでも植物の例をあげておけば、サツマイモの芋とジャガイモの芋はよく似ているが、前者は根が、後者は地下茎が、貯蔵という機能のために変形した相似器官なのである。

**❖飛翔器官の進化**――先に述べたように、さまざまな動物における飛翔器官は起源が異なっている。まず、昆虫類の翅から見てみよう。水生節足動物は二枝型付属肢（biramous appendage）をもっているが、この名は脚の先端が内側と外側の二本に枝分かれしていることに由来する。内側のものは歩行や遊泳に関係した歩脚（ほきゃく）（脚肢）、外側のものは呼吸用の鰓脚（さいきゃく）（鰓肢）である。じつはこの歩脚と鰓脚が昆虫の付属肢と翅の祖先らしいのだ。そのことは、翅をつくるタンパク質を支配する遺伝子が、水生節足動物の鰓脚でのみ発現しているという進化発生学的研究によって裏づけられている。翅をもつ最初の昆虫は、三億年ほど前のカワゲラ類に近い水生昆虫で、幼虫の鰓が、成虫になるときに翅に変わったのではないかと考えられている。

陸上脊椎動物の翼は、おもに三つのグループで別々に進化した。一つは絶滅した翼竜、残りの二つは、鳥類とコウモリ類である。翼竜すなわちプテラノドンは、鳥類よりも七〇〇〇万年ほど前、約二億二五〇〇万年前に出現した。翼竜の翼は指で支えられている。前肢の指骨のうち第四指だけが極端に長く伸び、そこと体とのあいだに皮膜が伸びていた。化石しか残っていないので、どこらあたりまで皮膜があったか正確なところはわからないが、後肢の付け根あたりまでと推測されている。鳥類の翼は腕の骨全体で支えられている。翼の本体は膜ではなく、皮膚から生えている羽毛で、いくつかの種類に分かれている。羽ばたき飛行において重要なのは翼の後縁に並ぶ大型の初列および次列風切羽で、その上に雨覆羽、そして指骨に付着した小翼などがある。風切羽は、その通り風を切ることができ、羽ばたきの際には一枚ずつのあいだを空気が通り抜け、飛行機の翼と同じ流体力学的な原理で揚力を生じる。コウモリの指は腕とものすごく長い第二指と第五指で支えられている手の翼で、本体は皮膜で、後肢の

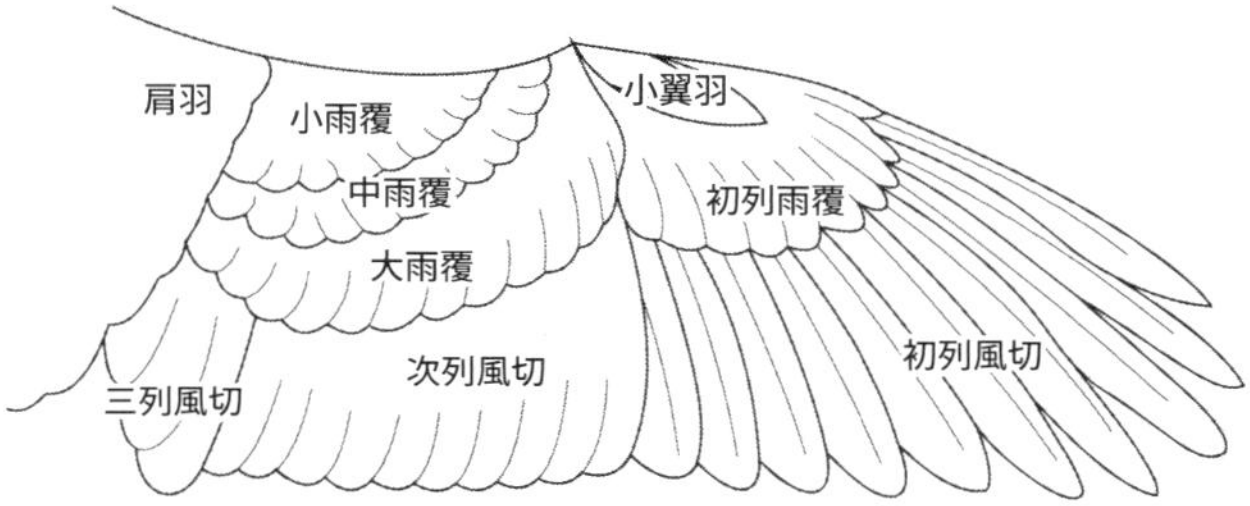

鳥類の翼各部の名称

くるぶしまでのあいだに張られている。

**❖飛翔の起源**——コウモリ類の最古の化石は五〇〇〇万年ほど前のもの（イカロニクテリス）だが、すでに翼をもっていた。中間段階の化石が見つかっていないので、翼がどのように進化したのかの詳細はわかっていない。翼は眼とならんで、自然淘汰で説明できない例として反進化論者によってよく引き合いに出されるが、中間的な過程を想像するのはむずかしくない。ムササビやヒヨケザルのように、皮膜を発達させてのパラシュート飛行が最初の段階で（実際に、モモンガのような皮膜をもつ哺乳類ボラティコテリウムの一億二五〇〇万年前の化石が中国で見つかっている）、少しずつ羽ばたき飛行の能力を向上させていった可能性が高い。というのは、どんなささやかな羽ばたき能力でも、まったくのパラシュート飛行よりは、より高く、遠い位置に着地することができるはずで、その能力になんらかの生存上の利益がありさえすれば、自然淘汰がはたらくからである。

翼竜類についても中間段階の化石は見つかっていないが、皮膜が後肢にまでひろがっているところから、おそらくコウモリと同じように、まず四足歩行の爬虫類の体側に皮膜ができ、枝から枝へ滑空するようになり、その皮膜がしだいに発達して、皮膜を支える指の骨が長くなることによって翼竜になったのだろうと推測されている（ルパート・ヴィルトらの説）。

鳥類の翼は皮膜ではなく、羽毛でできている点で、翼竜やコウモリとは異なる。鳥類が獣脚類恐竜から進化した（というより、分岐分類学的には鳥類は恐竜そのものである）ことは比較解剖学からも明らかであるが、二〇世紀末から今日までに、羽毛の痕跡をもつ少なくとも三〇属以上の恐竜化石が、中国やモンゴルの白亜紀初期の地層から見つかっており、鳥類の誕生（ジュラ紀の始祖鳥）以前に羽毛をもつ恐竜が存在した証拠となっている。これらの羽毛はおそらくもともとは保温のためのものであったと推定されている。飛翔の起源については、古くから「走りながらの地面からの離陸」という説と翼竜やコウモリと同じように「高い木からの降下」という説の対立があったが、獣脚類の形態的特徴と、空気力学的な条件から、鳥の祖先は木や岩の上で待ち伏せていて獲物に向かって飛び降りる捕食者で、しだいに飛距離と操縦性を改善することによって翼を進化させたと考えるのがもっとも妥当性が高いと思われる。

### ❖飛翔が切り開く世界

――生物進化における飛翔の意味は、それが従来の生物が生きていた水中と陸上および樹上とは、まったく異なる空中という生息環境をつくりだしたことである。そこは既存の競争相手のいない新世界であり、しかも三次元の世界であったために、膨大なニッチ（生態的地位）がそこに開けた。その新たな環境のもとで、飛翔動物である昆虫と鳥類は膨大な種数を進化させた。昆虫はいまだに発見されていないものを含めるとおそらく一〇〇〇万種を越えると思われ、鳥類も現生種はおよそ九〇〇〇種であるが、絶滅種を含めると一五万種に達すると推定されている。もちろん、そこにはその生活を支える植物との共進化があったことは言うまでもない。

こうしてみれば、飛翔は空中という生態的空間への適応放散という見方が成り立つ。いよいよ適応という、生物学の根幹にかかわる概念について検討するときがきた。

## 【テ】適応　てきおう　adaptation

適応というのは、日常語としては順応や適合とほぼ同意であるが、生物学においては、もう少し限定された意味で用いられる。つまり、生物の形態・生理・行動などが、生きている環境によく適合していること、および生物がそうなるように進化していくことを言う。寒い地方にすむ生物は少ない太陽の光を有効に利用し、冬の寒さに耐える体のつくりをしているし、砂漠にすむ生物は乏しい水分に耐える体と生活様式をもっている。多くの植物は四季の変化に合わせて芽吹き、開花し、実をつけ、秋になると葉を落とす。昆虫は植物の季節的変化にぴったりと合わせて産卵し、羽化する。鳥類の嘴や昆虫の口器は、食物をうまく摂取するのにふさわしい変形を遂げている。動物の四肢は、それぞれの運動様式にふさわしい骨と筋肉を発達させている。擬態する生物は、目を疑うほどそっくりに何かを真似た形や色をもっている。こうしたことは、すべて適応の例とされる。

**❖適応はどうして生じるのか**――進化論以前には、こうした精妙な適応は神がそうなるように設計したからであり、むしろ適応こそが神による設計の証だと考えられていた。ダーウィンは、『種の起原』において、適応が神の配剤ではなく、自然淘汰という過程によって漸進的に生じうることをはじめて明らかにした。したがって、生物学的な適応概念はダーウィンとともに始まるといっていい。適応という言葉自体は『種の起原』に数カ所しか見られず、明確な用語解説がなされているわけでもないが、この本そのものが適応のメカニズムを説くために書かれていると言える。

自然界に見られる適応はあまりにも精妙であるがゆえに、神による設計を否定したとして、本当に自然淘汰だけによって生じるのかという疑問をもつ人は現在でも少なくない。その現れの一つが進化の総合説に関するいくつかの異論で、たとえば、適応の主体性や定向性を認めようとする立場である。しかし、現代生物学の大勢は、すべての適応が基本的には自然淘汰によって説明できるとしている。ただし、適応にかかわる自然淘汰の役割をどこまで重視するかについては、意見がわかれる。

**❖適応主義**――現代の行動生態学や社会生物学では、生物のすべての形質や行動は、適応度を最大にするような最適戦略として進化的に形成されたものであると考える。これを敷衍して、現在の形態・生理・行動はすべて適応的であるとするのが、適応主義であり、その極端なものをR・C・ルウォンティンとS・J・グールドは適応万能論と揶揄(やゆ)した。すべてが適応的と考えるのは、グールドが指摘する通り、「現時点における有用性」と「過去における歴史的要因」の混同である。現実には、たとえば鳥類の翼のように、もともとは体温調節にとって適応的であった羽毛が、のちに飛翔器官として適応性を持つようになるというようなことが珍しくなく、これをグールドは外適応（exadaptation）と呼んでいる。これまでほぼ同じ意味で前適応（preadaptation）という用語が使われてきたが、こちらはあらかじめ適応の方向性が決まっていることを暗黙の前提にしているので、誤解を招く表現であるというのだ。

そもそも適応というのは厳密な概念ではなく、「ある形質がおかれた環境に適合している」ということにすぎず、現在は適応的な形質が過去にそうであり、将来もそうであるという保証はない。それよりも、あらかじめ定められた適応などというものは存在せず、与えられた環境にすむ集団のなかでもっとも適応度（fitness）の高い個体が生き残る結果が進化だということが重要なのである。適応度というのは、細部の異論はあるが、もっとも粗っぽい表現をすれば、子孫を残す能力のことであり、より具体的には生殖年齢まで生きのびる子供の数で表される。さらに進化生物学では、適応的な遺伝子が当該の個体だけでなく、血縁個体の遺伝子で生きのびる確率をも含めた包括適応度という概念も用いられる（くわしくは「利他行動」の項を参照）。

いずれにせよ、適応はこのように相対的な概念であるから、ある形質なり行動が進化したとしても、それが最適な適応であるという保証は原理的にない。現実の生物は、系統的・発生学的制約のなかで既存の器官を使い回して、あるいは分子レベルでいえば、既存の遺伝子を使い回して（例えば、ホタルなどの生物発光に関わるルシフェラーゼという酵素の遺伝子は、脂肪酸代謝酵素の一つであるアシルＣｏＡ合成酵素に由来することが明らかになっている）、新しい状況に対して相対的に適応した行動なり、形態を編みだしたものが生き残るのである。そういう観点からすれば、外適応や前適応という概念自体が無用だとも言える。

**❖適応放散**（adaptive radiation）——一群の生物が、地質学的な意味で比較的短時間に、多岐にわたる生理的・形態的分化を引き起こして、異なった環境に適応していくことによって、生物の多様性が一挙に拡大する現象。古生物学者H・F・オズボーンが一九一七年にサイに似た草食性の大型哺乳類ティタノテリウム（現在ではブロントテリウムと呼ばれる）で初めて認めた。このグループは始新世後期から漸新世前期（三〇〇〇万年〜四〇〇〇万年前）にかけて、北アメリカ大陸で十数種に分化した。地質時代を通じて適応放散の例は多数見られるが、起こる時期が短いので、見かけの上で、種の進化が変化の少ない長期の安定期と、相対的に短い急速な種分化の時期があることになる。N・エルドリッジとS・J・グールドは、これを進化の断続平衡と呼び、漸進論的な総合説進化論に異を唱えている。しかし、以下に見るような、適応放散のメカニズムを考えれば、総合説で矛盾なく説明することができる。

適応放散とはつまるところ、新しい無数のニッチ（生態的地位）が開けたときに起きる現象である。それが起こるのは三つの場合がある。一つ目は大絶滅によってそれまでほかの生物が占めていたニッチが空白になるときで、地質年代表では、大量絶滅によって生物相が一変するところを紀の変わり目としている。二つ目は、新しい機能の進化によって、それまで利用できなかったニッチが利用できるようになった

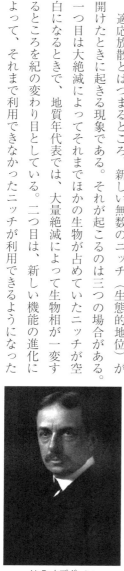

H. F. オズボーン

とき。三つ目は、ほかのニッチを占めるべき競争相手がいない新天地に進出したときである。

### (1) 絶滅が引き金となる適応放散

地質年代における主要な大量絶滅と適応放散の関係を概観してみよう。まず先カンブリア時代の大量絶滅が、エディアカラ生物群を絶滅させ、そのあとのカンブリア爆発において、三葉虫や軟体動物の適応放散を生みだした。新しい生物の体制の多様性（グールドによれば異質性）を生みだしたのは、おそらく体節構造の発達で、これで大きな多細胞生物の出現が可能になった。遺伝子レベルでは、ホメオティック遺伝子の出現が決定的な要因であったと考えられる。ついで、オルドビス紀末の大量絶滅が起こり、三葉虫類は半減し、つぎのシルル紀に魚類の適応放散が起こる。つぎのデボン紀末の大量絶滅では原始的な魚類である甲冑（かっちゅう）魚など多くの海洋生物が絶滅し、コノドント類の適応放散が見られた。古生代の終わりを告げるペルム紀の大量絶滅は三葉虫類だけでなく、哺乳類型爬虫類の多くも死に絶え、三畳紀における恐竜の適応放散への道ならしをした。このときの絶滅の主要な原因は酸素濃度の著しい低下で、恐竜は気嚢という新しい呼吸システムを発達させることで繁栄ができ、また哺乳類型爬虫類の中で、横隔膜による腹式呼吸を採用したグループは生きのび、哺乳類の祖先となった。三畳紀末の大量絶滅はアンモナイト類、大型の爬虫類の大部分を消滅させ、二枚貝類と大型恐竜の適応放散をもたらした。中生代の終わりを告げる白亜紀末の大量絶滅は恐竜を滅ぼし、多くの海生動物を一掃し、新生代における哺乳類の適応放散を引き起こした。

### (2) 新しい機能の獲得による適応放散

そもそも細菌類を除くすべての生物は、真核細胞という存在形態を獲得することによって最初の単細胞生物の適応放散をかちとったのであり、多細胞化を含め、その後の進化の節目節目における飛躍的発展にはかならず、新しい機能の出現があった。鰓から肺、鰭から脚へという新しい機能の獲得によって陸生脊椎動物の適応放散がもたらされ、リグニンを含む丈夫な幹と維管束系の発達によって植物は樹木として、地表から離れた空中に生活圏をひろげることができるようになった。そして、さきに「翼」の項で述べたように、飛翔器官の発達は空中という新しい未踏のニッチを開拓し、鳥類と有翅昆虫類の適応放散をもたらしたのである。

### (3) 競争相手がいないことによる適応放散

もっとも有名なものはオーストラリアにおける適応放散で、地理的隔離によって、有胎盤類が入ってこなかったために、有袋類が有胎盤類の占めるべきニッチに適応放散した。同じような例はマダガスカル島のキツネザル類にもあてはまる。ほかの霊長類が侵入できなかったために、それらの霊長類が占めるニッチに適応放散している。ガラパゴス諸島におけるダーウィンフィンチ類の適応放散においても、比較的歴史の新しい火山諸島に、ほかのアトリ科の鳥がほとんど分布しないことが重要で、フィンチ類から地上生のものも樹上生のものも進化し、食性の点でも昆虫食、種子食、果実食、花蜜食など多岐にわたる種が生まれた。タンガニーカ湖のシクリッドフィッシュ類が短期間にあれほどの適応放散をとげた理由はまだよくわかっていないが、湖中に存在する多様な島や礁がニッチの多様性をつくりだしていることが大きな要因だと考えられている。

適応は体にとっていいものだという錯覚があるかもしれないが、体に悪いものでも適応的な価値をもつ場合がある。生物における毒を題材に、そのことを見てみよう。

# 【ト】毒　どく　poison

毒を厳密に定義することはむずかしい。一般的には体にとって少量で有害な物質ということになるのだろうが、何が有害であるかというのは状況によって変わる。ある人にとっては有害だが、別の人にはなんともないということもあれば、薬のように適量であれば健康を増進するが、量をまちがえば命取りになるというものもある。酒やタバコやコーヒーのような嗜好品も適量であれば、精神にとって有益な作用をするが、習慣性によって体を害するものもある。毒というのは、ことほどさようにとらえどころがない。なにごとも「過ぎたるは及ばざるがごとし」なのだ。毒性は摂取してから数分あるいは数日以内に発現する急性のものと、半年から一年くらい継続的に摂取してはじめて発現する慢性のものにわかれる。急性毒の強さは、摂取した人の半数が死ぬ濃度、すなわち半数致死容量（ＬＤ５０）という尺度を用いるのが一般的である。

❖**毒のはたらき**——生物がもつ毒は、身を守るためのものか獲物の動きを制するためのものかのどちらかだが、ときには両方を使い分けるものもいる。まず毒はいかなる形で身体を害するのか、そのメカニズムを見なければならない。

（1）神経への毒作用：神経ガス、水銀、アルコールなどは神経細胞に直接結合することによって、神経活動を阻害する無機物質だが、ハチ、サソリ、クモ、ヘビなど、多くの生物が神経毒を防御用または攻撃用の武器として使っている。こうした毒は、神経細胞に影響を与えることで、神経の正常な作用を阻害する。フグ毒の本体であるテトロドトキシンは典型的な神経毒で、ナトリウム・チャンネルを抑制することで麻痺・呼吸困難を引き起こし、ときは死に至らしめる（フグ自身はこの毒に対してふつうの魚の一〇〇〇倍の耐性をもっている）。

フグ毒の場合もそうだが、神経毒の多くはイオンチャンネルを抑制することで、筋肉の麻痺も引き起こす。イモガイの毒であるコノトキシンは、筋肉につながる神経の接合部位に損傷を与えることで、筋肉を即座に麻痺させる。サソリ毒に含まれるテイテイウスキトキシン、セアカゴケグモに含まれるαラトロキシンなどの毒も神経毒であり、筋肉の痙攣から呼吸困難を引き起こす。

ヘビの毒にはいろいろの要素が混ざっているが、コブラ、ウミヘビ類では神経毒が主力である。そのほか、クラゲやイソギンチャクの刺胞にも神経毒が含まれている。植物では、アルカロイドと総称される毒性物質をもつものが多い。トリカブトに含まれるアコニチンもやはりナトリウム・チャンネルを抑制し、同様の効果を表す。その他、ジャガイモの芽に含まれるソラニン、マチンの種子に含まれるストリキニーネなども毒性はずっと弱いが、同様の作用をもつ。こうした植物毒は適正な濃度では強い薬理効果をもつので、薬として使われているものが多い。破傷風菌の毒素テタノスパスミンは強力な毒素で、脳脊髄の運動神経ニューロンを阻害する。一方、植物に含まれるモルヒネ、キノコに含まれるシロシビンなどは脳のセロトニン受容体と結合することで、幻覚を引き起こす。

（2）血液への毒作用：一酸化炭素やシアン化水素（青酸ガス）はヘモグロビンと強い結合力をもつために、酸素を全身に送ることを阻害し、窒息死をもたらす。ヘビの毒は多様な毒素から構成されているが、マムシ、ハブ類には神経毒のほかに溶血毒が含まれる。これらのヘビには血管壁を破壊したり、フィブリノーゲンや凝固因子を破壊して血液が固まるのを妨げたりするタンパク質分子が含まれていて、そのため溶血から貧血が引き起こされる。

（3）刺激・アレルギーによる毒作用：イラクサなどに含まれるヒスタミンは、特別な受容タンパク質と結合することでアレルギー反応を引き起こす。チャドクガの毒にもヒスタミンが含まれ、激しいアレルギー反応を引き起こす。ハチの毒も多様な神経毒、筋肉毒からなっているが、そこに含まれる酵素ホスホリパーゼが抗原となってアレルギー反応を引き起こし、急性の炎症や浮腫を生じ、分泌物で気道がつまるといったことで呼吸困難になり、ときには死ぬこともある。

（4）物質代謝への毒作用：抗生物質はほとんどの細菌病にきわめて有効であるため人間にとっては福音であるが、これは主として菌（カビ）類がもつ細菌への毒作用を利用したものである。抗生物質の毒作用は、核酸やタンパク質の合成を阻害するもので、カビ毒のなかには、人間にも代謝阻害による毒作用をおよぼすものがある。猛毒のタマゴテングタケに含まれるアマニチンとファロイジンは、いずれも環状ペプチドで、RNAポリメラーゼおよび重合アクチンと結合することで肝臓に障害を与える。

（5）食中毒を引き起こす毒作用：食中毒のほとんどは細菌の毒素によって引き起こされる。もっとも強力な細菌の毒素はボツリヌス菌で、筋肉が麻痺して心臓が動かなくなる。サルモネラ（毒素をつくらず、腸管上皮細胞に感染して胃腸炎を引き起こす）についで多い食中毒の原因である腸炎ビブリオ菌やブドウ球菌がつくる毒素は赤血球を含めて細胞膜に孔をあける性質をもち、そのために典型的な下痢症状を呈する

（6）癌や奇形を引き起こす毒作用：体細胞の遺伝子に突然変異を引き起こす毒で、ピーナツなどへの混入が騒がれるアフラトキシンがもっとも有名。もともとカビがつくる毒素で、人体内では肝臓の代謝酵素によって活性化されDNAと結合することによって、癌化を引き起こす。睡眠薬サリドマイドに一部含まれていた光学異性体（ラセミ体）は通常の毒という概念には当てはまらないが、強い催奇性をもっている。

## ❖生物濃縮

――一般に、農薬などの毒物は分解しにくいために体内に貯えられ、食物連鎖で、上位にいる動物ほど高濃度の毒物にさらされることは、レイチェル・カーソンが『沈黙の春』でつとに指摘しているとおりである。生物がつくる毒についても同じことが言える。フグ毒の正体はテトロドトキシンだといったが、これはフグ自身がつくっているものではなく、もともとプランクトンに含まれていた細菌由来のもので、生物濃縮を通じて体内に蓄えられるのである。ヤドクガエルもまたテトロドトキシンを食物から取り込んでいる。同様の例は、赤潮プランクトンの毒素であるサキシトキシンを含んだムラサキイガイ、マガキ、ホタテによる中毒、あるいは渦鞭毛藻類のつくるシガトキシンを含んだ沿岸魚類による中毒でも知られている。クラゲ類の刺胞には毒針と毒液が入っていて、この毒液には神経毒や溶血毒が含まれていて、刺されると皮

膚が炎症を起こす。一部のウミウシ類はクラゲを食べ、触角にこの刺胞を蓄え、捕食者に一撃を与える。ウミウシ類の派手な色は、食べたら痛い目に会うよという警告なのである。毒チョウ類も派手な色彩で警告しているが、彼らの毒物はほとんどが食草に含まれていたものである。たとえば、オオカバマダラはトウワタ類を食べて体内にカルデノリドという毒物を貯え、アサギマダラはオオカモメズル属の植物を食べて、毒を貯えている。

しかし、毒物は体外からくるだけではない。自分の体内で毒物ができてしまうことがあり、自家中毒を引き起こす。医学ではふつう、自家中毒を周期性嘔吐症（アセトン血性嘔吐症）に限定して使う。この病気はストレスなどが引き金となって起こる一種の代謝異常で、体内に高濃度のケトン体が蓄積されることによって生じる。先天性代謝異常は遺伝的な原因で代謝異常が起きるもので、結果として、阻害された反応の前駆物質が大量にたまって毒作用をおよぼすのである。有名なものとしては、フェニルケトン尿症やウィルソン病が知られている。逆に、反応が亢進することで代謝産物が高濃度で蓄積するものとしては、急性間欠性ポルフィリン症などがある。

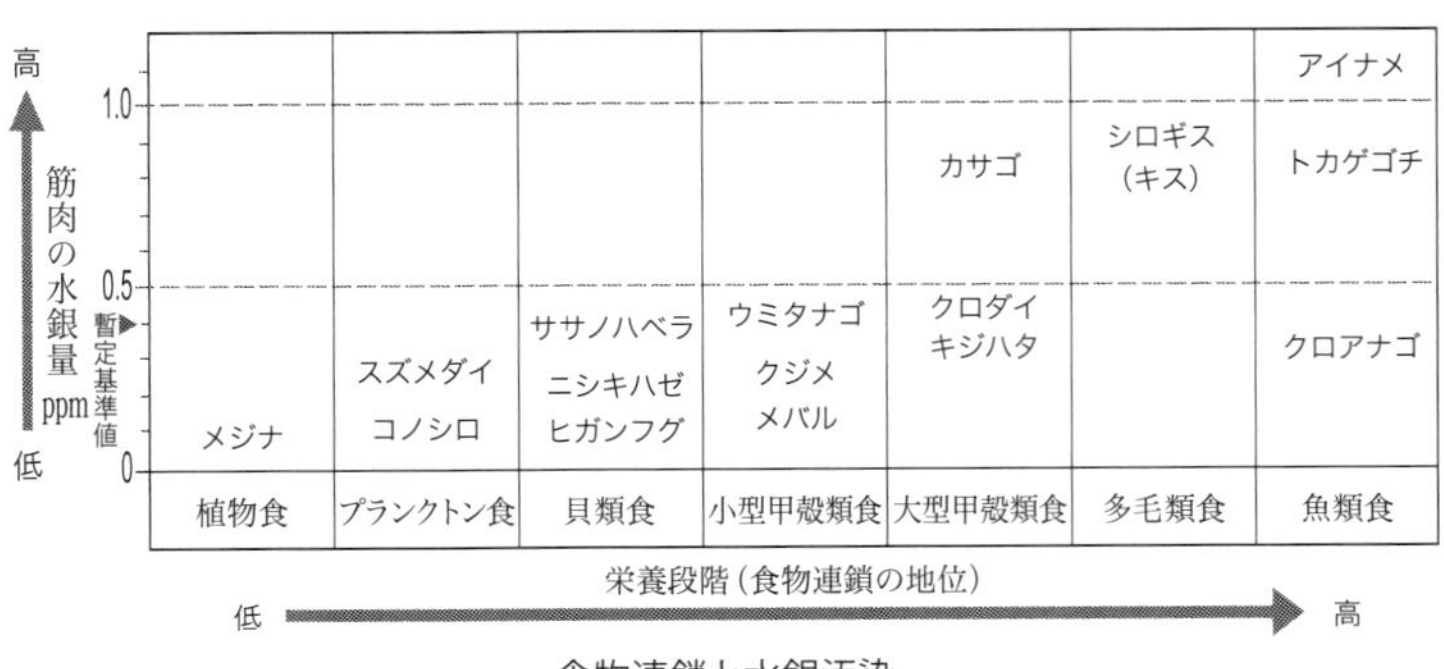


食物連鎖と水銀汚染

（水銀等汚染水域調査研究成果報告書〈水産庁研究部 平成元年3月〉
および水産庁西海区水産研究所平成4年度報告書を参考に作成）

**❖毒に対する防御**——毒から身を守るための最大の防御は、毒を体内に入れないことである。食物に含まれる毒に関しては、有毒生物を見分ける知識が重要である。毒キノコのように、食用キノコとの区別がむずかしいものは、専門家の判断に頼るしかない（ほとんどの動物は、有毒な食物について生得的な知識をもっている）。市販の食品については、通常は当局の管理下にあるので、原則的には有毒食品を摂食する危険はほとんどない。

野外で有毒動物に襲われる危険を避けるためにも、やはり知識は必要だが、大切なのは危険な動物に近寄らないことである。派手な毒々しい色をした動物は危険であることを自ら宣伝している場合が多いので、避けるのが賢明である。しかし、葉陰や草むらに身を潜める毒ヘビは容易に見つけにくい。毒ヘビを見つけることは、森林に暮らす霊長類にとって死活問題で、人類の視覚、ひいては大きな脳の発達の推進役になったのが、毒ヘビの存在だったと主張するリン・イスベルのような人類学者もいる。

一方で、有毒生物から逃げまわるのではなく、積極的に食べている動物もいる。たとえば、ヘビを食べるマングース（ヘビを食べる哺乳類は少なくとも四八種知られている）や、ハチを食べるハチクイ類である。これらの動物は、咬まれたり刺されたりしにくい体のつくりや行動をもつが、万一咬まれても、毒に対する免疫をもっているので、命の危険はない。人間は残念ながら先天的な抗毒素をもたないので、毒を注入されると、免疫（→）に頼らざるをえないが、即効性の毒には間に合わないので、抗毒素（血清）をすみやかに注射する必要がある。

### ❖解毒と排泄

――食物として摂取したものであれ、体内でできたものであれ、有害物質はただちに無毒化して、排出しなければならない。それが肝臓の役目である。肝臓はいくつかの代謝経路を用いて毒性のある化合物を無毒な化合物にして、尿として排出する。もっとも日常的な毒物であるアルコールは酵素のはたらきによって有害なアセトアルデヒドに分解したあと、最終的に無害な水と二酸化炭素に分解される。アセトアルデヒドは二日酔いの原因となるもので、頭痛や吐き気を引き起こすが、これを分解するアセトアルデヒド分解酵素を先天的にもたない人がいて（日本人では約一〇％）、お酒を飲むことができない。肝臓の解毒作用にかかわる化学反応はさまざまで、アセチル化、メチル化、水酸化などがあるが、とくに重要なのは包合と呼ばれる方法で、外来の毒物や一部の代謝産物（胆汁酸、ビリルビンなど）に親水性の分子（グルクロン酸やグルタチオン）を結合させることで、尿として排出されやすくする。

しかし、通常の生理機構としておこなわれている重要な解毒作用がもうひとつある。それはタンパク質および核酸の消化分解の結果生じる窒素代謝物の処理である。すべてのアミノ酸および核酸にはアミノ基が含まれているために、ふつうに分解すればアンモニアが生じる。しかしアンモニアは生体にとってきわめて毒性が強いので、体内にとどめておくことができない。水生の小型動物では、周囲の水にアンモニアのまま排出するものがいるが、大型の魚類や陸生動物では、無毒化が必要になる。哺乳類、カメ類、カエル類（ただしオタマジャクシはアンモニア）、魚類（硬骨魚類はアンモニアも併用）などは、体内の尿素回路を用いて、アンモニアを無毒な尿素に変えて排出する。ところが卵という閉じられた世界で胚を発生させる鳥類、ヘビ、トカゲ、昆虫では、水溶性の尿素を大量に貯えれば尿毒症になってしまうので、不溶性の尿酸に変えて排出しなければならない。ニワトリでは個体発生のある段階で、尿素から尿酸に切り換えられることがわかっている。

排泄物の代表である糞尿は、しばしばなわばりを記す標的として使われる。ということで、つぎは動物における「なわばり」について見ることにしよう。

# 【ナ】なわばり territory

もともとは、文字通り縄を張って結界や境界を区別した日本の民俗的習慣に由来する言葉で、博徒や暴力団の勢力圏などの意味にも転用された。それが動物生態学におけるテリトリーの訳語としてひろく使われるようになったわけだ。動物におけるなわばりは、順位制とならんで、社会を維持するための重要な機構であり、個体だけにあるのでなく、つがいや群れのなわばりもある。

❖**なわばりの機能**――動物の世界になわばりがあることは、アリストテレスの時代から知られていたが、科学的な考察の対象になるのは、一九二〇年にH・E・ハワードが『鳥の生活におけるなわばり』を著して以後である。なわばりの研究は初期にはほとんど鳥類に関するものだったが、二〇世紀の後半になってから広汎な研究がおこなわれるようになり、他の多くの脊椎動物だけでなく、一部の無脊椎動物にも見られることが明らかになっている。なわばりの実態は動物によって多様だが、もっとも汎用性のある定義は、「防衛される地域」ということになるだろう。

防衛の目的は、繁殖の場の確保と、生活場所の確保に大別される。前者は、鳥類に見られる典型的ななわばりで、ここにはさらに、交尾相手の確保と、子育ての場という二つの側面がある。小鳥などでは両者は微妙に重なり合っていて区別しがたい。繁殖期になると、雄は一定の地域を占有して、大きな声で頻繁にさえずるようになるが、その際、派手なディスプレイをともなうことがある。他の雄が侵入してくると、ひとしきりなわばり争いが起こり、ふつう侵入者が撃退されるが、ごくまれには先住者と侵入者が入れ替わったり、なわばりを分割して共有したりする場合もある。雌が来るとしかるべき求愛の儀式を経て、つがいになる。雌の立場からすれば、なわばりは、交尾の相手を求めるためだけでなく、将来の子育てのための場でもある。具体的には、営巣場所と餌場の確保であり、なわばりの防衛には雌雄が共同してあたる。こうした種類のなわばりは、小鳥類だけでなく、イトヨやイソギンポなどの魚類にも見られる。

シカ類などの大型草食獣の雄が繁殖期につくるなわばりは、交尾の権利のみを目的とした雌の囲い込みである。雌は一生を通じて群れを維持し、雄はその群れの行動圏をなわばりとして確保するにすぎない。アザラシ類のハーレムやライチョウ類の繁殖なわばり（アレナ）もよく似た性質のものである。交尾の場の確保だけを目的としたなわばりは、トンボなどの昆虫、ウシガエルなどのカエル類にも見られる。

防衛の第二の目的である生活場所の確保についても、安全なすみかの確保と餌場の確保という二つの側面がある。動物がねぐらや巣として使う洞窟や樹洞、森、あるいは巣穴を掘れる場所は、無限にあるわけではなく、生き残るためにはその確保が重要で、そこがなわばりの中心になる。しかし生活上それよりもはるかに重大なのは、食物の確保である。どんな動物にとっても食物がありあまるということはまずないので、餌をめぐっての競争は避けられない。したがって、なわばりには食糧資源の防衛という意味がある。こうした種類のなわばりは、多くの肉食獣や霊長類（この場合は群れとしてのなわばり）にも見られる。

## ❖なわばりの大きさ——食糧資源の確保という点では、なわばりが大きいのは好都合だが、不必要に大きくても意味がない。

なわばりの大きさは種によってだいたい決まっている。大きさを決める要因のなかで最大のものは、費用（コスト）と利益（ベネフィット）の関係である。なわばりを維持するためには侵入者を撃退しなければならないが、なわばりが大きければ、撃退の頻度が増える。侵入者を追い払うために、あまりに大きなエネルギーを費やすことになれば、食物から得られるエネルギーと釣り合いがとれなくなる。実際、アユはふつう渓流の珪藻の付着した岩を中心にして約一平方メートルほどの面積のなわばりを形成し、ほかのアユが近づいてくれば追い払う。この習性を利用したのが友釣りである。しかし、個体群密度が高くなると、追い払いきれなくなるので、群れ生活に転じる。

なわばりのなかにどれだけ餌があるかも、なわばりの大きさに関係してくる。餌の密度が大きければ小さななわばりですむが、密度が小さければ大きななわばりが必要になる。F・B・ジルとL・L・ウォルフが東アフリカのキンバネオナガタイヨウチョウで調べた結果はそのことを示している。この鳥はシソ科のレオノティスという花の蜜を食べていて、その花のまわりを防衛するが、そのなわばりの大きさは、広さではなく、そこに含まれる花の数によって決まることが明らかにされている。つまり面積に関係なく、ほぼ一六〇〇本の花が含まれる範囲をなわばりにしていたのである。

❖**行動圏**——なわばりと密接な関係があるのが行動圏（home range）で、動物が習慣的に巡回する地域を指す。行動圏となわばりが一致していることもあるが、かならずしもそうとは限らない。たとえば、日本のツキノワグマの雄は一頭で、平均一〇〇平方キロメートル、雌では五〇平方キロメートルほどの行動圏をもつが、排他的なものではなく、餌の多い場所には複数の個体が出没する。当然のことながら、餌の多い年には行動圏は狭く、乏しい年には広くなるという傾向がある。ニホンザルでは複数の群れがかなり重複した行動圏をもち、時間的にすみわけていることが知られている。鳥類では行動圏の一部をなわばりにしているものも多く、たとえば、カラスは広い行動圏をもっていて、群れで移動しながら、さまざまな場所で餌をあさっているが、ねぐらという形の本拠地をもち、繁殖期にはつがいでなわばりをもつ。

❖**ディスプレイとマーキング**——なわばりの維持はさまざまな方法でなされる。かつては、ライオンやクマの雄どうしが戦っている映像がテレビのドキュメントでは好んで流された。この方法はもっとも直接的でわかりやすいが、じつはそれほど頻度は高くない。勝っても負けても、それなりの手傷を負い、運が悪ければ死ぬこともある。できるだけ肉体的な衝突は避けたほうが賢明だ。それに代わる方法がディスプレイとマーキングである。いずれも、戦わずして敵を退散させようとするものである。

（1）いまやディスプレイといえば、ほとんどの人はコンピューターやテレビの表示画面のことを思い浮かべるだろうが、動物行動学においても重要な用語なのである。動物学におけるディスプレイというのは、実際だった行動や、体の目立つ部位を誇示して、同じ種の仲間にメッセージを伝えることをいう。なわばりに関して重要なのは、求愛のディスプレイとなわばり維持のための威嚇のディスプレイである。求愛ディスプレイにはふつう音声（鳥類ではさえずり、昆虫、カエル類、哺乳類では鳴き声、クジラ・イルカ類では超音波）がともない、これで遠くにいる雌を誘い寄せる。雌が自分のなわばり内に入ると（あるいは近くに来ると）、派手な色彩を誇示し、しばしば求愛ダンスと呼ばれる独特の行動を見せる。鳥類はそれぞれの種ごとに独自のディスプレイをもつことはよく知られているが、昆虫や魚類、イモリ類から哺乳類にいたるまで、あらゆる動物群で求愛ディスプレイが見られる。このディスプレイでは、派手な形や色（しばしば繁殖期にのみ現れるので婚姻色と呼ばれる）をした部位がとくに目立つように見せびらかされる。またこの際に雄が餌（求愛給餌）や巣材を差し出すこともある。これについては、「繁殖」の項を参照。

なわばりの維持にかかわるのが威嚇ディスプレイである。小鳥類のさえずりにはなわばり宣言の意味合いもあり、哺乳類では「ウーッ」といった威嚇の音声がともなう場合もあるが、威嚇は主としてその身振りで表現される。あらゆる動物を通じて共通するのは、体を大きく見せることと武器の誇示である。体を大きく見せるために、哺乳類ならば全身の毛を逆立て、四肢を突っ張り、背を高く持ち上げる。鳥類は羽毛を逆立て、羽根を広げる。魚類ならば、鰓蓋を広げ、鰭を大きく開く。昆虫も体や脚を地面から持ち上げ、翅を広げる。もう一つの、武器の誇示には、カマキリの斧やカニのハサミといったものもあるが、哺乳類ではふつう角か牙で、それを見せびらかすのである。猛獣が牙をむくのは当たり前だが、ヒヒなどでも大きく口を開けて巨大な犬歯を見せて威圧する。こうした威嚇ディスプレイによって、なわばりへの侵入者はたいてい退散する。この場合、実際の戦いになれば、なわばりの持ち主がかならず勝つという保証はないにもかかわらず、侵入者はあえて戦いを挑まない。なわばりの確立期に実際の戦いがあってすでに勝負はついているから無駄な戦いはしないという理由もあるだろうが、かなり心理的な側面もある。隣接するなわばりの持ち主どうしの関係でみれば、たいていの場合、持ち主の方が侵入者に勝つのであり、なわばりの中心に近ければ近いほどその度合いは顕著になる。おそらく、これは戦いのリスクと勝利の利得のバランスで説明される生得的なプログラムによっているのだろう。

（2）マーキングは、なわばりの要所に、「ここは俺のなわばりだぞ」というしるしを残すことで、主として哺乳類が用いている方法である。糞や尿によるにおいづけや、角で木にしるしをつけたりするもので、そうした場所はサイン・ポストと呼ばれる。イタチ科、イヌ科、カバなどは決まった場所に糞をして、それをサイン・ポストにしている。タヌキのため糞は典型的な例だ。ネコ科の動物はもっぱら尿をマーキングに使う。ネコを飼ったことのある人なら、発情期のネコが強烈なにおいの尿を特定の場所にふりかけているのを見たことがあるだろう。飼い犬が電柱にオシッコをかけるのも、もちろんマーキングの一種である。

アンテロープ類をはじめとして多くの哺乳類は独特のにおいを分泌する腺をもっており、それを木や石にこすりつける。たとえばニホンカモシカは、二本の角で、木の皮を削り取ったところに眼下腺をこすりつけてサイン・ポストにする。イタチ科の肛門腺はこの科の動物の重要な形態学的特徴で、糞にこの分泌物が含まれている。ついでながら、このにおいを極端にし、防御用の武器にまで高めたのがスカンクやケナガイタチの悪臭である。木に傷をつけるという点では、ツキノワグマがスギなどの樹皮を剥ぐ習性もサイン・ポストである可能性が高い。昆虫では、オウトウミバエの一種が産卵後にフェロモンを塗りつけ、数日間ほかの雌が近づかないようにしているという例が知られている。これもなわばり防衛の一種と言えなくもない。

## ❖順位制（dominance hierarchy）

——ひと昔前には、社長にお叱りを受けた部長が課長をどなり、課長は係長をイジメ、係長は平社員にイヤミをいい、平社員は派遣社員に意地悪をするといった図式を、安手のホームドラマに見かけることがあった。こうした上位から下位に至る直線的な優劣の関係は、生物学的には「つつきの順位（pecking order）」と呼ばれるが、この言葉をつくったのは、動物の群れの内部における優劣関係を初めて明らかにしたシュルデルプ＝エッベである。彼女は、ニワトリを狭いところに閉じこめておくと、群れのメンバーのあいだに「つつく」と「つつかれる」の関係が生じることを見つけ、こう呼んだのである。

順位制は群れをつくって生活をする動物に広く認められるが、厳密な意味ではお互いの個体識別能力が前提になるから、脊椎動物に限られ、とりわけ鳥類と哺乳類に顕著である。順位関係は最初の一、二回の戦いで決まってしまい、そのあとはなわばりの場合と同じように、ディスプレイだけで劣位の個体は引き下がる。優劣の関係はニワトリのように直線的なものもあるが、ハトのように個体間には優劣関係があるが、三すくみの関係になっていて、全体として見ればとくに強いものはいないということもある。順位はあってもつねに現れるわけではなく、餌や交尾相手をめぐっての競争的な場面にだけ姿をあらわすことが多い。ニワトリでも広い場所で十分な餌が与えられていれば順位は現れない。

順位の頂点にいる最優位個体（αと呼ばれることが多い）と群れのリーダーは、しばしば混同される。大型草食獣などの雌集団は血縁によって結ばれた母系集団で、最年長の雌が最優位個体を兼ねることがあるが、その他の場合には最優位個体が群れの動きをリードしているという確かな証拠はない。ニホンザルでも、移動の口火を切ったり、警戒に当たったりするのは周辺の個体である。しかし、群れ内部での秩序維持という点では、強力な優位雄の存在は重要である。最優位個体に威厳がないと、トップの座を巡って争いが起きがちで、群れ全体に落ち着きがなくなり、雌の繁殖能力を低下させることが知られている。

順位となわばりは一見したところまったくちがう原理のように見えるかもしれないが、かならずしもそうではない。群れが内部で順位制を保ちながら、外に対してなわばりを維持するという例はよくある。また、そもそもなわばりというのは平等な質のものではなく、良好ななわばりと、そうでないなわばりがあり、優位の個体が一等地をなわばりにし、次位のものが次にいい土地を取るというふうにして占有されるものだから、なわばりの持ち主どうしは一種の順位的な関係にあるともいえる。アザラシやシカ類のハーレムは、なわばりと見ることができるが、最優位個体対その他すべてという順位関係だとみることもできる。その証拠に、ハーレムの主が死んだり、取り除かれたりすると、すぐさま次位の雄がハーレムを継承するからである。

なわばりを守るために、持ち主はつねに神経を張りつめていなければならない。神経とくれば、その実体であるニューロンに触れないわけにいかない。

## 【三】ニューロン neuron

ニューロンは神経系の情報伝達の単位だが、説明をはじめる前に、動物の神経系の意義について述べておく必要がある。動物の体はさまざまな器官、組織、細胞から構成されているから、一個体として環境に順応しながら、適切な振る舞いをするためには、それらがタイミングを合わせて機能するような全身的な統御システムが必要である。その役割を担うのが神経系と内分泌系である。内分泌系については、「変態」の項で説明するが、両者の関係について簡単に説明しておこう。どちらもある種の化学物質（神経伝達物質とホルモン）の放出によって情報を伝達し、その物質を受けとった細胞がなんらかのリアクションを起こすという点では共通している。しかし、伝達の経路に本質的なちがいがある。神経系の場合には一個の細胞から一個の細胞へという一対一の情報伝達が原則であるのに対して、ホルモンの場合には一対多という情報伝達であること。さらに、神経の場合には後で見るように電気的な興奮が介在するので、悉無律（しつむりつ）（ゼロかすべてかで中間がない）的側面をもち、デジタル的な性質を帯びる。それに対してホルモンは液性相関とも呼ばれるように、体液中の物質の濃度勾配によって異なる細胞に異なる情報を与えることができ、いわばアナログ情報的な要素をもっている。

❖**情報伝達の単位**——ニューロンは神経系の情報伝達単位という観点からの呼び名であるが、もとをただせば一個の細胞にすぎない。しかし、神経細胞の形態はふつうの細胞の常識から大きく逸脱している。細胞の本体は、かなり大きいことと細胞骨格がよく発達していることを別にすれば、他の体細胞と本質的なちがいはない。ところが神経細胞は、軸索突起と樹状突起と呼ばれる二種類の複雑な突起をもっているのだ。軸索は他のニューロンに向けて情報を伝達するための非常に長い一本の突起で、神経繊維とも呼ばれる。通常は数ミリメートルだが、ヒトの脊髄神経では数十センチメートルに達することもある。内部には長い軸索を力学的に支えるための細胞骨格（ニューロフィラメント）が走っている。脊髄動物の軸索のまわりは髄鞘（ミエリン）に取り囲まれている。髄鞘は中枢神経系では稀突起膠細胞、末梢神経系ではシュワン細胞に由来するもので、細胞膜の脂質とタンパク質が交互に配列した同心円構造をとっていて、イオン電流が漏れないようにする絶縁体の役目をはたしている。樹状突起はその名のとおり、細胞体から枝のように突きだした多数の短い突起で、他のニューロンからの情報を受けとる。樹状突起の形にはさまざまな変異があり、プルキニェ細胞ではうちわのような形をしている。

❖**シナプスの生理学**——神経の情報伝達の場はシナプスと呼ばれる。シナプスはニューロンとニューロンのつなぎ目にある二〇ナノメートルほどの隙間である。光学顕微鏡の時代には、そこに隙間があるかどうかで学者のあいだで大論争があったが、電子顕微鏡の発達によって、隙間の構造が解明され、現在では情報伝達のメカニズムも明らかになっている。

シナプスを介しての情報の流れは一方通行で、逆向きには流れないので、シナプスの隙間を挟んで、前シナプス、後シナプスと呼びわける。前シナプス側はニューロンの軸索の末端で、フラスコの底のように膨れている。この膨らみをシナプス小頭と言う。電子顕微鏡で見れば、そこに多数のミトコンドリアとシナプス小胞（神経伝達物質を含んでいる）が観察され、細胞膜は肥厚している。後シナプス側は別のニューロンの樹状突起あるいは筋繊維の末端で、こちらも細胞膜が肥厚し、そこに受容体がならんでいる。

情報伝達はおおよそ、つぎのような形でなされる。

（1）前シナプスニューロンに活動電位が生じる。活動電位というのは、なんらかの刺激に応じてイオンポンプが作動してイオンの局所的な流入・流出によって引き起こされる電位の急上昇のことで、この活動電位が細胞膜に沿って伝播していくことによって微弱な電流が生じる。ニューロンにおける活動電位はスパイク、またはインパルスとも呼ばれる。

（2）この活動電位がシナプス小頭に達する。

（3）活動電位によって細胞膜上のカルシウムイオンチャンネルが開く。

（4）カルシウムイオンがシナプス内に流入し、シナプス小胞から神経伝達物質がシナプスの隙間に放出

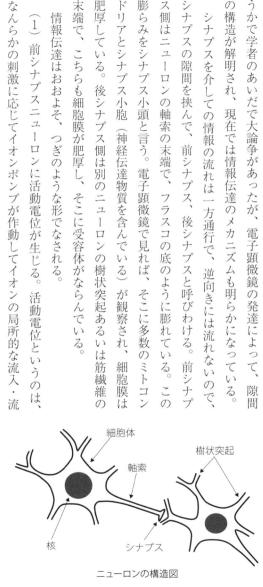

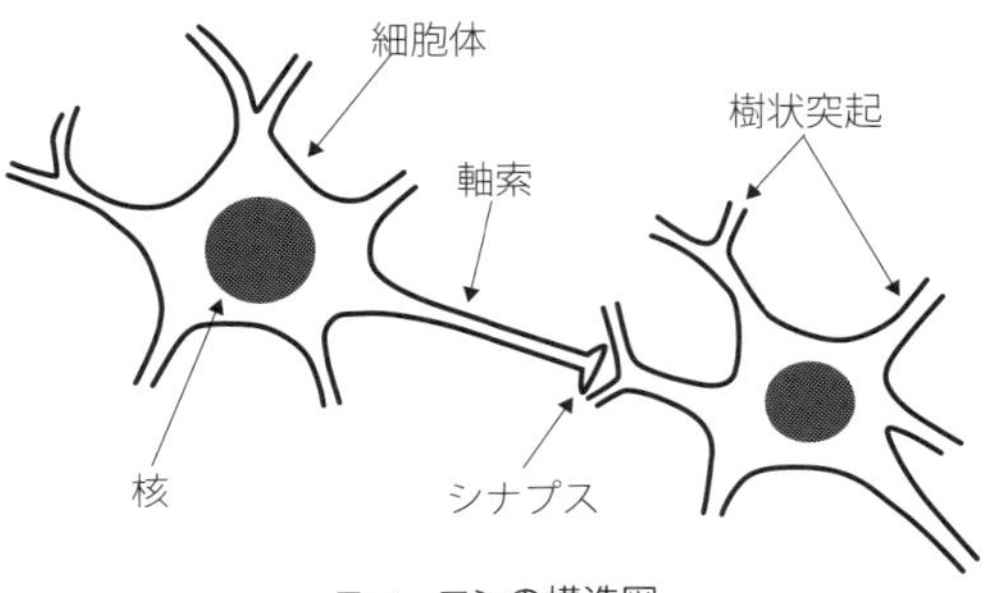

ニューロンの構造図

される。

（5）放出された神経伝達物質は拡散によって後シナプス細胞の細胞膜にある受容体と結合する。

（6）後シナプス細胞のイオンチャンネルが開き、活動電位が生じる。このとき、後シナプス細胞に生じる活動電位は、神経伝達物質の種類によって、興奮を引き起こす場合と抑制をもたらす場合とがある。

**❖電気シナプス**——以上のようなシナプスは化学シナプスと呼ばれ、脊椎動物の神経系にひろく見られる。電気的な信号をいったん化学物質に変えてから伝達しているわけである。これに対して、無脊椎動物では、シナプス間隔がもっと狭く二ナノメートルほどしかなく、細胞間がイオンを通過させる分子で接着されていて、電気的な信号がそのまま直接伝わるものがあり、電気シナプスと呼ばれる。脊椎動物でも、こうしたシナプスは、網膜のニューロン間や心筋の筋繊維間で見られる。電気シナプスは情報伝達の精度では劣るが、スピードが速く、多数の細胞が強調してはたらく必要があるような場所では有効である。個体発生においても系統発生においても、電気シナプスのほうが先で、化学シナプスはのちに進化したと考えられる。

**❖神経系の進化**——最初に指摘したように、神経系の機能は、全身の細胞、組織、器官のはたらきを統合して、一個体のふるまいを状況に適したものにすることにある。言い換えれば感覚によって環境の情報を得て、その情報にもとづいて、適切な行動指令を発するまでの情報経路である。したがって、神経系のありようは動物の体のつくり（体制）の複雑さに対応している。刺胞動物（クラゲ、サンゴ、イソギンチャクの仲間）のように、体の各部分の反応の総和が個体としての振る舞いを形づくっているような動物では、神経の中枢は存在せず、神経細胞は平均的に分布して互いに連絡を保って、神経網をつくっているだけである（これを散在神経系と呼ぶ）。クラゲの内傘面など、ところどころに神経細胞の小集団が密に集まって中枢化の端緒とみなせるような場所があり、神経集網と呼ばれている。扁形動物（ウズムシ、条虫、吸虫の仲間）になると、頭神経節と神経索という形での中枢神経が出現し、末梢神経系との分化が起こる。なんらかの中枢神経をもつ神経系は集中神経系と総称されるが、そのネットワークの形状は体制の複雑さに応じて、管状、はしご形、かご形などがある。初期の中枢は神経細胞が集中した神経節として始まるが、最終的には脳（↓）という形をとる。神経中枢（脳）の発達にともなって体表から中枢に向かう求心性神経と、中枢から末端に向かう遠心性神経の分化が起こる。同時に感覚受容器からの求心性神経が反射中枢で折り返して遠心性神経を介して実行器たる筋肉に向かうという反射弓が確立される。遠心性神経の一部は脳の支配から比較的独立した自律神経系を形成し、交感神経と副交感神経という拮抗的な作用（一方が抑制的、他方が促進的にはたらく）をもつ二重神経支配によって、心臓や血管などの臓器の機能をコントロールするようになる。

### ❖神経ネットワークの構築——シナプスによってつながった脳のニューロンは、全体として複雑な回路を形成しており、さまざまな情報を電気的信号として伝達し、処理している。コンピューターの集積回路（ＩＣ）の配線図にまちがいがあれば機能しないのと同じように、神経ネットワークも接続に誤りがあってはならない。しかし設計図通りの配線図を基盤にプリントすればいい集積回路とはちがって、脳の神経

ネットワークは、個体発生を通じて個々のニューロンどうしをシナプスで接合していくという手順を踏まなければならない。いかなるメカニズムによって、正確なネットワークが形成されるのだろうか。その分子的な機構が近年ようやく明らかになりつつある。詳細は専門書に譲るとして、概要を述べれば次のようになる。ニューロンの軸索がネトリンなどの誘因物質に反応して伸びていくが、その進路は各種の誘引因子と反発因子の複合的な作用によって誘導され、カプリシャスやカドヘリン・ファミリーといった分子の存在によって正しい標的細胞を識別すると、シナプス結合が形成される。正しいネットワークができるのは、そうした分子が適切な時期に適切な量だけ合成されるように遺伝的にプログラムされているからである。

ならば、ここらで、遺伝的プログラムの本体である核酸（ＤＮＡとＲＮＡ）について、その構成要素であるヌクレオチドを中心にして、語っておく潮時であろう。

## 【ヌ】ヌクレオチド

nucleotide

あまり耳慣れない言葉かもしれないが、これこそ遺伝暗号の本体、その文字にあたるものである。ＤＮＡをつくっているヌクレオチドはアデニン、グアニン、シトシン、チミンのたった四種類（ＲＮＡではチミンがウラシルに置き換わる）しかないが、すべての遺伝情報はその組合せによって書かれている。化学的には、ヌクレオチドはヌクレオシドにリン酸が結合したものであり、ヌクレオシドとは、五単糖（五つの炭素原子をもつ糖で、その骨格は四つの炭素原子と一つの酸素原子が結合した五角形でできている）に、プリン塩基かピリミジン塩基が結合（グリコシド結合）したものである。プリン塩基はアデニンとグアニンに含まれるもので、炭素原子と窒素原子からなる六角形と五角形の環をもち、ピリミジン塩基はシトシン、チミン、およびウラシルに含まれるもので、こちらは六角形の環を一つだけもっている。ヌクレオチドが多数重合して連なったものがポリヌクレオチド、すなわち核酸である。核酸のうちで、糖の部分がデオキシリボースのものがデオキシリボ核酸すなわちＤＮＡであり、リボースのものがリボ核酸すなわちＲＮＡである。化学的には、アデニン、グアニン、シトシン、チミン、ウラシルは、それぞれアデニル酸（ＡＭＰ）、グアニル酸

（GMP）、シチジル酸（CMP）、チミジル酸（TMP）、ウリジル酸（UMP）とも呼ばれる。

**❖二重らせんモデル**——遺伝子の本体がDNAであることが突き止められるまでの歴史については「遺伝子」の項で述べた。最終的に一九五三年に二重らせんモデルが提唱され、分子生物学が花開くきっかけとなった。このモデルに関して、もちろん、ワトソンとクリックという二人の天才が果たした役割は大きいが、先人たちの努力の成果のうえに築かれたものであることは忘れてはならない。なかでも重要なのは、M・H・F・ウィルキンズとR・E・フランクリンによるX線回折データとE・シャルガフの塩基組成の分析結果で、アデニン（記号Aで表される。以下同じ）とシトシン（C）、グアニン（G）とチミン（T）の比がつねにほぼ一であるという事実だった。

M. H. F. ウィルキンズ

R. E. フランクリン

ワトソン=クリックのモデルは、そうしたデータをすべてうまく説明でき、しかも遺伝子複製のメカニズムをも解明するものだった。このモデルでは、ポリヌクレオチドの糖=リン酸部分が二本の長い鎖が互いに逆方向にらせんを描き、ねじったらせん階段のような形をとり、塩基部分が水素結合によってつながって、梯子段のような役目をしている。このとき、塩基どうしの対合は厳密にAとT、GとCの組合せになっている。DNAにおける遺伝子の情報は、A、T、G、C、四つのヌクレオチドの配列によって書かれているが、この塩基対合の特異性のために、二本のDNA鎖の一方の配列が決まれば、他方が自動的に決まることになる。もし二本の鎖が分離しても、それぞれが鋳型になって、同じ情報をもった二組みの二重らせんができることになる。この原理はDNAからRNAへの転写においても適用されるが、RNAでは、先に述べたように、Tのかわりにウラシル（U）が入る。

❖**遺伝暗号の解読**——遺伝子の本体がDNAの二重らせんであることがわかったあと、その情報はどのような形で保持されているのか、つまり遺伝暗号は何かという問いも、多くの研究者の努力によって解明された。暗号解読の最初のヒントを思いついたのは、『不思議の国のトムキンス』などの啓蒙書の著者としても有名な理論物理学者のジョージ・ガモフだった。ガモフはタンパク質を構成する主要なアミノ酸は二〇種類であり、四種類の塩基でそれを指定（コード）するためには、少なくとも塩基三つが暗号の単位でなければ

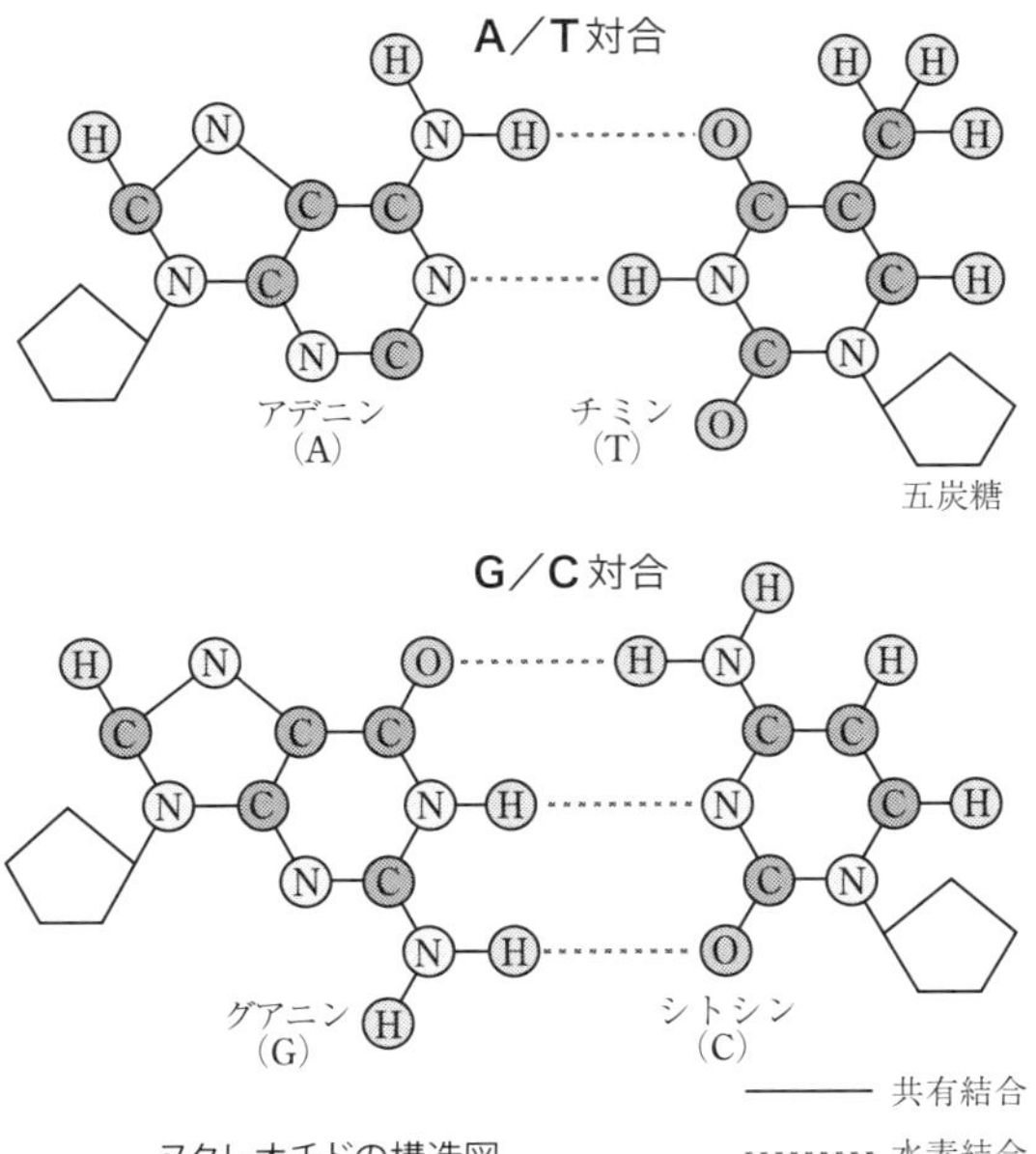


ヌクレオチドの構造図

ならないと推測した（塩基三つだと、4×4×4＝64で、六四通りの暗号ができる）。クリックはこのヒントを手がかりに、DNAのRNAに転写され、さらにタンパク質へと翻訳されるという情報の流れ、いわゆるセントラルドグマという仮説を提唱した。

暗号解読の実験的な試みの口火を切ったのは、M・ニレンバーグで、彼はウラシルだけがつながった人工RNAをつくり（その塩基配列はUUU……となる）、これをタンパク質合成系に加えたところ、フェニルアラニンというアミノ酸だけがつながったタンパク質ができた。これは、UUUがフェニルアラニンの遺伝暗号であることとの強力な証拠だった。その後、多数の研究者が解読作業に参入するが、最終的にハー・ゴビンド・コラナが塩基三文字による遺伝暗号を完全に解読し、この三文字暗号はコドンと呼ばれることになった。六四通りの遺伝暗号のうち、UAA、UAG、UGAの三つは停止コドンで、AUGが開始コドンである以外は、すべて特定のアミノ酸をコードする暗号になっている。三文字とはいいながら、特に重要なのは最初の二文字で、三つ目は何であっても同じアミノ酸を指定するものが三分の一ほどあり、三つ目が意味をもつものでも、ほとんどの場合、UとC、AとGは入れ替わっても同じアミノ酸をコードする。これは両者が分子構造的によく似ているからで、タンパク質に翻訳される過程で区別されないことを意味している。遺伝暗号は、ミトコンドリアや細菌で一部異なったものがあるが、基本的にはすべての生物に共通である。

**❖その他のヌクレオチド**――生体には核酸以外にも重要なヌクレオチドが存在する。核酸の場合には結合しているリン酸は一つだが、リン酸が二つ結合しているものはヌクレオシド二リン酸、三つのものは三リン酸で、「エネルギー」の項で述べたATPが代表的なヌクレオシド三リン酸である。ヌクレオチドは核酸合成の前駆体として重要なだけでなく、さまざまな酵素の補酵素となっているものが多い。また、環状AMPや環状GMPと呼ばれるヌクレオチドは、ホルモンなど細胞外からの刺激を受容して、細胞内に伝達するセカンドメッセンジャーとして重要である。ついでながら、グアニル酸やイノシン酸はうまみ成分として知られている。

あらゆる生物が基本的に同じ遺伝暗号を使っていることは、すべての生物が共通の祖先と共通の原理をもっている有力な証拠である。しかし、生物はすべて同じ原理に則りながら、驚くほど多様な姿形をもつように進化してきた。生物の多様性は、古来多くの生物学者を魅了してきたが、その極致ともいうべきありようを熱帯雨林に見ることができる。

## 【ネ】熱帯雨林　ねったいうりん　tropical rain forest

植物生態学的には熱帯多雨林というのが正しい呼び方だろうが、こちらのほうがよく使われる。東南アジア、ニューギニア、アマゾン流域、中央アフリカなど、年間降水量が二〇〇〇ミリメートルを越える熱帯地域に見られる森林で、常緑樹からなる。熱帯雨林の実際は、ターザン映画やアンリ・ルソーの絵に出てくる熱帯のジャングルのイメージとはかけ離れたものである。その特徴は森が高木からできていることで、林冠の高さは平均して三〇~五〇メートルで、ところどころに高さ四五~七〇メートルにも達する超高木（エマージェント）が頭を突き出している。温帯や寒帯とちがって樹木の種類は多様で、優占種と呼べるようなものはない。巨大な高さを支えるために、板状にひろがった板根をもち、雨水がたまらないように葉の先端が尖ったものが多い。こうした巨木には、多種多様な着生植物や蔓植物がからみついている。林内の湿度は高く、八〇~九〇%を保っている。植物の遺体はすみやかに分解されてしまうので、落葉落枝層が発達せず、土地は痩せている。光は林冠でさえぎられ、林床にはほとんど光が届かないので、下草はほとんどなく、大型哺乳類にとっては歩きやすい。伐採や山火事などで高木がなくなったときには、地表まで陽の光が届くので、その場合には下草や低木が密生していわゆるジャングルの観を呈する。

### ❖生物多様性——熱帯雨林は、数十メートルに達する林冠を突き抜けた超高木層から林床まで、高さに応じて何層もの異なった生物相を擁している。森の骨格をなしている高木そのものの種類が多様で、ペルーで調査されて例では、一ヘクタールに三〇〇種もの異なる樹木が生えている場合があり、少ないところでも数十種は見られる。それぞれの樹木には、つる植物のほか、コケ、ラン、シダ、アナナスなどの着生植物がついて、それら膨大な種類の植物が異なった高さで枝葉を広げ、花をつける。アマゾン流域の熱帯雨林だけで植物は二万種を越えると推定されている。一部の熱帯雨林には研究用に高い塔が設置されていて、各層ごとの生物を観察することができるが、実際に登った人の話では、階段を上がるごとに、景色が一変するだけでなく、においまでちがっているという。

こうした生息環境の多様性は驚くほど多種多様な動物をすまわせることになる。たった一種類の樹木のまわりだけで二〇〇〜四〇〇種もの甲虫が生息し、そのうち数十種はその樹木でしか生きていけないものである。数十種におよぶアリ類はもっとも個体数の多い昆虫で、多くの動植物を食害するだけでなく、多くの動物の餌にもなっている。昆虫の種数は膨大で、アマゾン流域だけで数百万種に達し、その半数は固有種だと推定されている。豊富な昆虫はそれを食べる多数の鳥類を呼び寄せ、多種多様な果実、葉、花蜜、花粉が、多くの鳥類や哺乳類の食糧となり、とりわけ果実は多様なサル類にとって生活の糧である。アマゾン流域だけで、一三五〇種の脊椎動物が生息するとされている。

**❖視覚の世界**――熱帯雨林のこのような多様性を支えているのは、その三次元的な構造である。地上という平面だけでなく高さという新たな次元を利用することができるようになった生物は、ニッチ（生態的地位）の数が膨大になっただけでなく、登攀（とうはん）や飛翔という新しい生活様式を創出することになった。熱帯雨林の動物の多くは翅をもつ昆虫か翼をもつ鳥類であり、哺乳類でもムササビのような飛翔能力をもつものや、サル類のように木登りや枝渡りのすぐれた能力をもつものが多い。こうした三次元空間の利用は視覚の発達という副産物をもたらした。森林の林床で暮らしている哺乳類は、木によって視覚が遮られるために、もっぱら聴覚と嗅覚に頼っている。それに対して、樹上で暮らす哺乳類は、枝から枝へ飛び移るといった行動のために対象物の正確な距離と位置の把握が必要になり、立体視ができるように進化した。それよりも重要なのは、色覚の発達である。熱帯雨林の重要な栄養源である花や果実は派手な色彩をしたものが多い。動物は色を頼りにこうした餌を探さなければならない。動物の色覚と植物の色彩は、最初のきっかけをつくったのがどちらであれ、おそらく共進化的な過程で発達したのであろう。色覚の発達は色をコミュニケーションの手段として利用する途をも切り開いた。三次元的な空間のなかでは、色彩は体の運動と組み合わせることによって、きわめて効果的なディスプレイを可能にする。昆虫類と鳥類に派手な色彩をもち、複雑なディスプレイをするものが多いのはこのことと関連しているにちがいない。

　この面で、海の中で熱帯雨林に相当する役割を果たしているのはサンゴ礁である。サンゴ礁そのものも多種のサンゴ類によって構成されていて、たとえば石垣島の調査では、一四科、四三属、一一三種のサンゴ類が確認されている。サンゴ礁も海のなかに三次元的な構造をつくりあげることによって多数のニッチをつくりだし、さまざまな生活様式をもつものをすまわせている。スズメダイ、チョウチョウウオ、クマノミ、ベラ、ウツボなどの魚類だけでなく、ウミガメ、ウミヘビなどの爬虫類、多様な貝類やタコなどの軟体動物、エビ・カニ類を中心とする甲殻類、ナマコ、ウニ、ヒトデなどの棘皮動物、そしてサンゴ礁に付着するヤギ類、イソギンチャク類、藻類と、驚くほど多様な生物がすんでいる。ここでもまた、三次元の水中を自在に動きまわることができる魚類が、派手な色彩を駆使したディスプレイを繰り広げる。比較的平面的で単調な世界である外洋に比べて、三次元のサンゴ礁は色彩に満ちあふれている。

### ❖熱帯雨林の荒廃——世界の熱帯雨林の面積は急速に減少しつつある。

木材や燃料、紙生産のための森林伐採、鉱業開発、農地や牧草地あるいはユーカリ林をつくるための伐採など、人為的な原因のためである。正確な数字はわからないが、ブラジル国立宇宙研究所（ＩＮＰＥ）が衛星写真をもとに算出したアマゾン流域における森林面積の減少は一九八八年から平均して一七万平方キロメートルで、二〇〇〇年以降は二〇万平方キロメートルを越えていた。二〇〇四年から二〇一一年にかけては規制により、減少速度は三分の二程度に減っていたが、二〇一四年以降ふたたび増加に転じている。

熱帯雨林の面積の縮小は、先に述べた膨大な種数の生物の絶滅を意味する。単に、生息環境を奪われた種が絶滅するだけでなく、森林面積の縮小は、保有できる生物多様性の減少をも引き起こすので、単純な面積の減少以上に深刻な影響を与える。しかも、そうして絶滅した、あるいはこれから絶滅しようとしている生物の大半は、人間に知られず、学名さえつけられないままで消えていく。もちろん、生態学者が多様な生物間の複雑な相互関係を解析することができないうちにである。それだけでなく、実利的な面からいっても、有効な薬や作物になる可能性を秘めた動植物を消滅させてしまうおそれがある。

熱帯雨林の消滅は環境面においても重大な問題を引き起こす。熱帯雨林の林床の土壌は薄くて栄養に乏しいために、いったん消滅すると更新がむずかしいだけでなく、降水量が多いために、土壌がたちまち流失して砂漠化をもたらす。さらに深刻なのは、森林という形で貯えられていた二酸化炭素が放出されることによって、地球全体の二酸化炭素濃度が増大し、地球の温暖化を促進してしまうことだ。海におけるサンゴ礁の消失とならんで、こうした生物多様性の減少ならびに環境の悪化には、人為的な原因が大きくかかわっていることもあり、それを食い止めることができるのは、人間の英知だけである。

そこでいよいよ、人間の英知の源である脳について、見てみることにしよう。

## 【ノ】脳　のう　brain

脳は、感覚器官からの入力情報を集め、出力情報として実行器官への指令をだす場所であり、脊髄とあわせて中枢神経系と呼ばれる。脳が人間の生活において果たしている役割ははかりしれないもので、脳が死ぬことをもって人の死と見なす考えもある。しかし、その重大さにもかかわらず、実際に脳内で何が起こっているのか、情報がどのようにして処理されているのかは、久しく謎のままであったが、近年の神経科学の発展によって、そのヴェールが少しずつはがされつつある。

**❖脳の進化と発生**――脳は、人間だけにあるわけではなく、すべての脊椎動物にあるが、人間の脳は体の大きさとの比でいえば、ずばぬけて大きい。もちろん、絶対的な大きさでいえば、ゾウやザトウクジラのほうが大きいが、これらは体重当たりに換算すると、平均的な哺乳類と同じレベルである。これに対して、ヒトの脳は平均の六倍の大きさをもち、初期人類であるホモ・エレクトゥスやホモ・ハビリスは約四倍、アウストラロピテクスでも三倍強の大きさがある。一般に体重に対する脳の比が大きいものほど、知能が高く、少なくとも霊長類では、脳がしだいに大きくなるという進化的傾向が認められる。

入力から出力への中継センターという意味での脳は、無脊椎動物にも存在する。「ニューロン」の項で述べたように、扁形動物より複雑な体をもつ動物は集中神経系をもつが、これは中枢神経系と末梢神経系の分化が生じたことを意味する。無脊椎動物の中枢神経系とは、神経細胞が集まって結節状になった神経節にほかならない。このうち頭部にあるとくに大きなものが頭神経節で、これを脳と呼ぶ。無脊椎動物のなかにも、形態的・機能的な分化をとげた複雑な脳をもつものがいる。なかでも昆虫の脳は非常によく発達しており、記憶や学習の能力があることが実験的に確かめられている。昆虫の脳は脊椎動物と同じように頭部の背側にあるが、問題はそこから出ている梯子状の神経が体の腹側を走っていることだ。つまり頸の部分で消化管と交差しなければならず、これが昆虫の体の大きさを制限する要因の一つとなっている。

脊椎動物の脳は、個体発生においては、外胚葉性の神経板がくびれこんでできた神経管として始まる。発生の進行にともなって、体の頭尾軸に沿って走る神経管の前方に脳胞と呼ばれるいくつかのふくらみができる。先のほうから順に、前脳、中脳、菱脳で、前脳がさらに終脳と間脳（視床と視床下部）に、菱脳が後脳（背側は小脳、腹側は橋を形成する）と髄脳（＝延髄）にわかれる（脳の個体発生については大隅典子の『脳の誕生』が詳しい）。終脳が進化上もっとも重要で、円口類や魚類では、主として嗅覚機能のみにかかわる嗅脳（古皮質）の段階にとどまっているが、ヒトの脳で古脳または旧脳と呼ばれる部分になる。両生類ではこれに原皮質が、爬虫類以上では、嗅覚以外の感覚や高次の神経作用にかかわる新皮質が加わり、さらに高等哺乳類にいたって大脳皮質の発達した新脳が形成される。

### ❖脳は精神の座か——心ないし精神を厳密な科学的現象として

記述することは、いまのところできていないが、それが脳の機能であることは疑いの余地がない。しかし、昔から心の座だと思われていたわけではない。むしろ多くの人は精神の座は心臓にあると考えていた。漢語・日本語が心臓といい、英語が心のことをハートというのは、その現れである。その元祖はアリストテレスで、血液循環の発見者であるウィリアム・ハーヴィもそう考えていた。皮肉なことにハーヴィが切り開いた近代医学によって、心臓が精神の座ではないことがしだいに明らかにされていくことになる。精神の座が脳にあることをはじめてはっきりと言ったのは古代ギリシアのアルクマイオンで、ヒポクラテスとプラトンはその説を受け入れていた。四世紀前後のヘレニズム文明絶頂期におけるアレキサンドリア医学の巨匠ヘロピロスとエラシストラトスは断罪人の脳を解剖して、脳に空間（脳室）があることを発見し、そこが精神のすみかだと考えた。ギリシア医学を集大成したガレノスは、脳を表象、思考、記憶の座であるとし、その役割を脳にある三つの脳室に宿るプネウマ（生命精気）に担わせた。

F. J. ガル

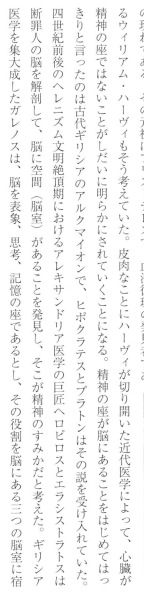

　近代医学が発展するとともに、脳室のプネウマが精神の実体であるとする考えに疑問がもたれるようになり、脳の空間ではなく実質に精神の座を求める考え方が浮上する。そこに登場するのが、フランツ・ヨセフ・ガル（一七五八—一八二八）である。彼の悪名高い骨相学の背景にあったのは、人間の精神活動が大脳皮質によって営まれており、しかも精神活動によって担当部位が異なる（彼は二七種類の精神が宿る領域を区別

した）という考え方だった。したがって、気質や知的能力のちがいは頭骨の形に反映するとしたのが骨相学である。精神活動のすべてを大脳皮質の局在性に帰するという、この極度に唯物論的な思想は当然ながら宗教界から激しい反発を受けたし、脳生理学の内部からも、フルーランスらによる全体論的な批判がみられた。しかし、その後、P・P・ブローカ、J・H・ジャクソン、G・T・フリッチュ、E・H・ヒッツィヒらが、大脳皮質に損傷を受けた患者の症状研究から、感覚野、運動野など、大脳皮質の機能に局在性があることを明らかにした。さらには、実験大脳生理学の発展によって、W・ペンフィールドの有名な図に見られるような詳細な機能局在図が作成されるにいたった。

### ❖ヒトの脳――よく知られているように、ヒトの大脳はラグビーボールのような楕円球をなしており、後方下に、脳幹と小脳がくっついている。大脳の外側は大脳皮質によってつつまれ、芯に当たるところに基底核、視床、海馬などがある。大脳全体は左半球と右半球に分かれていて、大脳皮質の表面に走る何本かの溝（大脳溝）により、それぞれ、前頭葉、頭頂葉、後頭葉、側頭葉、および見えない奥にある島（insula）に分かれている。機能局在をおおまかにいえば、前頭葉には、運動野（身体各部の運動を制御する中枢）、ブローカ野（運動性言語中枢）、頭頂葉には体性感覚野（皮膚や深部の感覚器官からの情報を受信し、感覚をもたらす中枢）、味覚野、側頭葉には聴覚野とウェルニッケ野（感覚性言語中枢）、後頭葉には視覚野がある。

右半球と左半球は、形態的には左右相称だが、機能は左右で異なる。左半身を右半球が、右半身を左半球が支配していることは、脳梗塞や脳溢血の後遺症からよく知られているが、もっと本質的な違いがある。ふつう発話、言語的理解、計算などを司るのは左半球で、空間的能力や直感的理解は右半球が司る。ただし、一般に言語的・論理的思考を担当する方は優位半球と呼ばれるが、右半球が優位半球である人もいるので、絶対的な区別とは言えない。左右の半球は脳梁（のうりょう）と呼ばれる神経繊維（ニューロン）の束によってつながれていて、この連絡が遮断されると、脳梁離断症候群と総称される異常が見られる。左手が動かない、字が書けない、左視野のものが読めない、あるいは右手が左の空間を無視する、位置覚や立体覚に障害がでるといった症状で、こうした能力には左右の脳半球の連携が必要なことを示している。

ヒトの大脳皮質（新皮質）は六層の細胞層からなり、三から四種の多数のグリア細胞のほか、さまざまな形をした少なくとも八〇〇億～一〇〇〇億個のニューロンが含まれ、シナプスを介して膨大な数のネットワークをつくりあげている。多数の神経細胞が密集するところでのネットワークは顕微鏡下で灰色に見えるので、灰白質と呼ばれる。細胞体のない有髄神経繊維のみのネットワークは、ミエリン鞘の白い色が際立つので、白質と呼ばれる。

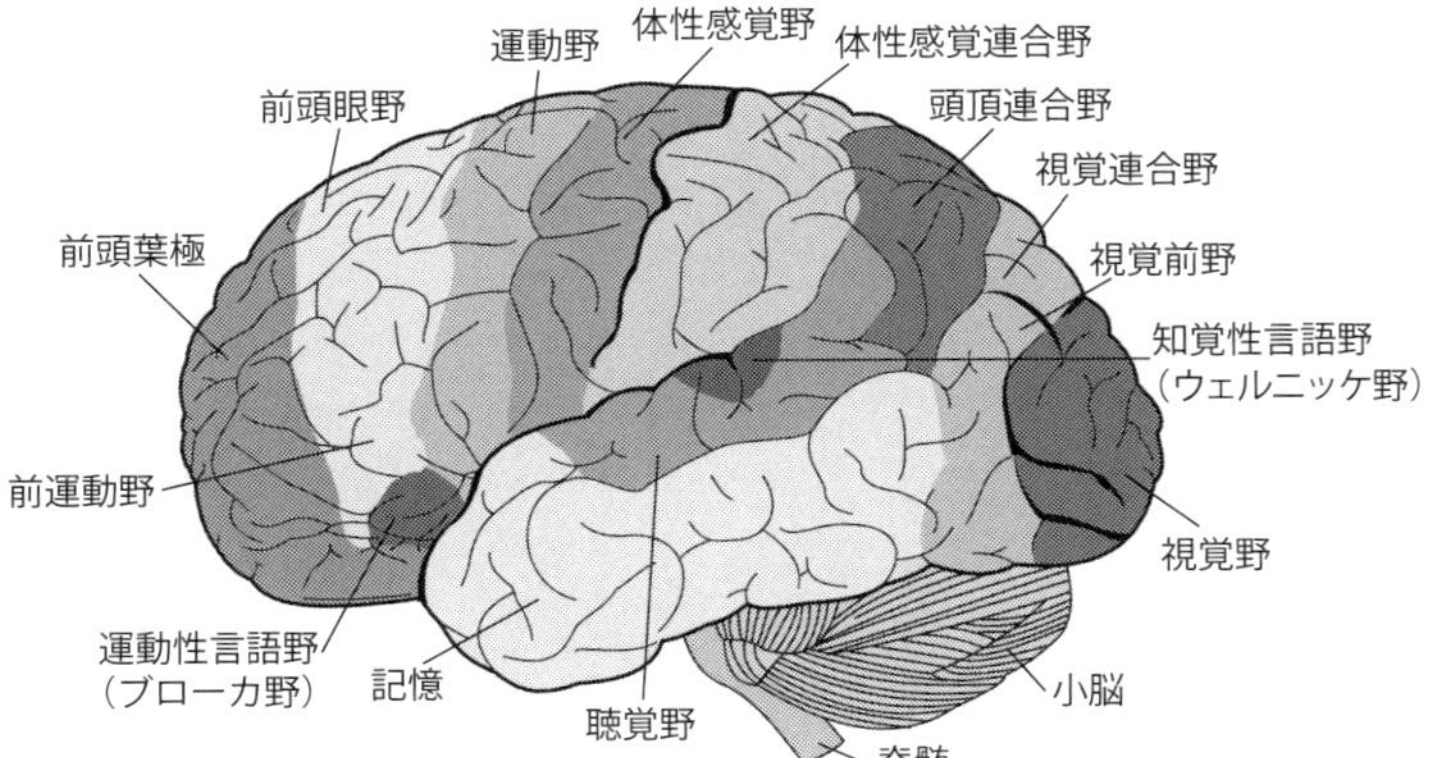


ヒトの脳の機能局在

ニューロンの機能は信号伝達であるが、その信号は興奮と抑制のいずれかであり、前者は、脳全体のニューロンのおよそ八割を占める興奮性ニューロンによって、後者はおよそ二割の抑制性ニューロンによっておこなわれ、ネットワーク全体の活動を制御している。興奮性ニューロンの伝達物質（グルタミン酸など）は、受け手のニューロンの膜電位をプラスにすることで、活動電位を発生させる。抑制性ニューロンの抑制伝達物質（γアミノ酪酸など）は、受け手のニューロンの電位をマイナスに保つ役割を果たし、両者の使い分けによって、脳内の情報処理が実現される。

### ❖脳内の出来事――心の内面を観察することはできないが、脳内の物理的な病変や、神経活動は、科学機器の助けによって、観察が可能であり、それによって脳内で何が起こっているかを推測することはできる。もっとも歴史の古いのは一九三〇年代からおこなわれている脳波検査で、脳の何カ所かにつけた電極によって、脳の電気的な変化を測定するもので、睡眠のパターンや異常脳波からてんかんなどの病気を診断するのに用いられている。

CT（コンピューター断層撮影）は、X線照射装置とその反対側にある検出装置のセットが、検査対象のまわりを回転することによって、全方位からのX線像が得られ、それをコンピューター処理することによって、断層画像を得る方法で、一九七〇年代から実用化されるようになった。脳内出血や骨折の診断に利用されている。MRI（核磁気共鳴法）は、被験者を高周波の磁場のなかにおいて人体の水素原子に共鳴現象を起こさせ、発生する電波を受信して、その信号から三次元の画像を構成する方法で、水分の多い脳にはよく適しており、一九八〇年代から多くの医療機関で実用化され、脳の血管奇形、動脈瘤、腫瘍などの検査に利点がある。ＣＴでもＭＲＩでも、細かな血管の状態を調べるために造影剤が用いられることがある。いずれの方法も脳の器質的な病変を知る手段であるが、脳内の神経活動を調べるには、別の手段が必要である。

その一つは、ポジトロン断層法（ＰＥＴ）と呼ばれるものである。これは半減期の非常に短い核種（Ｏ15、Ｎ13、Ｃ11、Ｆ18など）で標識された化合物を注射して、核種の崩壊にともなって生じる陽電子（ポジトロン）を測定し、コンピューターを用いて三次元画像を合成するというもので、脳内の代謝や血流量の変化を見ることができる。しかし、こちらは放射線を使うので、使用に制約がある。そのため、脳内の活動を調べるための新しい手法として、機能的核磁気共鳴画像（ｆＭＲＩ）が一九九〇年代に開発された。この原理は脳の神経活動があると酸素が消費されるため、血流量が増加し、ヘモグロビンの構造変化によってＭＲＩ像が変化することを利用したもので、高速撮影によって詳細な画像をつくり、脳の活動部位を見ることができる。

この手法で、被験者にさまざまな指示を与えたときの脳の反応から、視覚や記憶に関して、どのような領域で神経活動が起こるかが明らかにされている。

## ❖脳と意識の科学――多くの脳科学者（脳科学者というのは日本独特の表現で、欧米では、ふつうneuroscientist、すなわち神経科学者と呼ばれる）たちが喧伝するほど、心と脳の問題は解明されていない。

前項で述べたように、外からの刺激に対して、脳がどのように対応するかは、解剖学的・神経生理学的に観測可能だが、それと意識ないし心との対応関係は、それほど明らかではない。ここでは、その問題に関連する二つの出来事について紹介しておこう。

一つは、一九八三年に、ベンジャミン・リベットがおこなった実験で明らかになった現象である。すなわち、脳の電位変化を測定できるモニターを装着した被験者に、指を動かそうと思いながら指を動かすように求めたとき、脳が実行を意図したときより〇・三五秒早く運動準備電位が生じ、実際の動きは意図してから〇・二秒後だった（指を動かす〇・五五秒前に準備電位が発生していたことになる）。意図よりも早く、無意識の意思決定がなされているのである。リベットは、これをもって、自由意思は、自発的な行動を起動せず、無意識に脳で起動された過程を制御できるだけ（実行の〇・二秒前までなら意識によって実行を停止できる）だと主張した。人間はたとえば皮膚への単純な刺激を与えられたとき、刺激を意識するのは〇・五秒後なのだが、実際にその時刻に起きたように知覚される。つまり、脳はいま受け取った情報を現実に起きた時間に受け取ったように処理するから、実際には事後的なものであるにもかかわらず、自分の意思でおこなったように思うというのが、リベットの説明である。

彼の実験および解釈にはさまざまな異論があるが、もっとも根本的なものとしてダニエル・デネットの批判がある。デネットは『解明される意識』において、そもそも、主観的感覚や意識は脳内の空間的にも時間的にも広域にわたる現象であり、一つのニューロンの神経活動やインパルスで測定できるようなものではないという。これは、神経科学的に脳内現象を解明するに際しての根本的な批判でもありうる。

もう一つは、以下に述べるミラーニューロンの発見である

## ❖ミラーニューロン——意識の起源に関して、ニコラス・ハンフリーは、社会生活を営む類人猿が、相手の気持ちを推測する唯一の手段として、自らの気持ちの動きを見つめることだったのではないかと述べている。認知科学では、相手の気持ちを忖度（そんたく）して自身の行動をおこなう能力を「心の理論」と呼ぶ。この行動をしているときの脳の活動を調べると、前頭葉内側部と腹側運動前野に活性が見られる。

この腹側運動前野にミラーニューロンと呼ばれる一群の細胞が存在することを、イタリアのジャコモ・リッツォアッティらが明らかにした。彼らはブタオザルで、手の運動に特化したニューロンを研究していて、ものを摑むといった動作をするときに活性化するニューロンを調べていたが、このニューロンが、他のサルや人間がものをつかむのを見たときにも活性化することを発見した。つまり、他人の行動を見るだけで反応し、あたかも相手の行動を脳内でコピーしているかのようなので、ミラーニューロンと名づけられることになったのである。

ヒトでも、他の人間の動作を見ているだけで、腹側運動前野のニューロンに活性がみられ、このことが相手の心の動きを推測する、つまり心の理論において重要な役割を果たしている可能性はあるが、そう断定するだけの証拠はいまのところまだ集まっていない。

脳は動物にとって、とりわけ人間にとって、うまく世の中を生き延びるために不可欠なものである。しかし生物は、単に生き延びるだけでなく、自らの遺伝子を次世代に伝えなければならない。それは「繁殖」の仕事なのである。

## 【ハ】繁殖　はんしょく　reproduction, breeding

生物の個体あるいは集団（個体群）が生殖によって数を増やすことをいうが、じつは「生殖」も英語は同じ **reproduction** で、意味の上では大きなちがいはない。あえていえば、生殖が生命の継続性に重点があるのに対して、繁殖は数が増えることに重点があることくらいだろう。後者の側面をさらに強調すれば、増殖（**propagation, multiplication, proliferation**）ということになる。**breeding** のほうはもっぱら農学方面で使われるもので、（家畜やペットの）子を増やすという意味合いが強い。**reproduction** は直訳すれば再生産だから、こちらのほうも起源は農業的なものだったのかもしれない。

『旧約聖書』の「産めよ、増えよ」という言葉を誰しも一度は耳にしたことがあるはずだ。その言葉を真に受けたのか、人間はとうとう人口七〇億にも達してしまい、二〇五〇年には九〇億に達するだろうと予測されている。しかし、正確にはこの言葉は「産めよ、増えよ、海の水に満ちよ、鳥は地の上に増えよ」（「創世記」、第一章二二節）であり、人間だけでなく、すべての生物に向けられたものである。

個体数を繁栄の指標と考えれば、どんな生物にとっても、多ければ多いほどいいということになるが、無限に多くなることはできない。食物と生活空間という制約があるため、特定の場所にすめる生物の個体数は限られる。自然状態では数個体から出発した集団は最初のうち指数関数的な増え方をするが、個体数が一定以上になると頭打ちになり、縦軸を個体数、横軸を時間にとったグラフを書くと、S字状のシグモイド曲線になる。このことは、地球上にすむ動物の全体についてもいえることで、地球が収容できる数にはおのずと限界がある。人類がこれほど膨大な人口を擁することができるようになったのは、文明の発達によって、農業生産性を飛躍的に高めることができたからにすぎない。しかし、それにも限界があることは言うまでもない。

### ❖無性生殖と有性生殖

――生殖には、分裂や出芽といった形で分身をつくっていく無性生殖と、雄の精子と雌の卵子の受精による有性生殖とがある（精子と卵子の進化については、「卵」の項で説明する）。ただ数を増やすというだけなら、無性生殖のほうがはるかに効率的で、無用なエネルギーを浪費することがない。それなのになぜ、多くの生物は有性生殖をするのだろう。性の起源については諸説（ゾウリムシ研究者である高木由臣は、有性生殖の起源は性とは無関係で、遺伝子機能の安全保障とチェックのための二倍体と一倍体の交替という生活史周期にあるとする興味深い仮説を立てている）があるが、有性生殖が無性生殖のもつ弱点を克服したという点では意見が一致する。無性生殖の繰り返しは、遺伝子複製の際のコピーミスによって遺伝情報の劣化をもたらすだけでなく、害敵や環境の変化に対応できるような変異を生みだすことができない（有性生殖の進化的な利点を説明する「赤の女王」仮説では、微生物の攻撃から身を守るためにはたえず変異しつづけなければならないから性ができたとされる）。有性生殖では、コピーミスが修正されるだけでなく、生殖細胞をつくるときの減数分裂および受精の際に起こる遺伝的な組み換えによって、両親のもつ遺伝的素材がシャッフルされ、誕生した新個体は親とは異なった遺伝的組成をもつことができる。それは、細菌などの病原体に抵抗できる変異個体の出現を可能にする。また有性生殖は子供世代に遺伝的変異をつくりだすことによって、自然淘汰を可能にし、進化を可能にしたのである。言い換えれば、もし有性生殖がなかったら進化は突然変異しか頼ることができず、その歩みは現在とはまったく異なる様相を呈したことだろう。

無性生殖をする生物は、この問題をどのように克服しているのだろう。細菌などの微生物は、その旺盛な増殖能力で、数によって情報劣化の埋め合わせをするだけでなく、むしろつぎつぎと突然変異個体を生みだすことで、宿主の対抗手段の裏を掻くことができる。しかし、それだけでは限界があるため、有性生殖と似たような機構を進化させている。大腸菌などの細菌のなかには、細胞質に性決定因子（F因子と呼ばれるもので、実体は環状二本鎖DNA）もつものがあり、こちらが雄株、もたないものが雌株とされる。雄株は雌株と接合して自分の染色体の一部やF因子そのものを雌に送り込み、遺伝的組み換えを引き起こす。こうした組み換えが起こる頻度は通常一〇万回に一回という低い頻度であるが、このF因子が雄の染色体に組み込まれた状態になっているHfr菌株では、その頻度は一〇〇〇倍以上高くなる。

ゾウリムシやミドリムシのような原生生物も、接合という有性生殖の過程をもっている。ゾウリムシは、ふだんは無性生殖を繰りかえしているが、一定の分裂回数を重ねると、二個体が合体して、きわめて複雑な手順を踏んで、両者の遺伝情報の組み換えをおこなった後に、あらたな遺伝情報をもつ二個体として復活するのである。

### ❖世代交代

——そうした無性生殖と有性生殖の切り換えを、もっと体系的におこなうのが世代交代である。コケ植物や藻類をはじめとして、多くの植物は、胞子で繁殖する時期と配偶子で繁殖する時期という形で、生活環のなかに無性世代と有性世代をもっている。ふだんは地下茎で無性的に増殖するタケが何十年に一度開花するというのも一種の世代交代とみなすことができる。動物でも世代交代をするものが知られており、じつは世代交代という現象がはじめて見つけられたのは、サルパと呼ばれる原索動物においてであった（発見者は、『影をなくした男』で知られるドイツの文学者で、博物学者でもあったアーデルベルト・フォン・シャミッソーである）。ただし、植物の世代交代では無性世代の核が半分の数の染色体しかもたない（有性世代は2n、無性世代はn）であるのに対して、動物の場合は、配偶子はnであっても、無性世代も生物個体の細胞は2nであるというちがいがある。動物における世代交代の典型的な例は、刺胞動物に見られる。クラゲ類では幼生のポリプが無性生殖し、成体は有性生殖をする。

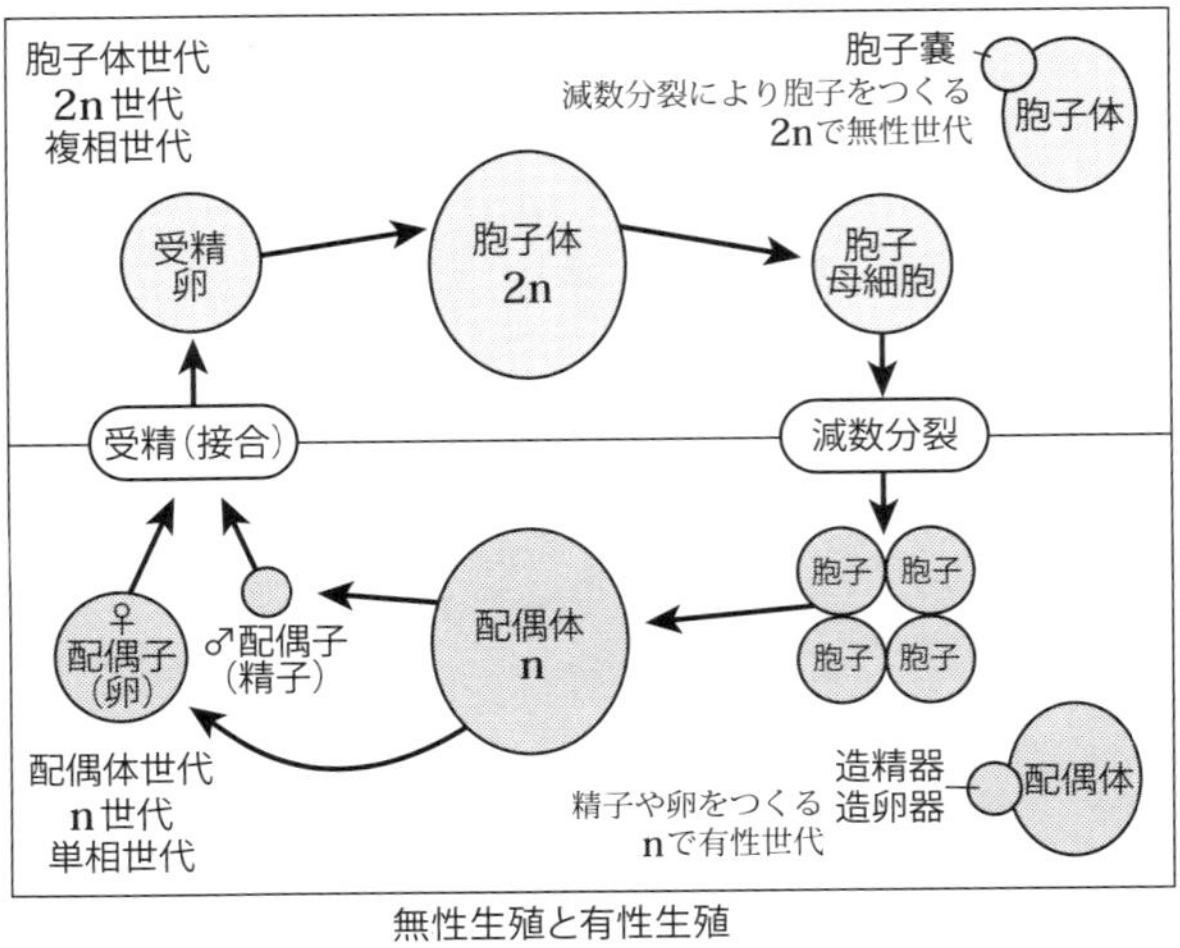

無性生殖と有性生殖

有性生殖をする生物でも、すべての体細胞は一個の受精卵からの分裂によって生じる。この過程は無性生殖と同じことだから、コピーミスの蓄積という問題がつきまとう。多少のコピーミスは自分で修復する能力を備えている（実際に単為生殖で存続している種もある）が、分裂回数が増えると、もはやそうした修復能力ではカバーしきれなくなる。そのため、一般に細胞は一定の分裂回数を重ねると死ぬ運命にあり、それが細胞の寿命である。細胞の寿命のメカニズムについては、「老化」の項で説明するが、生命の存続、あるいは種の存続という観点からすれば、これは不都合な事実である。そこで、生殖細胞だけは少ない分裂回数で停止し、生殖期まで特別な場所（生殖器官）にしまっておくという方策が生まれたのである。

### ❖植物の受粉

——植物の典型的な有性生殖は被子植物、つまり花をつける植物に見られるが、裸子植物（ソテツ、イチョウ、マツ、スギの仲間）やシダ植物も広い意味の有性生殖をする。それ以外の菌類など、胞子をつくって繁殖する植物でも、胞子が減数分裂によってつくられる場合には、有性生殖とみなすことが可能である。

被子植物では、生殖器官は花であり、精細胞はおしべ（花粉の入った葯または花粉嚢とそれを支える花糸からなる）の花粉のなかにあり、卵細胞はめしべ（柱頭とその基部にある子房からなる）の子房内にある胚珠で形成される。胚珠で両者が合体して受精（受粉）すると、卵細胞は成長して種子となり、子房は果実となる。同一個体内で起こる受粉は自家受粉、他個体とのあいだのものは他家受粉と呼ばれる。自家受粉は一年草などに見られるが、一種の近親交配であり、不都合な遺伝的形質が出現する（近交弱勢）危険性がある。多くの植物は、自家受粉を防ぐためのさまざまな機構（自家不和合性、雌雄異熟など）を備えている。

他家受粉のためには、花粉が他の花まで運ばれる必要があるが、植物自体は動くことができないので、なんらかの媒介者の助けが必要である。植物が採用している媒介手段は、主として、風媒、水媒、動物媒の三つである。風媒は花粉を風の力で飛ばすもので、動物の力を必要としないため、花は地味なものが多い。その半面、運任せであるため、大量の花粉をつくり、花粉そのものも飛びやすい形をとる必要がある。裸子植物はほとんどが風媒である。水媒は水生植物が採用しているもので、水中あるいは水面で咲いた花の花粉が水の力によって他の花まで運ばれる。

動物媒は、花粉や蜜を食べにくるさまざまな動物の体に花粉をくっつけて、別の花まで運ばせることで、受粉を達成するものである。こうした媒介動物は送粉者（ポリネーター）と呼ばれる。現在では二〇万種ほどの送粉者が知られているが、大部分は昆虫（ハチ、アリ、甲虫、アブ、ハエなど）で、ほかに鳥類とコウモリ類、およびサル類、齧歯類、オポッサム類などがいる。動物媒の植物は、送粉者を引きつけるための派手な花の色や、におい、花蜜などの出費が必要だが、花粉を大量につくらなくとも、高い確率で受粉を実現できるという利点もある。一般に、植物と送粉者のあいだには、共進化が起こり、信じられないような適応をもたらす。ダーウィンは、ふつうのガが蜜を吸えないような極端に長い距（きょ）をもつラン（アングレカム・セスキペダレ）について、このような花が進化するためには、この花に適応したガが存在するはずだと予言したが、四〇年以上後に、実際にその条件を備えたキサントパンスズメガが発見された。

❖**種子散布**——種の繁栄という点では、受粉に成功して種子ができるだけでは不足である。親植物の下に種子が落下するのでは、種の維持はできても、分布をひろげることはできない。分布をひろげるためには、種子あるいは種子を含む果実を、できるだけ広い範囲にばらまく必要がある。受粉の場合と同じく、種子をできるだけ遠くまで飛ばす方策として、風散布、水散布、動物散布などがある。

風散布は、風の力で種子を飛ばすもので、遠くまで行けるように、種子にはさまざまな形態的適応が見られる。種子（種翼）や果実の包葉、果皮の一部（翼果）が翼状になっていたり、フウセンカズラのように果実が風船状になっていたりするものがある。タンポポの綿毛のように種子や果実に冠毛をもつものがある。一般に、風散布では軽いことが要件になるので、多くの栄養をもたせることができず、種子はただちに光合成ができる場所で発芽する。水散布は種子や果実が水の流れによって運ばれるもので、水に浮き、耐久性があることが条件になる。歌曲「椰子の実」で知られるココヤシは、水散布の代表的なもので、その実は海水によく浮かび、遠く離れた海岸に打ち上げられて発芽することができ、熱帯アジアの原産であるが、現在では世界中の熱帯に分布をひろげている。

動物散布には、動物の体に付着して分布をひろげるものと、動物に食べられることによって分布を広めるものがある。前者は、俗に「ひっつき虫」と呼ばれる植物が代表的で、果実に鉤状の突起があって、それが体表にくっつくのである（オナモミ、ヌスビトハギ、イノコズチなど）。ほかに粘液を分泌して付着するもの（メナモミなど）もある。動物に食べられて散布されるものには、さまざまなタイプがあるが、一般的には果実を食べたあとに動物が排出する糞のなかに種子が含まれ、種子はたっぷりとした栄養に取り囲まれて発芽する。受粉における動物媒と同様に、植物は動物を誘引するための適応をもっており、果実は甘くて栄養価があるだけでなく、赤や黄色などの森の中で眼につきやすい色彩をしている。

媒介動物としてもっとも数が多いのは鳥類だが、コウモリやサル類など哺乳類も重要な役割を果たしている。アリ散布は、スミレやカタクリなど、種子にエライオソームという付着物を含むもので、アリがこれを食べるために種子を巣まで運び、種子本体をそのあたりに捨てることによって成りたつ。このほかに、リスやカケスなど食物を貯える習性をもつ動物が集めた果実（主としてドングリ類）が、食べ残されることによって発芽するのも、広い意味の動物散布ということができる。

### ❖動物の繁殖行動

――多くの動物では、卵子と精子の出会いに先だって交尾が必要である。海の中に卵子と精子を放出する水生無脊椎動物では、放卵と放精の時期を合わせるだけですむ。しかし、魚類のように大きな運動性をもつ動物では、単に時期を合わせるだけでなく、限られた場所でそうしなければ受精がおぼつかない。そのために、雄は雌に接近し、雌が卵を産んだ瞬間に精子を放出しなければならない。陸上では、精子も卵子も自然に移動することができないので、一般的には雄が雌の体内にある卵子に向けて精子を放出しなければならない。これが交尾ないし交接と呼ばれている行為である。交尾するためにはまず接近しなければならず、そのために、自らの存在を示すための鳴き声や行動が必要で、鳥のさえずりや動物の鳴き声と呼ばれるものは、ほとんどが雄の個体によって発せられる。なぜ雄がその役割を担うかといえば、求愛のための目立つ振る舞いは、敵（捕食者）にも気づかれる大きな危険をともなうからで、そのリスクは雄が背負うほうが理にかなっている。なぜなら、目立ったために雄が死んだとしても、代わりはいくらでもいるからである。雄は一匹いれば原理的に、そこにいるすべての雌を受精させることができるが、雌は受精のあとも胎児や卵を守り育てなければならない。危険に身をさらすことはできないのである。だから、雄が危険を冒すことになるのだ。

自然状態において、ふつう異性は敵対的な存在である。雄が雌の餌食になるというカマキリやクモのような例もあるが、陸上の脊椎動物ではふつう雄は雌よりも体が大きく、危険な存在であることが多い。雄の接近は雌にとっては危害を加えられる、あるいは悪くすれば自分や子供が餌食になるかもしれないという徴候である。したがって、雄の求愛の鳴き声に応えて雌が近づいてきたとき、雄は自分が危険な存在ではないということを示さないと逃げられてしまう。爪や牙はなるたけ見せないようにして、なだめるような仕草をみせつつ、相手の交尾の気分を高める求愛のディスプレイをおこなうのだ。なかにはプレゼントを差し出して相手の気を引くという動物もいる。

### ❖性淘汰――遺伝子の生き残りという観点からすれば、繁殖における雄の戦略はできるだけ多くの雌と

交尾して、より多く自分の子供を増やすということになる。これに対して雌は、多数の雄と交尾しても得るところがない。それよりもしっかりと食べ物を稼ぎ、子供を保護してくれる父親を見つけることが重要である。雄と雌の利害は異なり、雄はあらゆる雌に迫ろうとするのに対して、雌は、いい父親になってくれそうな（すぐれた遺伝子をもつ）雄を選ぼうとする。結果として、配偶相手の相対的な選択権は雌が握ることに

なる。雄は自分が他の雄よりもすぐれていることをなんらかの形で宣伝しなければならない。雄どうしの直接的な戦いで、勝ったものが交尾権を得るというのも、ひとつの形であるが、さえずりやダンスという形で、自分の魅力を伝えるというやり方もある。その際に、クジャクのように美しい色彩を発達させていればより効果的だろう。

じつは、性淘汰という概念はチャールズ・ダーウィンがはじめて提唱したものである。ダーウィンは、鳥類の雄の美しい羽色、ライオンのたてがみ、シカの角、チョウの鮮やかな斑紋など、同じ種なのに一方の性にだけ特殊な形質が発達しているのは、ふつうの自然淘汰では説明できず、異性による配偶者選択の対象として進化したものだと考えた。それを性淘汰と呼んだのである。性淘汰は生存上の意味がないか、あるいは負担となるような形質を進化させることが多いので、そのメカニズムについて説明が必要である。いくつかの理論モデルが出されているが、代表的なものとして、ランナウェイ説とハンディキャップ説をあげておこう。

ランナウェイ説はR・A・フィッシャーが唱えた説で、いったん雄のある形質が雌によって選り好みされると、その形質をつくる雄の遺伝的傾向とそれを好む雌の遺伝的傾向とが正のフィードバックを起こして、実用性を越えて暴走し、極端に大きな角や極端に長い尾羽といったものを生みだすところまでいってしまうというものである。ハンディキャップ説はA・ザハヴィが提唱したもので、不必要に大きな器官や不必要に派手な色彩をもつことが、それをもつ雄の優秀さ（ハンディを背負っても平気だという誇示）の指標として、雌によって選り好みされるというものである。

## ❖配偶型——性差つまり雄と雌の身体的なちがいは性淘汰によって説明されるが、そのちがいの程度は、

どのような配偶様式をとっているかと深くかかわっている。つがいでなわばりをもって子育てする鳥類のような一夫一婦型の動物では、雌雄差はほとんどない。一夫多妻型の動物では、当然ながら、雄どうしの競争は激しいので、雄が派手な色彩をし、体が大きいのがふつうである。一頭の雄が抱え込む雌の数が多いほど、雄どうしの競争は激化するので、性差も大きくなる傾向がある。一夫多妻型の極致であるハーレム型の配偶様式をもつミナミゾウアザラシなどでは、雄の成獣が体長約四・五メートル、体重二四〇〇キログラムに対して、雌の成獣は体長約三メートル、体重六八〇キログラムという著しい性差が見られる。

鳥類の九〇％は一夫一婦型だが、クジャク、セッカ、オオヨシキリ、ミソサザイ、ライチョウ類のような一夫多妻型の種もおり、そうした種では例外なく雄が派手な色彩をしている。驚くべきことに、少数ながら、一妻多夫の鳥類もいる。日本にいるタマシギやツンドラ地帯にすむヒレアシシギ類がそうで、雌は卵を産むと、あとは雄に子育てを任せて、つぎの雄と交尾して産卵するということを繰りかえすのである。この場合には、雌どうしの競争が激しくなるので、雌のほうの体が大きく派手になっている。子育ての役割の逆転に応じて、形態のうえでも、逆転が起こっているのである。

しかし、雄と雌といえども同じ種のはずで、その遺伝的組成は性染色体を除けばちがいはないのに、なぜそうした大きなちがいが出てくるのだろう。それについては、遺伝子が表現型として現れるまでの道筋をたどってみなければならない。

## 【ヒ】表現型　ひょうげんがた　phenotype

生物の形質が遺伝子によって、つまりゲノムによって支配されているのは事実だが、遺伝子構成と表現形質とはかならずしも厳密に対応しない。そのちがいを区別する概念が遺伝子型と表現型である。このちがいをもたらすのは、遺伝子からタンパク質がつくられ、最終的な形質がつくられるまでの経路である。自然淘汰の篩にかかるのは遺伝子型ではなく、あくまで表現型だという点が、進化論的には重要なのである。

❖**優性と劣性**――遺伝子型と表現型が異なる第一の理由は、体細胞のゲノムが二セットの遺伝情報をもつことである。細胞にはふつう、同じ形をした染色体が二本あり、相同染色体と呼ばれる。二本の相同染色体上には基本的に同じ順序で、同じ遺伝子が並んでいるが、少しだけ変異した遺伝子に置き換わっていることがある。染色体上の遺伝子のある場所を遺伝子座と呼ぶが、同じ遺伝子座に位置する異なった遺伝子のことを対立遺伝子（アレル）と言う。もっとも単純なのは二種類の対立遺伝子がある場合で（たとえば、花の色が赤くなる遺伝子と白くなる遺伝子として、かりにこれをAとａで表す）、両親からどういう遺伝子を受けつぐかによって、子供の遺伝子型にはＡＡ、ａａ（どちらもホモ接合体）、Ａａ（ヘテロ接合体）、の三通りの組合せありうる。もしＡが優性、ａが劣性だとすると、ＡＡとＡａは花の色が赤くなり、ａａだけが白い花をつける。言い換えれば、ＡＡとＡａは遺伝子型が異なるにもかかわらず、同じ表現型をもつのである。しかし、相同遺伝子が二つ以上あることもあり、たとえば、モルモットの皮膚の色（メラニン形成量に左右される）については五つの対立遺伝子があって、遺伝的組合せの数は二五通り（５×５）にものぼり、表現型も単純な優劣ではなく、真っ黒から真っ白まで、色調のグラデーションが生じる。

対立遺伝子は、正常遺伝子に突然変異が起きることによって生じるもので、塩基配列が一つ以上ちがっている。塩基配列のちがいから異なったタンパク質（多くの場合は酵素）ができると、表現型にちがいがでる。正常遺伝子一つだけで、つまりヘテロ接合体で必要なタンパク質がつくれる場合には表現型は正常（優性）になるが、正常遺伝子が二つないとタンパク量が不足する場合には、ヘテロ接合体が中間的な形質をとることもある。たとえば、Ａが赤の色素をつくることにかかわる遺伝子だとして、一つだと必要量の半分しかつくれなければ、ヘテロ接合体は中間のピンク色になる。

正常なヘモグロビンＡが突然変異してヘモグロビンＳ（アミノ酸が一つちがうだけ）になっている鎌状赤血球貧血症遺伝子の場合には、ホモ接合体をもつ人は重度の貧血のために成人前に死亡するが、ヘテロ接合体をもつ人は、ヘモグロビンＡとＳをほぼ半分ずつもつので、低酸素のときにだけ貧血症になるため、日常生活に支障はない。それだけでなく、マラリア原虫がこの赤血球では増殖できないので、マラリアが多発する地域では適応的な価値がある。そのために、アフリカ系人種（およびマラリア多発地帯の先住民）には、この遺伝子が自然淘汰によって排除されることなく、高頻度で残っている。

### ❖中立的突然変異

**中立的突然変異**——突然変異が起きる原因の一つはＤＮＡ複製の際のエラーであるが、このエラーは確率的な出来事である。ＤＮＡが複製されるときに、ほどけて一本になったＤＮＡ鎖の四種類の塩基、アデニン（Ａ）とチミン（Ｔ：ただしＲＮＡではウラシルＵに変わる）、シトシン（Ｃ）とグアニン（Ｇ）のそれぞれに、相補的な塩基（ＡとＴ、ＧとＣ）が特異的に結合することによって正確な複製がなされるのだが、これは複製ポリメラーゼによって触媒される化学平衡反応であるため、まちがいが確率的に生じることは避けられない。ほとんどのエラーは修復されるが、一部は変異として残る。さらに、放射線や紫外線、あるいは代謝産物である活性酸素などの環境要因のために生じたＤＮＡの傷（通常は一日一細胞当たり五万～五〇万回起こるが、放射線や化学物質の量によってその頻度は変動する）が原因となる突然変異も起きている（こちらも一定の確率で起こる）。突然変異は進化の過程で蓄積されていくので、特定の塩基配列やアミノ酸配列に注目すれば、一定の速度で変異が生じることになる。それゆえ、塩基配列やアミノ酸配列のちがいを分子時計として利用できるのである。

塩基が一つ置き換わっても、かならずしもタンパク質に異常がでるわけではない。なぜなら、遺伝暗号は四つの塩基をアルファベットとした三文字で書かれるが、組合せは全部で六四通り（４×４×４）あるのに対して、アミノ酸の数は二〇しかないので、いくつかの重複があるからである。遺伝暗号のなかには、最初の二文字だけが重要で、あとは何でもいいというものが多い。たとえば、最初の二つがＣＧであれば、三文字目がなんであれ、すべてアルギニンをつくるし、最初の二つがGGであれば、すべてグリシンをつくる。したがって、三文字のうちの三つ目に突然変異が生じても、アミノ酸レベルの表現型は変わらないのである。

さらに、アミノ酸一つが変わっても、タンパク質の三次元構造に影響のない場合には、その機能は正常タンパク質とほとんど遜色がなく、表現型には差があらわれてこない。実際にこうした表現型に影響のない遺伝子やタンパク質の変化が、中立的な突然変異として、進化の過程で蓄積されており、進化の時間的な経緯を知る物差しとしての役割を果たしてくれるのである。

**❖表現型（表型）模写**——上のような例とは逆に、遺伝子型は変わらないのに、生育条件によって突然変異個体とよく似た表現型をとることがあり、表現型模写と呼ばれる。この現象は、ショウジョウバエの幼虫を短時間高熱にさらしたとき（熱ショックを与える）、突然変異体とよくにた異常が出現する現象を指す。表現型模写は各種の薬品によっても引き起こすことができる。こうしたことが起こるのは、遺伝子によってつくられたタンパク質から、最終的な形質にいたるまでの経路が環境条件によって影響されるからである。低温にさらした場合にも表現型模写が起きる。ヒメアカタテハというチョウは、低温にさらすとオーストラリアヒメアカタテハとそっくりの模様になる。この例では、エクジソン（脱皮・変態ホルモン）とコールド・ショック・ホルモンが関与していると考えられている。

表現型模写ではなくとも、表現型が外部環境の影響を受ける例はいくつも知られている。シャム猫やヒマラヤン種のウサギの特徴は、尻尾や耳、足など、いわゆるポイントと呼ばれる部分が黒いことだが、この一見複雑に見えるパターンはたった一つの遺伝子によって支配されている。こうした個体がもつch遺伝子は、メラニン合成経路の酵素の一つチロシナーゼ遺伝子の対立遺伝子である。この遺伝子によってつくられるチロシナーゼ変異体は温度感受性で、体温の高い部位では酵素活性を失う。そのため、低温部つまり体の末端部でのみメラニンが合成されて、あの特徴的なパターンができるのである。この場合、最終的な表現型は温度条件に左右されるので、低温下で飼育すると黒い部分が増え、高温下で飼育するとほとんど白だけになってしまう。

## ❖表現型の総体としての個体——個別の遺伝子によって発現する表現型の総体が生物の形態や生理をつくっている。

精子との合体で生じた一個の受精卵から、どのようにして生物の体ができあがるかを研究する学問が発生学で、アリストテレス以来の長い歴史をもつ。一七世紀までは、さまざまな種の個体発生を観察し、その形態の変化を記載することが主たる研究内容だったが、植物ではあまり劇的な変化がないので、発生学はもっぱら動物学の専門領域だった。一七世紀に入ると、科学革命の影響を受けて、マルピーギなどによる実証的な研究が徐々に見られるようになるが、一七世紀末から一八世紀にかけての最大のトピックは、前成説と後成説の対立だった。前成説は卵子または精子のなかに、こどもがあらかじめ入っていて、それが姿を表すのが発生だと考えたのに対して、後成論者は、動物の体は、環境の影響を受けながら徐々に形成されると主張した。現代風に読み替えると、遺伝子決定論と環境決定論の論争の先駆けであった。この当時は、顕微鏡の発達によって、個体発生にともなう形態変化を観察できるようになり、後成説が支持された。

受精卵はまず分裂を繰り返してクワの実のような形をした桑実胚（morula）になり、ついで内部に腔所（卵割腔）をもつ中空の胞胚（blastula）になる。やがて胞胚の細胞層の一部が流動して、卵割腔の内部に入り込むことで内部に袋状の構造（原腸）ができ、原腸胚（gastrula）になり、後の消化管になる。原腸の入り口を原口（blastopore）と呼ぶが、これが将来口になるのが旧口動物で、多くの無脊椎動物はこちらである。それに対してそこが将来の肛門になり、口が後に新しくつくられるのが新口動物で、棘皮動物や脊椎動物はこちらである。原腸胚から脊索動物では神経胚、無脊椎動物では各種の幼生が形成される。

原腸ができると胚は、外胚葉、中胚葉、内胚葉という三つの細胞層に分かれる。外胚葉からは神経管や皮膚、中胚葉からは、筋肉、骨格、血管、内胚葉からは消化管、肺、膀胱などの器官や組織が形成される。

二〇世紀に入ると、発生を進化の手がかりと考えるエルンスト・ヘッケルらの比較発生学に対抗して、ヴィルヘルム・ルー（一八五〇―一九二四）らは実験によって個体発生のメカニズムを明らかにしようとする実験発生学を唱道し、細胞分化の決定に関するモザイク卵と調節卵という概念や、ハンス・シュペーマン（一八六九―一九四一）らによるオーガナイザー（形成体）の発見などの成果が見られた。オーガナイザーは胚のなかで、他の組織を誘導する能力をもつ領域のことで、実験発生学の時代には、その本体が何であるか

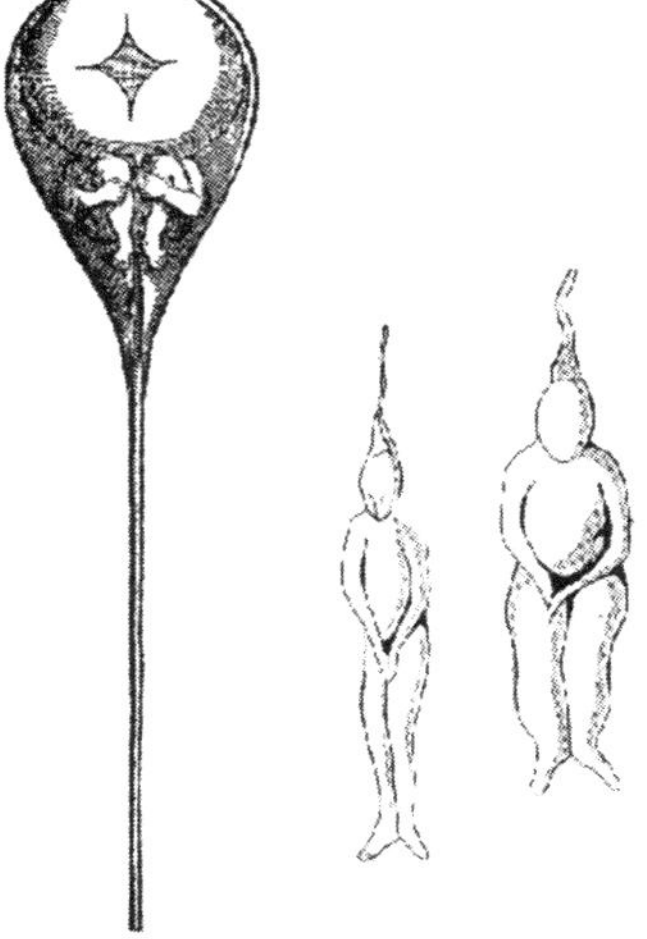

精液の中のホムンクルス（ニコラス・ハートソーカー『Essay de dioptrique』1694年）

を調べる研究がさかんになされたが、成功しなかった（ゲノム時代に入って、その正体がヘッジホッグと総称されるタンパク質であることが確かめられ、それにかかわる遺伝子群も明らかにされている）。

一九五〇年代には、あらゆる側面から発生現象を解明するという意味で、旧来の発生学に代わって、発生生物学という呼び名が登場した。そして、ＤＮＡの発見と、二一世紀に入ってのヒトゲノム計画の成功は、発生を遺伝子発現の問題として捉える進化発生生物学（Evolutionary developmental biology）、略称エボデボと呼ばれる新しい学問を登場させることになった。

**❖ホメオティック遺伝子**——これまで見た表現型の変異は、基本的に一つの遺伝子によって決まるものだった。しかし現実には、一つの表現型に多数の遺伝子がかかわっていることが多い。癌は一般に複数の癌遺伝子（だれもがもっているオンコジーンと呼ばれる遺伝子の変異型）および癌抑制遺伝子の変異が絡んでいる。二〇〇七年に、ジョンズ・ホプキンズ大学の研究チームが乳癌と直腸癌の遺伝子マップを完成したが、それによれば、三〇〇以上の遺伝子が関係していることが明らかになった。この場合には、癌（単一の病気ではないことに注意）という表現型に膨大な数の遺伝子型が対応することになる。

W.ルー

H.シュペーマン

やがて、ヒトゲノム計画の進展につれて、複数の遺伝子に影響を与え、胚発生をコントロールする一連の遺伝子群が発見され、それがエボデボ発展の大きな契機となった。それはホメオティック遺伝子群で、動物の器官や組織の胚発生の道筋を決める役割をもつことから、マスター遺伝子とも呼ばれる。

ホメオティック遺伝子がつくるタンパク質は他の遺伝子のDNAがRNAに転写されるのを制御する因子で、この転写因子によってスイッチが入った次の遺伝子がまた別の遺伝子のスイッチを入れるという形で、連鎖的な遺伝子の活性化を引き起こし（これを遺伝子カスケードと呼ぶ）、最終的に一つの表現型形質が形成される。

ホメオティック遺伝子は眼、触角、翅、胴、腹など、それぞれの器官ごとに存在し、ショウジョウバエではおよそ一〇〇のホメオティック遺伝子が知られている。分子的には、ホメオティック遺伝子はすべて一八〇塩基対からなるホメオボックスという類似の塩基配列をもつので、略してホックス遺伝子と呼ばれる。ホメオティック遺伝子は種に限定されたものでなく、多くの生物で共通している。たとえば、初期に発見されたショウジョウバエの眼のホメオティック遺伝子の一つであるPax6は、プラナリアから、タコ、昆虫、哺乳類まで、広汎な動物に存在し、驚くべきことに、ハエのPax6によって、マウスの眼も、タコの眼も誘導することができるのである。また、シロイヌナズナの花と萼と雄しべ、雌しべの分化が、A、B、Cという三つの遺伝子の組合せで決まることがわかっているが、この三つの遺伝子もホメオティック遺伝子なのである。

ホメオティック遺伝子と遺伝子カスケードによって実現される形質では、ホメオティック遺伝子に突然変異が起こると、触角が脚になってしまうというような大がかりな表現型の変異が起こる。一方で、遺伝子カスケードの個々の遺伝子の突然変異は小さな表現型の変異を生みだす。しかし、ときには、遺伝子の相互作用によって、代替経路が作動して変異が表現型に現れない場合もある。特定の遺伝子がはたらかないようにしたノックアウト動物を使った実験で、そうした例が報告されており、遺伝子型の変異がただちに表現型の変異にはつながらないのである。ホメオティック遺伝子の発見によって、従来、遺伝学的な分析が困難であった発生生物学に革命的な変化がもたらされ、エボデボが生まれたのである。発生とは一個の卵細胞から多数の特殊化した体細胞が形成されていく過程であり、エボデボは、これを、時間の経過とともに、順次、適切な場所とタイミングで細胞の遺伝情報のスイッチがオン・オフされるメカニズムとして記述するものである。

### ❖延長された表現型

——表現型は遺伝子が最終的につくりだすものだと考えれば、それは当の個体の形質に限定する必要がないのではないかというのが、ドーキンスの「延長された表現型」という概念である。ドーキンスは、トビケラの身にまとう巣やビーバーのダムを例にあげ、それをつくる行動が遺伝的に決定されているのなら、これも広い意味の表現型と考えていいと述べ、さらに捕食寄生者による宿主の操作さえも、この概念によって、扱えるのではないかと主張している。

そうだとすれば、フェロモンの作用も延長された表現型の一つであるかもしれない。

## 【フ】フェロモン pheromone

動物の体内でつくられ、体外に放出され、同じ種の他の個体の行動や発育に影響を与える化学物質の総称。もともとはエクトホルモンと呼ばれていたが、一九五九年にP・カールゾンとA・F・J・ブテナントが、伝達するという意味のギリシア語 **pherein** にホルモン **hormone** をくっつけて、フェロモンという呼び名をつくり、それが定着して現在にいたっている。この呼び名からもわかるように、フェロモンは広い意味のホルモンであり、延長された表現型として体外に影響をおぼすようになったものとみなすことができる（ホルモンについては、つぎの「変態」の項で説明する）。

世間では、フェロモンは性的魅力の代名詞として使われることが多いが、それは性フェロモンのことで、ほかにもいろいろなフェロモンが存在する。フェロモンは昆虫類の生活において重要な役割を果たしているので、もっともよく研究されているが、その他の動物にも存在することがわかっている。機能の点からリリーサー・フェロモンとプライマー・フェロモンに大別される。

❖**リリーサー・フェロモン**――フェロモンを受けとった個体に特有の行動を解発するもの（リリーサー）で、性フェロモン、警報フェロモン、道しるべフェロモン、集合フェロモンなどがある。

フェロモンの代名詞ともいえる性フェロモンは、その名の通り、性的誘因物質であり、雌雄の出会いを可能にするものである。初めて化学的な性質が明らかにされたのはカイコガのボンビコールで、化学的には炭素一六個からなるアルコールの一種で、その合成経路も明らかになっている。昆虫では一般に雌が腹部末端のフェロモン腺から空気中にフェロモンを分泌する。雄の触角の感覚毛には微量のフェロモンでも感知するセンサーがあり、それに引かれて、雌をなだめるフェロモンを発しながら接近し、交尾に至る。ただし、性フェロモンを何キロメートルも離れたところからでも嗅ぎつけるというのは神話で、実際の有効距離は数十メートルで、ランダムに飛行しながら、フェロモンを感知できる範囲に入ってから反応するだけである。マダラチョウ類やヤガ類では、雄が尾端や腹部にあるヘアペンシルと呼ばれる毛の束を突きだして、雌の頭に性フェロモンをこすりつける。雌はそれに反応して地上に舞い降りて交尾が始まる。

性フェロモンは昆虫だけでなく、魚類や両生類にも見られ、サケ科の魚類キヌレリンや、イモリのソデフリンといったフェロモンについては、くわしく研究されている。哺乳類にも類似の作用をもつものがあり、性フェロモンと呼ばれる。しかし、昆虫のような機械的・反射的な反応を引き起こすわけではないので、性ホルモン様物質と呼ぶ方が正確だろう。ジャコウジカ、ジャコウネコの麝香（じゃこう）腺や、スカンク、イタチの肛門腺などから分泌される物質はフェロモン的な性質をもっている。哺乳類では原則として雄が情報の送り手である。世界的な珍味であるトリュフをブタに探させるのは、このキノコにブタの雄のフェロモンと同じ物質

が含まれ、雌ブタがそれに誘引されることを利用したものである

警報フェロモンは、侵入者や敵の接近を知らせるフェロモンで、社会性昆虫（アリ・ミツバチ・シロアリなど）のほか、アブラムシ類やカメムシ類などに見られる。分子量の小さな揮発性の物質で、有効範囲も狭いが、種特異性がなく、他種の昆虫も反応する。道しるべフェロモンは、社会性昆虫が食糧を見つけて巣に戻る途中に、その道につけていく分泌物である。ミツバチではナサノフ腺から分泌される。集合フェロモンは、集団で生活するカメムシ類、ゴキブリ類、ドクガ類の幼虫、さらには群れで生活するゴンズイなどの魚類が分泌するフェロモンで、これに誘引されることで集団が維持される。この性質を利用して、合成集合フェロモンでゴキブリを集めて駆除する方法もある。

**❖プライマー・フェロモン**――受けとった個体に生理的な変化を引き起こすもので、よりホルモンに近い役割をもつといえる。もっとも有名なものはミツバチの女王の大顎腺から分泌される女王物質だろう。その主成分はオキソデセン酸とヒドロキシデセン酸で、口移しにこれを与えられた働きバチは、卵巣の発育を抑制されて、王台をつくらない。秋になって女王の分泌量が減ったり、女王がいなくなったりすると、働きバチが王台つくりを始める。新女王が誕生して分封（ぶんぽう）が始まるときには、女王物質が集合ホルモンとして、また結婚飛行に際しては、雄を誘引する性ホルモンとしてもはたらく。

女王物質は、社会性昆虫の階級分化フェロモンであり、ミツバチだけでなく、社会性のハチ類、アリ類、シロアリ類にも見られる。

## ❖アロモンとカイロモン

──フェロモンは同種の他個体とのコミュニケーション物質であるが、他種の個体に対するコミュニケーション物質も存在する。それがアロモン（allmone）とカイロモン（kairomone）である。アロモンは送り手に利益があり、受け手にとって不利益なもの、カイロモンは逆に送り手にとって不利益で受け手に利益をもたらすものである。これは相対的な関係なので、同じ物質がアロモンになることもカイロモンになることもある。一般に、植物がもつ昆虫誘引物質や忌避物質はこれにあてはまり、植物にとって有利か昆虫にとって有利かによって区別されるだけである。

多くの植物は昆虫に食べられないための防衛策として毒性成分をもつが、そうした物質はアロモンといえる。しかし、昆虫のなかにその毒素を分解したり、体の一部にため込んで捕食者から身を守る手段にしたりという形で、利用するものがいる。たとえば、集団で大移動することで有名な北米のオオカバマダラは体内に毒をもっているために鳥に食べられることがない。この毒素は、このチョウの幼虫の食草であるトウワタに含まれるカルデノライドという化学物質であることがわかっている。この場合は、カルデノライドは、他の昆虫にとってはアロモンであるが、オオカバマダラにとっては、カイロモンである。似たような関係はウリ科の植物に含まれるククルビタシンという毒素をため込むハムシなどでも知られている。モンシロチョウの幼虫はアブラナ科の植物の毒性成分であるシニグリンを無毒化することができるだけでなく、これを目印として食べるので、やはり、他の昆虫にとってはアロモンであるがモンシロチョウの幼虫にとっては典型的なカイロモンである。昆虫以外の例では、捕食獣を引き寄せる草食獣のにおいはカイロモンということができるし、捕食獣を撃退する際に発するスカンクの悪臭はアロモンということができる。

このほかに、どちらにとっても有利な物質もあり、シノモンと呼ばれる。代表的な例は被子植物と花粉媒介動物（昆虫だけでなく、鳥類や哺乳類も含まれる）の関係にかかわる物質で、これは共生的な関係にほかならない。植物は花や蜜からいい香りを放出することで媒介動物を引き寄せる。これは動物にとっては利益であるだけでなく、植物の側にとっても媒介動物がきてくれなければ繁殖ができないのである。

作用としては本質的にはアロモンと同じなのだが、植物が地中に物質を放出して他の植物の生育に影響を与える場合には、ふつう他感作用（アレロパシー）という言葉が使われる。ヨモギやサルビアの仲間がテルペンという化学物質を分泌して他の植物の生育を妨げるのが典型的な例で、こうした毒性物質の土壌中の蓄積が作物の連作障害（忌地（いやち））や植物遷移の主要な原因の一つと考えられている。傷つけられた樹木が発散するフィトンチッド（phytontid）は、森の香りの主成分であるが、細菌や微生物を殺菌する作用があり、これも他感作用の一つである。

**❖ＳＯＳ物質**――フィトンチッドは、食害を受けた植物が身を守るためにつくる物質だが、食害を受けた植物が食べている昆虫の天敵を呼び寄せる物質をつくるという複雑な関係が、近年、つぎつぎと明らかになっている。ナミハダニに食害されたリママメは、揮発性のＳＯＳ物質（テルペノイド化合物）を放出して、捕食性のチリカブリダニを呼び寄せることが高林純示らによって明らかにされている。またヨトウムシに食害されたトウモロコシやワタも、ＳＯＳ物質をつくり、寄生バチを誘引する。タバコにはオオタバコガやヤボコスズメガの幼虫など数種の害虫がつくが、食害を受けると、それぞれの種に応じて異なったＳＯＳ物質

（組成の構成比が異なる）をつくり、食害している幼虫に特異的な寄生バチを呼び寄せる。

アレロパシーと同じように、食害を受けると、空中にではなく、根から物質を地中に放出して食害者の天敵を呼び寄せる植物もいる。たとえば、ハムシの一種（*Diabrotica virgifera*）の食害を受けたトウモロコシは、SOS物質（セスキテルペン）を放出して、このハムシに寄生する線虫を誘引する。ただし、米国の品種は改良の過程でこの能力を失っており、そのためトウモロコシ栽培には大量の殺虫剤が必要になっている。

こうして、体外に出て他の生物に作用をおよぼすフェロモンおよびフェロモン類似物質を見てきたが、つぎはいよいよ、本物のホルモンが主役を演じる変態について述べるべきときだ。

## 【へ】変態　へんたい　metamorphosis

生物が個体発生の過程で、体のつくりの大がかりな組み換えをすることをいう。形（morphe）と変える（meta）を意味するギリシア語に由来する言葉で、古代ローマの詩人オウィディウスの『変身物語』やアントーニーヌス・リーベラーリスの『変身物語集』の原題と同じである。物語のほうは、さまざまな人物が動物や植物に変身するという神話だが、事実は小説より奇なりというべきか、自然界にも驚くべき変身の例がある。むしろ、変身という概念そのものが、イモムシが美しいチョウに変身するという自然現象からヒントを得た可能性が高い。昆虫の変態は古くから知られ、日本の古典『堤中納言物語』の「虫めずる姫君」にも蝶が毛虫から変態することが正しく記述されている。昆虫類の変態がもっともよく知られているが、生物界には、その他にも多くの変態の例が知られている。

❖**個体発生**——すべての多細胞生物は、受精卵というたった一個の細胞から出発しなければならないことはすでに述べた。一個の受精卵から多数の細胞で構成された複雑な成体ができるまでの過程を研究するのが発生学という学問である。生物の発生過程が、小さな部品から大きな機械を組み立てる工程と根本的にちがっている点は、どんな中間段階でもその生物は生きていなければならないということである。生きているというのは、酸素と栄養物を取り込み、それを代謝分解してエネルギーを引き出しながら、体をつくり、老廃物と二酸化炭素を体外に排出しなければならないということである。

与えられた環境で生きていくためには、それにふさわしい体のつくりが必要である。呼吸一つとっても、水中で生活する動物は鰓(えら)がなければならないし、空気中で生活する動物は肺がいる。泳ぐためには遊泳器官が、空を飛ぶためには、翼やはねが必要だ。生物の成体は、さまざまな環境で生活するのに適応した器官をもっているが、卵の時からそれをもっているわけでもないし、生まれたときから、その環境で生活しているわけでもない。

多くの動物は個体発生を通じて、生活環境を変え(たとえば水中から陸上または空中へ)、生活様式を変え(浮游性から定着性へ)、食性を変える(葉っぱから花蜜へ、あるいはプランクトン食から肉食へ)。それにつれて運動器官、摂餌器官、消化器官、排出器官を変えなければならない。そうした変化のために、動物は変態しなければならないのであり、動物界のほとんどすべての門で変態の例が知られている。

### ❖昆虫の変態

――昆虫はその一生のなかで生活様式の劇的な変化をとげるものが多く、さまざまな形の変態がある。卵→幼虫→蛹(さなぎ)→成虫と、もっとも目まぐるしい変態をするものが完全変態で、チョウ、ハエ、甲虫、ハチ、シリアゲムシの仲間をはじめとして多くの昆虫で見られる。このうち、卵から幼虫になるのを孵化、幼虫から蛹になるのを蛹化、蛹から成虫になるのを羽化と呼ぶ。セミ、バッタ、トンボ、ゴキブリなどの仲間は、蛹の段階をもたず、幼虫から成虫に直接羽化するので、不完全変態と呼ばれる。不完全変態の幼虫は、完全変態の幼虫と区別するために若虫（ニンフ）と呼ばれることがある。カゲロウ類は幼虫のあとに翅のある亜成虫（ダン）という段階を経て成虫になる。

不完全変態の昆虫では、トンボなど幼虫期を水中ですごすものに、成虫とまったく異なる形態をとるという例外はあるが、一般的に幼虫と成虫の形態的変化はそれほど顕著ではない。それに対して、完全変態類はイモムシとチョウのように幼虫と成虫が著しくちがった姿をしているものが多い。幼虫の段階は一つではなく、何回かの脱皮を繰りかえして大きくなっていく。孵化直後の幼虫は一齢または初齢幼虫、一回目の脱皮直後のものを二齢幼虫、二回目の脱皮直後のものを三齢幼虫、蛹になる直前のものを終齢幼虫と呼ぶ。

トビムシ類のように幼虫と成虫の形がほとんど変わらないものは、無変態ないし不変態と呼ばれる。逆にツチハンミョウやネジレバネのように、幼虫の齢が変わるときに著しい形態変化を見せるものを過変態または多変態と呼ぶ。過変態をするのはほとんどが寄生昆虫で、宿主にたどりつくのに適した体と宿主の体内で生活するのに適した体は異なるからである。

**❖その他の無脊椎動物の変態と幼生**――昆虫以外では幼虫といわず幼生と呼ぶのが習慣になっている。海産無脊椎動物の幼生はほとんどがプランクトンで、他の水生動物の重要な栄養源になっている。昆虫と同じ節足動物では、ノープリウス幼生からの変態がある。この段階はすべての甲殻類に共通で、そのあと、グループによって固有の名前で呼ばれることがあるが、通常は脱皮を繰りかえしながら、何齢かのゾエア幼生（エビ類ではゾエア期後期のものをミシス、イセエビ類ではフィロソーマと呼ぶ）を経て、しだいに成体に近い体になりながら、メガローパ幼生から変態して稚個体になる。変態の一部は卵のなかで起こり、原始的な甲殻類にはノープリウス幼生で孵化するものもあるが、エビ・カニ類の多くはゾエア期で孵化する。

トロコフォア幼生は、担輪子幼生とも呼ばれ、軟体動物門、星口動物門、環形動物門に共通の幼生で、鈴形ないし球形の体の前端と後端から長い繊毛の束が出ている。この共通性から、これらの門は担輪動物としてまとめられ、さらに、触手冠をもつ動物群をあわせて、冠輪動物として、無脊椎動物の高等グループ（新口動物）に分類されている。

ほとんどすべての無脊椎動物門で変態が見られ、さまざまな幼生が存在するが、そのすべてについて語るのは、本書の性格からして不可能なので、あとはプラヌラ幼生とプルテウス幼生についてだけ、触れておこう。プラヌラは、サンゴ、クラゲ、イソギンチャク類の幼生で、中に細胞が詰まった細長い楕円体である。表面にびっしりと繊毛が生えており、これを用いて遊泳したのち、定着して小型のポリプに変態する。プルテウスは、ウニ

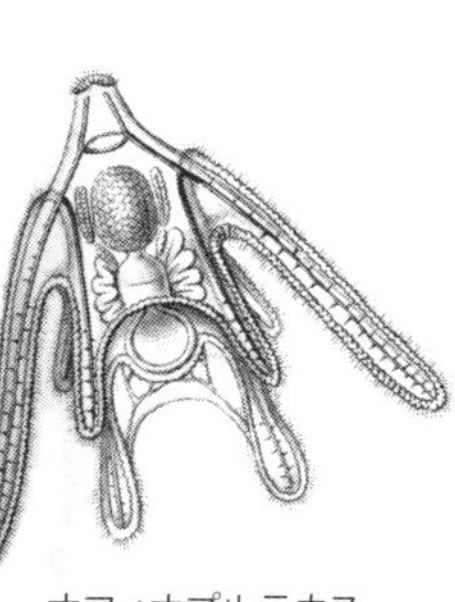
オフィオプルテウス

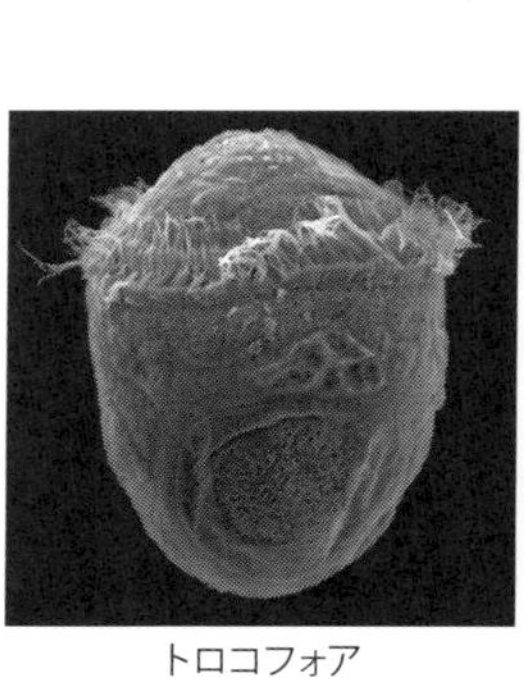
トロコフォア

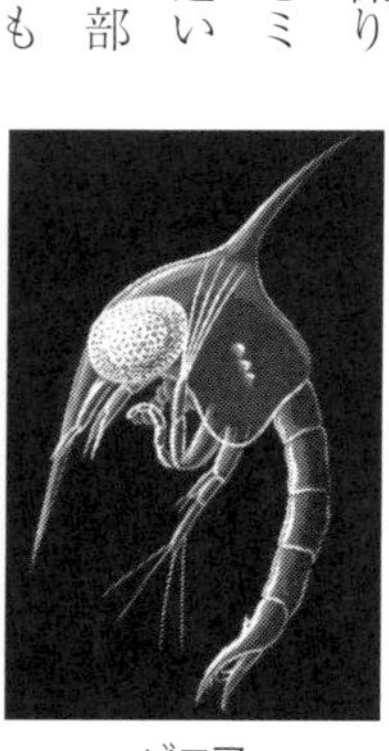
ゾエア

類およびクモヒトデ類の幼生で、成体が放射相称形をなすのに対して、左右対称形で、その進化的な経路をうかがわせる。ウニ類では、この前に三角形をしたプリズム幼生期がある。

## ❖脊索動物の変態と幼生――原索動物にはホヤの仲間である尾索動物とナメクジウオの仲間である頭索動物が含まれ、これと脊椎動物を併せて、脊索動物門が構成されている。ホヤ類の成体を見たかぎりでは、なぜこれが脊索動物に分類されるのかわからない。しかし、そのオタマジャクシ型幼生にはれっきとした脊索が見られ、それが脊索動物とされる理由である。幼生は単独性で、尾で泳ぐことができ、海底にたどりつくと、頭を下にして岩などに固着する。やがて、尾は吸収され、脊索もなくなり、鰓嚢(さいのう)に水を引き込んでプランクトンを濾し取って生きる。

ヤツメウナギ類は無顎(むがく)類(現生のものは円口類だけ)という原始的な魚類で、そのアンモシーテス(幼生)は、頭索動物のナメクジウオに似た形をしているが、ＤＮＡ解析の結果から両者に直接の系統的関係はないことが明らかにされた。成魚はその名の通り、ウナギによく似ていて、眼のように見える鰓孔が八つあるところから、ヤツメという名がきている。幼生は、眼が小さく、皮膚の下に隠れていて、尾の付近にある感覚装置で光を感じる。巣穴に潜って、口のまわりの粘液に絡め取られた小さな生物の破片を食べて生きる。ヤツメウナギ類は幼生の期間が非常に長く、種によって異なるが、三～七年で、寄生性でない成魚は産卵するとすぐ死に、口に吸盤があって他の魚に寄生する種でも一年くらいしか生きない。

硬骨魚類のウナギはヨーロッパでも日本でもなじみの深い食用魚であるが、産卵場が大洋の深海底で数千キロメートルにおよぶ回遊をするため、その生活史はながらく謎に包まれ、卵巣さえ見つからなかった。一九世紀においても、ウナギは甲虫から生まれると信じられていたほどだ。一八九六年になってようやく、ヤナギの葉っぱのような形をしたレプトケファルス（幼生）が確認されたが、じつはこれ自体は一八六三年に発見されていたのだが、別種の魚として学名がつけられていた。レプトケファルスが変態すると、シラスウナギと呼ばれる稚魚になる。ヨーロッパウナギの産卵場は大西洋のサルガッソー海である。日本のウナギの産卵場はグアム島沖のスルガ海山付近であることが二〇〇六年に判明している。

### ❖両生類の変態――変態する脊椎動物はさまざまあるが、もっともよく知られ、もっともよく研究されているのは両生類の変態である。

両生類は大きくカエル類とサンショウウオ・イモリ類にわけられるが、両者ともオタマジャクシ型の幼生をもつが、その変態にはかなり大きなちがいがある。カエルの成体は肉食性であるが、オタマジャクシではプランクトンを中心とした草食性である。生活様式がまったく異なるため、その変態は劇的だ。遊泳用の尾は完全になくなり、鰓は肺になり、歯もなくなり、虫を捕らえやすいように口は大きくなり、もちろん四肢が発達する。食性の変化は消化器官に大きな改変を迫り、草食用の長く渦巻いた腸はごく短い腸に変わってしまう。サンショウウオ・イモリ類のほうは、幼生の段階から肉食性で、変態時には鰓が肺に変わり、骨格と筋肉に多少の変化が見られるものの、あまり大きな見かけの変化は起こらない。

**❖脱皮**——昆虫の変態においては、かならず脱皮がともなうが、変態なしでも脱皮はおこなわれる。堅いクチクラでできた外骨格や外皮に体をつつまれた節足動物や線虫類が成長して体を大きくするには、いったん外骨格や外皮（殻）を脱ぎ捨てるしか方法がないのである。脱皮は節足動物の進化のごく初期に始まったようで、オルドビス紀の三葉虫シュマルディアの、脱皮しながら体節の数がしだいに増えていく九段階の化石が残っている。昆虫ではふつう幼虫期に数回、蛹で一回の脱皮をおこなうが、なかにはカゲロウ類のように一〇〜四〇回も脱皮するものもいる。甲殻類や無翅昆虫は成虫になっても脱皮をおこなう。また線虫類は、生活史のなかでふつう四回の脱皮をおこなうが、変態はしない。

脱皮する前に内部で新しい外皮がつくられるが、まだやわらかく、脱皮してから硬化する。したがって、脱皮直後は敵に狙われるとほとんど無防備になる。幼虫期の脱皮では脱ぎ捨てた殻は消化されて再利用される。

節足動物以外にも、ヘビ類やカエル類の脱皮はよく知られており、また、体の成長がともなってはいないが、古くなった外皮を脱ぎ捨てるという意味では、哺乳類の換毛や鳥類の換羽も一種の脱皮とみなすことができる。

**❖変態ホルモン**——変態や脱皮にホルモンがかかわっていることは、よく知られている。かつては変態ホルモンと総称されていたが、しだいにその作用機序が明らかになり、それぞれに名前がつくようになった。両生類の変態で主役を果たすのは甲状腺ホルモンで、サンショウウオ類では、幼生のままで生殖段階に入るアホロートルに、甲状腺ホルモンを与えると変態してサンショウウオになる。甲状腺ホルモンは、脊椎動物のほとんどがもっており、発生や成長に重要な役割を果たしていて、鳥類の換羽や回遊魚の降海の際に、分泌量が増大することもわかっている。

昆虫および甲殻類の変態や脱皮を支配しているのは、エクジソンと呼ばれるホルモンで、昆虫では前胸腺から、甲殻類ではY器官から分泌される。変態と脱皮のいずれが起こるかは、アラタ体から分泌されるもう一つのホルモン（幼若ホルモンまたはアラタ体ホルモンと呼ばれる）によって決まる。幼若ホルモンが分泌されたあとに前胸腺ホルモンが分泌されると、幼虫脱皮を引き起こし、終齢になり幼若ホルモンのレベルが低下すると、蛹化または羽化を引き起こす。

ホルモンはギリシア語の**hormao**（刺激する）に由来するもので、微量でさまざまな器官の活動を刺激するところからきている。現在では、体内でつくられ、細胞間の情報伝達にかかわる化学物質の総称として使われる（植物についても、同様の機能をもつ有機化合物があり、植物ホルモンと総称されているが、動物のホルモンに比べて、分泌器官や標的器官、および作用機序がそれほど明確ではない。具体的な物質としては、オーキシン、ジベレリン、サイトカイニン、アブシジン酸、エチレン、傷ホルモン、花成ホルモンなどが知られている）。ホルモンを生産・分泌する器官が内分泌器官だが、神経とちがって全身の広汎な部位に同時にしかも、濃度勾配による多様な影響をおよぼすことができるので、変態や成長、あるいは繁殖期や危機的な状況における全身状態の急激な変化（植物における花芽形成）などに適している。

化学的にはペプチド（インシュリン、脳下垂体ホルモンなど）、ステロイド（性ホルモン、エクジソン）、アミノ酸誘導体（アドレナリン、甲状腺ホルモン）のほか、鎖状炭化水素（幼若ホルモン）などであるが、いずれも細胞のホルモン受容体に結合することによって、細胞の遺伝情報の発現に影響を与える。ホルモン受容体は細胞膜にあるもの（ペプチドホルモン受容体など）と、細胞質中にあるもの（ステロイドホルモン受容体など）に大別される。

ホルモンの生産を開始させるのにまた別のホルモンが存在し、前胸腺ホルモンの場合には、昆虫の脳にある神経分泌細胞でつくられる前胸腺刺激ホルモンで、アラタ体にためられて、概日周期の支配のもとで分泌される。甲状腺刺激ホルモンの場合は、もっと複雑で、脊椎動物の脳下垂体前葉から分泌される甲状腺刺激ホルモンの刺激を受けて分泌が促進されるのだが、甲状腺刺激ホルモンそのものも、視床下部にある神経分泌細胞でつくられる甲状腺刺激ホルモン放出ホルモンによって、分泌を促進される。どちらの場合も神経分泌細胞から分泌されるペプチドホルモンが引き金になるのだが、これらは脳神経系の支配を受けている。全体として神経系と内分泌系が複雑なフィードバック・システムを形成していて、外部環境の変化（季節の変化や昼夜の変化）を感知して、全身の状態を調節しているのである。

脱皮の際には、どんな動物は無防備になり、敵に襲われるとひとたまりもない。それを避けるために動物が頼るのが、保護色の発達という方策である。

## 【ホ】保護色　ほごしょく　protective coloration

周囲の色によく似ていて、存在を目立たなくしている動物の体色。隠蔽色あるいはカムフラージュとも呼ぶ。ただし、視覚よりも嗅覚に頼る捕食者が少なからずおり、そういう動物には保護色は効果がない。命を狙われる怖れのある動物が、できるだけ目立たないことは、生存上の価値があるが、捕食者にとっても、自分の姿が目立たないのは都合がいい。獲物に近づく前に気づかれてしまえば、狩りは成功しない。あるいはじっと身を隠して、たまたま通りかかった獲物をパクリとやるというやり方をする捕食者にとっても、相手に気づかれないことは大切である。というわけで、いささか形容矛盾だが、捕食者の隠蔽色も保護色と呼ばれることがある。

一般的に、生物の体やその一部が他の生物や周囲の環境と似ていることを擬態と呼ぶ。この言葉は、生物が主体的にそうしているかのような印象を与えるが、実際には、生存競争で効果がある場合に、そうした擬態をもつ個体が生き残ることで、自然淘汰を通じて、結果として進化したにすぎない。擬態は、見つかりにくくする隠蔽的擬態（mimesis）と、わざと目につくようにする標識的擬態（mimicry）に大別される。保護色は隠蔽的擬態の一種である。

**❖身を隠す擬態**――隠蔽的擬態には体色と行動の両方が含まれる。どんなに背景に溶けこむ体色をしていても、動きまわったのでは捕食者に見つかってしまう。隠蔽的擬態をする動物の多くは、地面、砂底、岩の上などでじっと動かずにいることが多い。しかし、木の葉や小枝に擬態した種が、まるで風でそよぐような動きをしたり、ハチに擬態したカミキリがアリそっくりのせわしない動きをしたりして、効果を高めることはある。

もっとも単純な保護色は、背景の色に似せるもので、砂浜にすむカニや、海底にすむヒラメやカレイの模様と色を思い浮かべてもらえばいい。木の肌につく昆虫が木肌色をし、葉っぱのうえにすむ昆虫が緑色をしているのもそうである。さらにいえば、ホッキョクグマやホッキョクギツネの白い毛も、氷原や雪原では隠蔽的な効果をもつ。複雑なものとしては、木の葉に似せたコノハムシやコノハギス、枯れ葉に似せたカレハカマキリ、コノハガエルやコノハウオ（これは枯れ葉に擬態して近づいてきた獲物を食べる）、木の枝に似せたナナフシやパプアガマグチヨタカ、あるいは海藻に似たタツノトシゴといった例がある。これらの例はあまりにもみごとな擬態であるため、しばしば神による創造のせいにされるが、長い進化の歴史がつくりあげたものにすぎない。

動物界にひろく見られるが、あまり知られていないのがカウンターシェイディングという擬態である。平面的なものと立体的なものを見分ける手がかりは影で、立体ならば光の当たらない側に影ができる。それを逆手にとって紙の平面上に描いた図にうまく影をつけてやると、立体のような錯覚を与えることができる。海の中の魚や空を飛ぶ鳥は、下から見上げられることが多く、均一な体色をしていれば、腹側が下にくるので黒く見え、捕食者は獲物に、獲物は捕食者に、その存在をたやすく察知されてしまうだろう。それに対する方策が、腹側を白くして、グラデーションをつくりながら背面を濃い色にするのが、カウンターシェイディング、つまり自然にできるのと逆の影をつけ、下から見たときに判別しにくくする色なのである。ほとんどの遊泳魚や鳥類、海生哺乳類はこのパターンをもっている。この効果を逆の形で裏づけるように、背と腹を逆さにして泳ぐサカサナマズという熱帯魚では、腹が青く背中が白くなっている。

　地上でも腹側に影ができると目につきやすいので、シカなどの陸生哺乳類で腹側は色が白くなっている。単に、自然と逆のグラデーションをつけるだけでなく、腹に発光器をもっていて、光でカウンターシェイディングをしているホタルイカのような例も知られている。

　錯覚を利用するもうひとつのカムフラージュが分断色で、派手な縞（しま）模様などによって、体の輪郭をぼかすものである。群れで泳ぐサンゴ礁の小魚には派手な縞模様をもつものが多いが、それによって、捕食魚は特定の個体に狙いをつけるのがむずかしくなるのである。シマウマの縞模様も同じ効果をもつ。一方、トラのような大型捕食獣の縞模様も、丈の高い草原では、体の輪郭をうまく隠してくれる。パンダ、マレーバク、シャチ、カマイルカなどの白黒のツートンカラーも分断色の機能をもっていると考えられている。

❖**体色変化**——環境にあった体色は、環境が変われば用をなさなくなる。たとえば、青虫が茶色の地面に落ちれば、非常に目立ってしまうので、大急ぎで葉っぱに這いもどらなければならない。動物によっては、生息場所に応じて体色を変える能力をもつものがいる。枯れた植物の上で越冬するモンシロチョウなどの蛹はふつう褐色だが、夏に羽化する蛹は緑色をしている。この色を決めるのが、モンシロチョウでは温度や日長、アゲハチョウでは触覚刺激（表面がざらざらしていると褐色、すべすべしていると緑色になる）であることがわかっている。

多くの動物は成長につれて体色を変えるが、これも無防備なヒナや幼獣を危険から守るという意味がある。アンデルセンの童話「醜いアヒルの子」にもあるように、鳥類のヒナや哺乳類のこどもは、おしなべて、親とはまるでちがった地味で目立たない色をしている。また、生息する木の葉が紅葉し、枯れ葉になり、またゴマダラチョウのように、新緑を迎えるという季節変化に応じて、幼虫脱皮のたびに体色を変えるという昆虫もいる。季節によって体色を変える例としては、雪国に生息するウサギ、オコジョ、キツネ、ライチョウなどの、白い冬毛あるいは冬羽がある。

そうした長期的なものではなく、移動する場所ごとに素早く体色を変えて、背景の色調に合わせる能力をもつ種が、両生類（アマガエル）、爬虫類（カメレオン）、魚類（ヒラメ）、軟体動物（タコ）、甲殻類（エビ）、昆虫（クモ）と広汎な動物群に見られる。そのメカニズムは神経とホルモンの作用がかかわる複雑なものであるが、瞬間的なものは色素胞の凝集・拡散と、長期的な変化は色素量や色素胞の数の増減によって実現されることが多い。生息環境に似た色にするためにもっともひろく採用されている原理は背地効果で、明るい背地においたときには、黒色素が凝集することによって体色が明るくなり、暗い背地においたときには、黒色素が拡散することによって体色が暗くなるというものである。明暗はもちろんひろい意味の視覚によって感知されるが、明暗以外の、赤、青、緑、黄色などについても、異なる色素胞の関与によって同じことが可能である。実際、ヒラメ類などでは、背地の色調だけでなく、その模様までも瞬間的に模倣することができる。

### ❖おびきよせる擬態——標識的擬態には、相手を引きつけるものと、相手を撃退するものがある。前者

の典型が、アンコウ類の額にある疑似餌だ。これは背鰭の棘が変形してゴカイや小魚のようになったもので、これに釣られてやってきた魚をパクリとやるのだ。同じような手口は、ワニガメや凶暴なカミツキガメも採用している。彼らの舌の上には、ゴカイにそっくりな突起があり、口を大きく開けて、それを動かすことによって、魚をおびきよせる。美しいランの花に擬態するハナカマキリやナナトゲカニグモは、花だと思って近づいてきた昆虫を獲物にする。食虫植物の捕虫葉も花に擬態して昆虫を捕らえる。

おびきよせるのは獲物にかぎらない。たとえば、オーストラリア産のハンマーオーキッドというランはハチの雌に擬態していて、雄をおびきよせることで、花粉を媒介させる。世界一大きな花として有名なラフレシアは、腐ったようなにおいという嗅覚の擬態によってハエなどをおびきよせ、受粉を媒介させる。また口内哺育をする魚類の雄の腹にある卵によく似た模様は、卵だと思って近づき、口に入れようとする雌に放精することによって、受精を確実にするという機能をもっている。狡猾さという点で特筆に値するのはカッコウのような托卵鳥のヒナである。卵そのものも里親の卵に擬態するのだが、孵ったヒナの口の中が、里親の

ヒナの口のなかにそっくり擬態しているのだ。巣に戻った親鳥は、口を開けたヒナのにせの信号に騙されて、餌を与えてしまうのである。

### ❖ひきさがらせる擬態

――植物を含めて、他の動物の餌食になる生物は、さまざまな防御策をもっている。多くの動植物がもつ棘や毒は、その主たる方策であるが、もう一つ色や形で敵を撃退するというやり方である。赤、黒、黄色などの派手な縞模様で、わざわざ目につくような色彩パターンは警告色（warning colouration, 警戒色という表現が使われることもあるが、これは言葉の意味からして適切ではない）と呼ばれている。毒ヘビ、毒ガエル、毒ガ、ハチなどに見られるもので、そうした動物は、毒針や、牙、不快な味やにおいをもっていて、一度食べて、悲惨な経験をした捕食者は、そうした色彩の獲物を食べないよう学習する。つまり警告色は、「私を食べたらヒドイ目に会いますよ」という広告として効果があるのだ。

世の中には、人のふんどしで甘い汁を吸おうとする人間がたえないが、生物の世界でも例外ではない。警告色がうまくいくのなら、毒がなくても同じような恰好をして捕食者をだますことができる。それがベーツ型擬態である。南米の無毒のシロチョウ科のチョウがドクチョウに擬態している例はよく知られているが、ほかにも、スズメバチに擬態したミレシア属のアブや、刺激性の分泌物をだす派手なオレンジ色の肢をもつゴミムシに擬態したグリラクリス属のキリギリスなど、昆虫の世界にはそうした例がいくつも見られる。ふつうベーツ型の擬態種の個体数は、モデルとなった種よりも個体数が少ない。偽物の数が多くなりすぎれば、捕食者がだまされる確率は下がるからである。

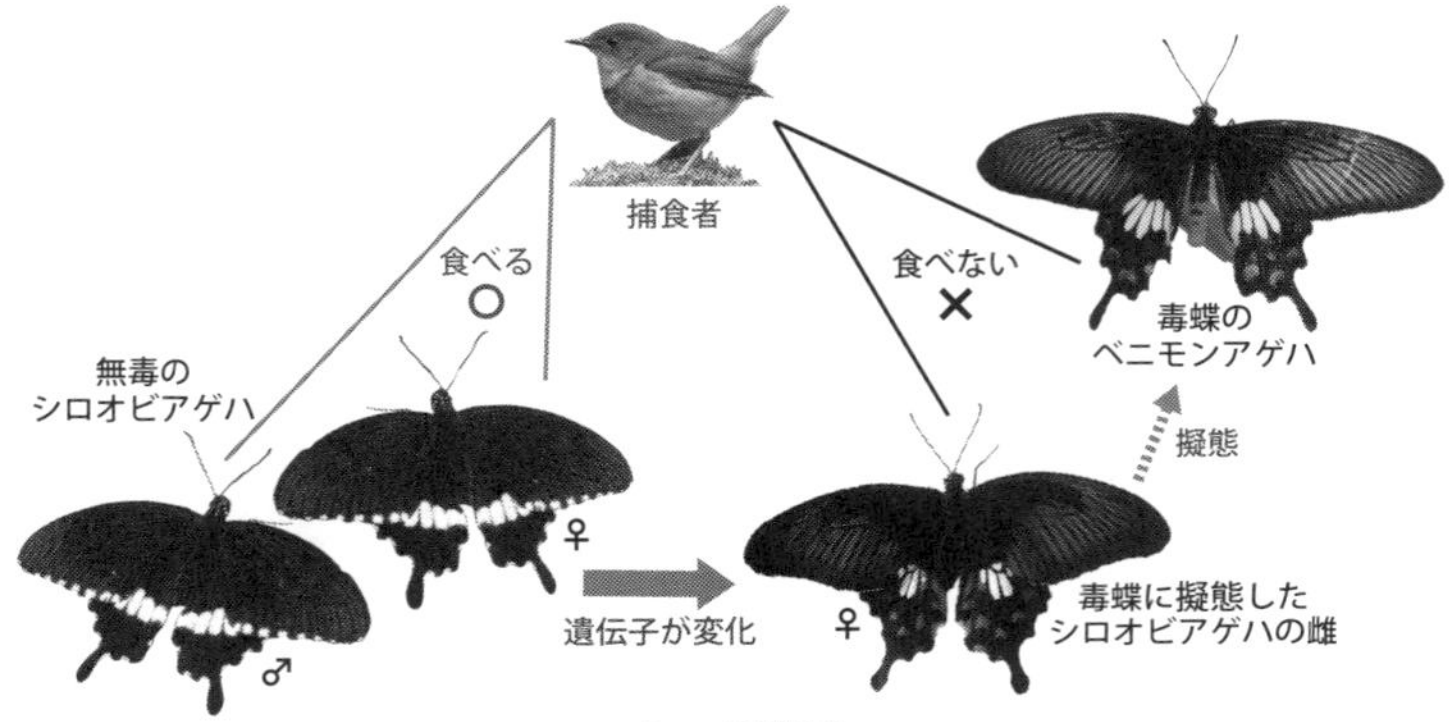


ベーツ型擬態

ベーツ型擬態が有効であれば、多数の種が便乗したとしても不思議ではない。二種以上の動物がよく似た警告色をもっていると、相乗効果によって、お互いに捕食者に食べられにくくなる。そこに偽物が便乗すると、多くの種が同じような擬態をもつことになる。これがミューラー型擬態である。サンゴヘビというのは、赤、黄、黒の目立つ縞模様をもつ南米産の五〇種ほどのヘビの総称で、有毒なヘビも無毒なヘビもいるが、これなどはミューラー型擬態の典型である。また、多くのハチが黄色と黒の縞模様をもち、キリギリス、カマキリ、ハンミョウ、クモ、カメムシなど、多様な昆虫群にアリに擬態したものが見られるのも同じ理屈である。

警告色以外にも相手を引き下がらせるのに有効な擬態がある。たとえば、眼状紋（目玉模様）で、どういうわけか、多くの動物がこれを怖がる、それはカラス除けに目玉模様の風船が使われることでもわかる。とくに昆虫が閉じた翅をパッと開いたときに目玉模様があると、とりわけ効果的なようである。また眼は頭の象徴でもあるため、ジャノメチョウ類や熱帯魚の目玉模様は、ニセの頭を狙わせて、大事な頭を守るという、「はぐらかし」の効能ももっている。

保護色の本来の意義は身を守ることにあるのだが、もっと生物の根元に立ち戻れば、生物の基本単位である細胞を守ってくれているのは細胞膜である。そこでつぎに、膜について考えてみることにしよう。

## 【マ】膜　まく　membrane

膜というのは、非常に一般的な言葉で、何かを取り巻く、厚みが薄いにもかかわらず大きな面積をもつものの総称であり、フィルムやシートも含まれる。生物では器官や組織を覆ったり、隔てたりするもので、横隔膜、角膜、鼓膜、硬膜、皮膜、腹膜、粘膜といった用例がある。しかし、生物学的にもっとも重要なのは、生体膜（biological membrane）である。主要な生体膜としては細胞を包む細胞膜と、オルガネラ（細胞小器官）を包む細胞内膜系がある。

❖**細胞膜**――細胞膜は、単に細胞を外部から隔てて内部を守る物理的な障壁というだけでなく、能動輸送（active transport）を通じて、外部と化学的に異なる環境をつくりだしているという点で、生命にとって本質的な重要性をもっている。内膜系を含めて生体膜のほとんどは、厚さは七〜一〇ナノメートルで、主成分はリン脂質とタンパク質でできている。現在、もっとも広く認められている流動モザイクモデルによれば、リン脂質の親水性の部分が外側に、疎水性の部分が内側にくるように並んで二重膜を形成し、そのなかに流動性をもつタンパク質がモザイク状に分布しているのが基本構造である。流動性はリン脂質の結合の仕方によって影響を受け、それに応じて、タンパク質はこのリン脂質の膜の海に頭を出して泳ぎながら、回転したり、前進後退したり、浮き沈みすることができるというわけである。この膜タンパク質は、後述するように細胞膜のさまざまな機能の鍵を握っている。

動物細胞は細胞膜だけしかもたないが、植物細胞（および原核細胞）には、その外側にさらに細胞壁と呼ばれる被膜がある（かつては、この細胞壁を細胞膜と呼び、本来の細胞膜を原形質膜と呼んでいた）。細胞壁は骨格をもたない植物にあって、体の保護と構造維持の役目を果たしている。成長中の細胞における一次細胞壁と、分化を終えた維管束や厚壁組織などの二次細胞壁が区別される。細胞壁の主成分はセルロースやペクチンなどの多糖類であるが、二次細胞壁では、リグニンやスペリンが沈着し、より強固な支持構造となる。

**❖能動輸送**——細胞膜で隔てられた内と外は、化学的性質においても電気的性質においても異なっているので、そこに濃度勾配（および膜電位）が存在する。勾配のあるところでは物理学の法則にしたがって、物質は濃度の高いところから低いところに向かって自然に拡散していく。これが受動輸送である。受動輸送においては、

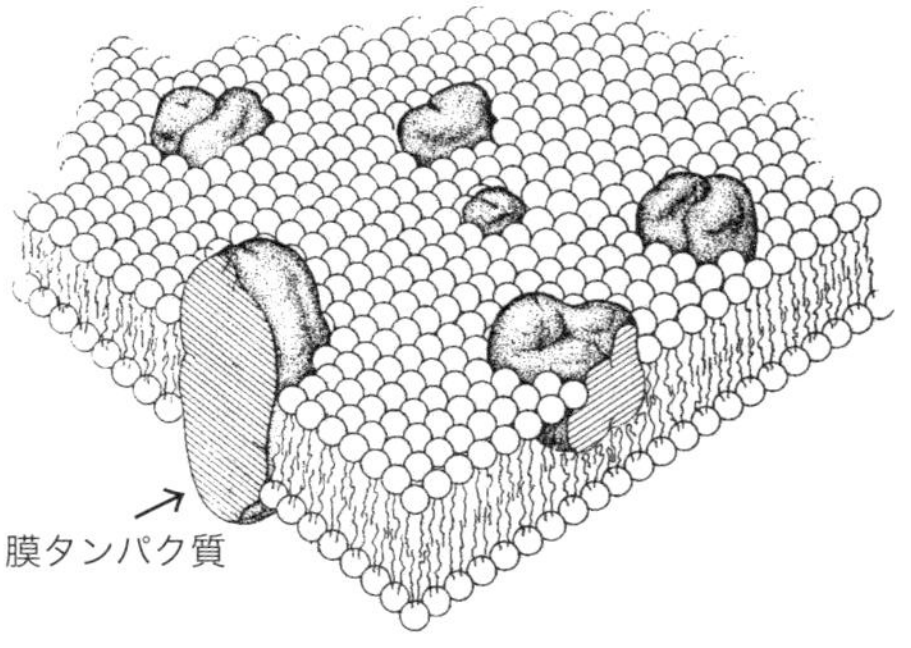


細胞膜
シンガーとニコルソンが提唱した流動モザイクモデル。現在では多様な膜タンパク質が発見され、微細構造も明らかにされているが、基本的な図式は変わっていない。

小さな分子やイオンは細胞膜の編み目を自由に出入りすることができるが、大きな分子は通過できないために半透性（semipermeability）が生じる。一般に溶媒（物質を溶かしている液体）は通過できるが溶質（溶けている物質）は通過しにくいので、細胞外の溶質濃度が高ければ、浸透圧が発生して水分のみが出て行き、低ければ水分のみが入ってくるということになる。腎臓疾患における人工透析はこの原理を利用したものである。細胞膜の浸透性は膜電位などの生理状態によって変化する。しかし、受動輸送に身を任せているだけでは、細胞内の生理的に好適な条件を維持することはできない。そこで、細胞膜の内外の濃度勾配に逆らって、不要なものを排出し、必要なものを取り込む仕組みが存在しており、能動輸送と呼ばれている。

能動輸送の担い手はイオンポンプと総称されるもので、エネルギーを消費して、生体膜の内から外、あるいは外から内に向かってナトリウム、カリウム、カルシウム、水素、塩素などのイオンを汲み上げるところから、ポンプという名がある。イオンポンプの実体は生体膜にある酵素タンパク質で、ポンプを動かすエネルギーは、これらの酵素がＡＴＰを分解することによって得られる。代表的なイオンポンプとしては、ナトリウムポンプ、カルシウムポンプ、プロトンポンプがある。

ナトリウムポンプは高等動物のほとんどすべての細胞の細胞膜にあるもので、ナトリウムイオン（$Na^+$）をくみ出して、カリウムイオン（$K^+$）を取り込む。その実体はナトリウム―カリウムＡＴＰアーゼという酵素で、細胞膜を貫通する$\alpha$、$\beta$という大小二つのサブユニットからできている。$Na^+$と$K^+$が結合したときにのみ、この酵素は活性化され、ＡＴＰ（マグネシウムイオン$Mg^{++}$と結合したＡＴＰにのみ作用するので、$Mg^{++}$も必要）をＡＤＰに分解してエネルギーを得るとともに、酵素の形が変形して、結合した$Na^+$を細胞外へ、$K^+$を細胞内へ送り込む。この酵素は強心剤ウワバイン（αサブユニットに結合する）によって阻害される。カルシウムポンプはオルガネラを包む膜にあるもので、カルシウムイオン（$Ca^{++}$）を取り込むため、筋肉の収縮と弛緩において重要なはたらきをしている。その実体は、カルシウムＡＴＰアーゼという酵素で、ナトリウムポンプの場合と同じく、生体膜を貫通する形で存在し、$Ca^{++}$が結合するとＡＴＰを分解してエネルギーを得ながら、変形して、$Ca^{++}$を膜内に取り込む。筋小胞体のカルシウムポンプについては、詳細な立体構造が明らかになっている。

プロトンポンプはミトコンドリアや植物の葉緑体などの生体膜にあるポンプで、プロトンすなわち水素イオン（$H^+$）をくみだす。細胞の$H^+$濃度は細胞内の酸性度（ＰＨ）を決定するので、細胞内環境にとって重要な意味をもつ。プロトンポンプの実体はプロトンＡＴＰアーゼで、他のポンプと同じように、ＡＴＰ分解のエネルギーを利用して、$H^+$を能動輸送する酵素であるが、逆に、膜外と膜内の$H^+$濃度差を利用して、この酵素によって$H^+$を取り込みながら、ＡＴＰを合成することもできる。ＡＴＰは生物すべてのエネルギー通貨であるため、生体膜のもつプロトンポンプは生命の起源に深く関係していると考えられる。

❖**細胞内膜系**——真核細胞の細胞内には、生体膜で包まれた小さな区画が多数あり、オルガネラ（細胞内小器官）と呼ばれている。いわば細胞内の細胞として局所的な内部環境を維持しているのだが、これには大きくわけて二つのグループがある。一つは、細胞膜と同じような膜に包まれた、ミトコンドリア（↓）や葉緑体（↓）などで、こちらは共生細菌起源と考えられている。もう一つが、小胞体（endoplasmic reticulum)、ゴルジ体、リソソーム、オートファゴソームなど、袋状の膜で包まれたグループである。このグループはそれぞれ内部で独自の物質を生成・分解しているが、相互間および細胞外と物質の交換をおこなう輸送システムを形成しているので、細胞内膜系と呼ばれる。

物質輸送の基本的な形は、送り手のオルガネラの膜の（物質を含んだ）一部が膨れだしたあとくびれて小胞を形成し、その小胞が受け手のオルガネラの膜に結合して、膜内に取り込まれることというものである。内膜系でおこなわれている主要な仕事は、（1）生成したタンパク質の分泌、（2）物質の合成、（3）細胞外の物質の取り込み（エンドサイトーシス）、（4）オートファジーである。

エンドサイトーシスは取り込む対象が固体か液体かによって、食作用（ファゴサイトーシス）と飲作用（ピノサイトーシス）に分けられる。いずれも細胞膜を通り抜けることができないような大きな分子を取り込む方法で、対象物質と接した細胞膜が凹みをつくって対象物を包み込み、細胞内でくびれて小胞となり、やがて内容物は細胞質に取り込まれて分解や変形を受ける。これと逆の過程を経て細胞内の物質を細胞外へ排出するのがエキソサートーシスである。

オートファジーは、異常なタンパク質が蓄積されたり、飢餓状態でアミノ酸の供給が不足したりしたときに、オートファゴソームを形成して、リソソームと融合してアミノ酸に分解する現象である。大隅良典らは一九九二年に酵母菌ではじめてオートファジーを発見し、そのメカニズムを明らかにするとともに関与する遺伝子も特定した。その功績によって、大隅は二〇一六年度ノーベル生理学医学賞を受賞した。

## ❖細胞接着

**細胞接着**——多細胞生物の体をつくり、それを維持するためには、細胞どうしの（および細胞外の基底膜などの結合組織との）緊密な接着が必要であるが、でたらめにくっつきあったのでは、機能的な組織や器官は形成されない。適切な接着相手を選別する目印は細胞膜に存在する膜タンパク質である。二〇世紀の初めに、ホヤやカイメンなどで、細胞をバラバラにしてから培養すると、自然に再凝集してもとの体に戻り、その際、二種類のカイメンや別組織の細胞を混ぜ合わせると、同じ種（あるいは同じ組織）の細胞どうしが別々の塊をつくることが確かめられていた。つまり、細胞は互いを識別しながら接着していくのである。カイメンの場合には、識別分子は酸性プロテオグリカンであったが、一九五〇年代になって細胞培養技術が確立されるのにともなって、さまざまな接着分子が明らかになった。

細胞接着分子研究は、一九七六年のジェラルド・エーデルマンによるＣＡＭ（cell adhesion molecule）や、一九八三年の竹市雅俊によるカドヘリンの発見によって、大きく発展した。その後、カドヘリンには同じ基本構造をもつものが一二〇種類以上あり、組織や器官によって異なることがわかり、カドヘリン（スーパー）ファミリーと呼ばれるようになった。カドヘリンは典型的な膜貫通型タンパク質で、細胞外に出ているＥＣドメインという部分どうしが互いを認識し、カルシウムイオンの存在下で強固な結合をつくる（ＣＡＭの場合はカルシウムイオンの不在下で）一方で、細胞内にある領域(ドメイン)はカテニンというタンパク質を介して、細胞骨格にしっかり結合して足場を固める。

そのほかに、重要な細胞接着分子としては、「免疫」の項で論じる免疫グロブリンファミリーのほか、インテグリンファミリー（基底膜との接着分子）、セレクチンなどが知られている。このように膜タンパク質は、いわば細胞の接着装置としての役割を果たしているのだが、それだけでなく、情報の受け手としても重要である。

## ❖受容体タンパク質

――細胞は、外界および体内からのさまざまな情報を受け取って反応しているが、その受容体の多くは膜タンパク質である。とくにホルモンや神経伝達物質の受容体（レセプター）のほとんどは、Gタンパク質（グアニンヌクレオチド結合タンパク質の略）共役受容体と呼ばれるものである。その分子へリックスが七回細胞膜を貫通するという共通の構造をもっていて、七回膜貫通タンパク質とも呼ばれる。二〇〇〇年に光受容体であるロドプシンの結晶構造がはじめて決定され、その後、同様の構造をもつ膨大な数の受容体の構造がつぎつぎと明らかにされている。

受容体タンパク質の細胞外に出ている受容部（アミノ末端）にシグナル分子が結合すると、細胞内にある部分が変形し、Gタンパク質と共役して、細胞内の酵素の活性を変化させることによって、信号の効果が実現される。ロドプシン以外の主要な受容体としては、アデノシン受容体、アドレナリン受容体、ドーパミン受容体、ヒスタミン受容体、嗅覚受容体、セロトニン受容体、セクレチン受容体、ソマトスタチン受容体などで、それにかかわる一〇〇〇以上の遺伝子が解読されている。

生物における膜の重要性はおわかりいただけたと思うので、次は、オルガネラの代表選手であるミトコンドリアについて見ることにしよう。

## 【ミ】ミトコンドリア mitochondoria

しばしば細胞の発電所という表現が使われるように、ミトコンドリアは細胞内でエネルギーをつくりだす重要な細胞内器官（オルガネラ）であるが、進化や遺伝様式など、生物学的に興味深い側面でも重要な役割を担っている。およそ生物学に関心のある人なら、一度はその名を耳にしたことがあるはずだが、顕微鏡でしか見えないものであるため、研究の歴史は意外に新しい。細胞内のミトコンドリアがはじめて観察されたのは一九世紀の末で、油浸レンズと新しい組織染色の方法が使えるようになってからのことである。一八九〇年頃にドイツの病理学者、リヒャルト・アルトマン（一八五二―一九〇〇）は新しい染色法によって、ほとんどすべての細胞に糸のように連なった顆粒構造があるのを発見し、代謝を担う生命単位であると考え、バイオブラストと呼ぶことを提案した。これこそ最初に観察されたミトコンドリアだった。一八九八年にドイツ人の微生物学者カール・ベンダ（一八五七―一九三二）が、これに、糸状（mitos）の顆粒（chondros）を意味するギリシア語から、mitochondoriaという用語を当てた。

### ❖進化的起源

——ミトコンドリアがもともとは真核細胞内に共生した細菌であったというリン・マーギュリスの細胞内共生説は、いまでは確立した学説となっている。マーギュリスは、単に好気性細菌としていただけだったが、その後のDNA解析などの研究によって、ミトコンドリアの起源となったのが、αプロテオバクテリアと総称される真正細菌類で、もっとも可能性の高いのはそのうちの紅色光合成細菌かリケッチア、とりわけ二〇〇二年に見つかった浮遊性の細菌ペラジバクターの仲間ではないかとされている。最初に好気性細菌を細胞内共生させた始原真核細胞の候補としては、たとえば、ヒトの体内に寄生するギアルディアのような、ミトコンドリアをもたない真核細胞の仲間が考えられる。

真核細胞に呑み込まれて、細胞内で共生するようになった好気性細菌は、本来もっていた遺伝子の九〇%近くを核に奪われ、クエン酸回路と電子伝達系に関係する遺伝子だけがミトコンドリアに残されることになった。しかし、そうした少数の遺伝子がつくりだす代謝のための酵素群は、ミトコンドリアの構造のなかに効率的に配置されている。

R. アルトマン

C. ベンダ

## ❖構造と機能の一体化――ミトコンドリアの典型的な形状は、径〇・五マイクロメートルほどの円筒形であるが、種や細胞のちがいによって、球状や網目状、あるいは紐状のものまであり、長さが一〇マイクロメートルに達するものもある。一つの細胞に含まれるミトコンドリアの数はさまざまで、原始紅藻類のシアニジウムは一つしか持たないのに対して、カエルの卵細胞には数十万個もある。エネルギーをつくりだすのを仕事にしているオルガネラなので、エネルギー消費の激しい細胞ほどミトコンドリアの数は多くなる。ヒトでは平均細胞一つ当たり三〇〇〜四〇〇個であるが、脳、筋肉、肝臓など代謝の盛んな器官や組織では、数千に達する。

基本的な構造は、全体を包む外膜の内側に内膜があり、内膜の内側をマトリックス、内膜と外膜の隙間の空間を膜間腔と呼ぶ。膜間腔には、ミトコンドリアの機能にとって重要なタンパク質が含まれるが、それらのほとんどは細胞核のDNAによってコードされている。そのうち外膜を通過できないような大きな分子は、TOM複合体と呼ばれる装置によって、細胞質から膜間腔に運ばれる。

内膜の一部がマトリックスに向かって陥入しているのがクリステと呼ばれる特殊な構造で、顕微鏡による断面写真では迷路の壁のように見える。機能的にもっとも重要なのはこの内膜で、酸化的リン酸化、すなわち電子伝達系と共役して起こるATP合成反応に必要な酵素群が、反応を正しく

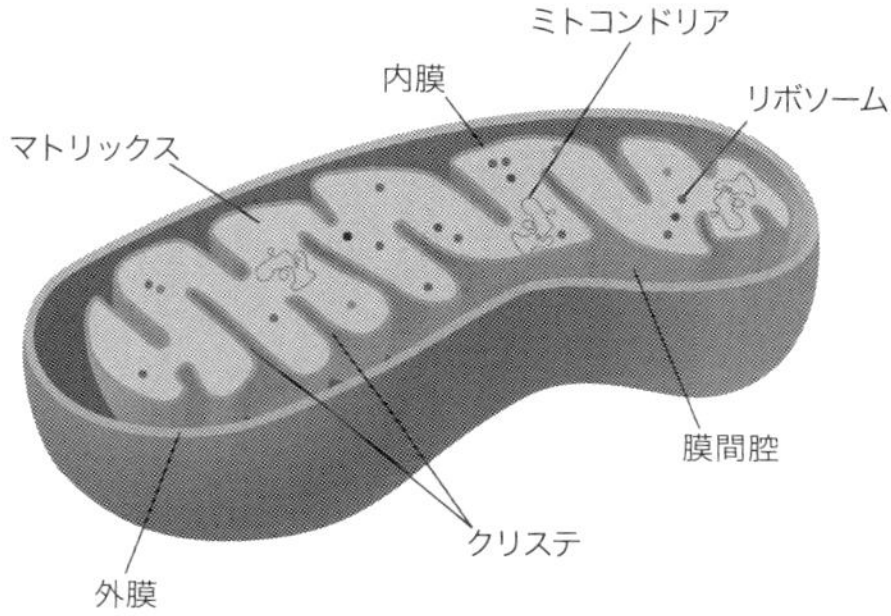

ミトコンドリアの構造

進行させるべく内膜表面に規則的に並んでいる。クリステはＡＴＰ合成能の増大を図るために内膜の表面積を増大させる仕組みである。マトリックスには、クエン酸回路やその他の酵素群が存在するだけでなく、自らの遺伝情報であるミトコンドリアＤＮＡと、それを発現するのに必要な、独自のリボソーム、転移ＲＮＡ、転写因子なども含まれている。

ミトコンドリアは癌細胞などを殺すアポトーシス（プログラムされた細胞死）にも関係している。腫瘍壊死因子など特定の刺激情報を受けると、ミトコンドリア外膜上にあるアポトーシス促進性タンパク質と抗アポトーシス性タンパク質の複雑な相互作用を通じて、シトクロムｃの放出がもたらされる。シトクロムｃはタンパク質分解酵素のカスパーゼを活性化し、一連の連鎖反応を通じてアポトーシスを引き起こすのである。

### ❖ミトコンドリアの増殖――ミトコンドリアは細胞核とは独立のＤＮＡをもち、遺伝暗号は本質的には同じだが、三文字単語の六四通りの組み合わせのうち、七つは細胞核のＤＮＡと異なっている（終止コドンであるＵＡＡとＵＧＡがチロシン、トリプトファンの暗号になっているなど）。ＤＮＡはタンパク質と結合して、細胞核に似た核様体をつくっている。ミトコンドリアの分裂は、この核様体の分裂と、ミトコンドリア本体（基質）の分裂の二段階でおこなわれる。

ミトコンドリアＤＮＡの多くは環状の構造をとっているが、その二重鎖の一端から開始される複製（正しい塩基配列のみが複製される）にあたっては、環状ＤＮＡを一巡りした複製鎖が何度も繰り返され、トイレットペーパーのロールから引っ張り出した紙のように、直線状の多量体反復配列（コンカテマー）ができる。この複製されたＤＮＡ鎖を含む核様体の両端（動原体に相当する部分）がクリステに付着しているため、ミトコンドリア本体の分裂に際して、左右に引っ張られて亜鈴型に引き延ばされる。本体の分裂は、分裂部のリングが収縮することによってなされるが、この分裂装置を支配しているのは、細胞核のＤＮＡで、これによって、細胞の分裂とミトコンドリアの分裂は同調することができる。

細胞分裂が終わり、コンカテマーは娘細胞に入るとただちに区分けされて、多数の環状単量体になるので、同じ塩基配列をもつミトコンドリアＤＮＡが量産されることになる。「卵」の項で述べるように、卵子のミトコンドリアは原則として母親由来なので（ごく稀に父親由来のものがあることが、最近発見されたが、例外的なものである）、ミトコンドリアＤＮＡは母系遺伝をする。

**❖ミトコンドリア病**――ＡＴＰをつくりだす過程で、大量の活性酸素が生じるので、ミトコンドリアＤＮＡはほかのＤＮＡに比べて突然変異を起こしやすい。そのため、ミトコンドリアには、活性酸素の発生を防ぎ、異常を修復する機構があり、また上に述べた複製機構のために、突然変異が起きても、正しい配列のものが圧倒的に多くつくられるために、その影響が最小限に抑えられるが、一定の頻度で変異ＤＮＡが生じることは避けがたい。ミトコンドリアＤＮＡの突然変異が原因で起こる疾患はミトコンドリア病と総称される。一九八〇年代に入ってからようやく研究されるようになった病気で、多くはその本態がよくわかっていないが、脳や筋肉など多くのＡＴＰを必要とする器官に見られ、糖尿病や癌を誘発することがある。

大きな突然変異は通常、複製がうまくいかないので、次世代には遺伝しにくい。一文字変異が原因の場合には、病因遺伝子が複製され、母系遺伝を通じて、子孫に遺伝する。ミトコンドリア脳筋症（MELAS）はその例で、三二四三番目の塩基AがGに変わってしまった突然変異で、このミトコンドリアをもつ人は、加齢とともに、変異ミトコンドリアDNAの数が増えていき、脳卒中に似た発作を繰り返すという症状を発症する確率が高くなる。

**❖ミトコンドリア・イヴ**——ミトコンドリアDNAは、全体が小さい（ヒトの場合でわずか一万七〇〇〇塩基対しかない）ので、全塩基配列を決定するのが比較的容易である。また、一つの細胞中に多数あるため、細胞核のDNAとちがって、微量の試料からでも抽出が可能で、ミトコンドリアDNAを用いて、種の同定や、犯罪捜査における被害者や犯人の特定に利用できる。刑事事件でDNA鑑定と言われているものほとんどは、ミトコンドリアDNAによる鑑定である。

母系遺伝するので、母子関係の確認だけでなく、進化的な母系の系譜の解析にも使うことができる（父系の系譜はY染色体によってたどることができる）。ミトコンドリアDNAは母親から受け継いだもので、さかのぼれば、祖母から、曾祖母から、曾曾祖母から受け継いだものである。したがって、一人の人間のミトコンドリアDNAから、その女系の祖先をどこまでもたどっていくことができる。

カリフォルニア大学のレベッカ・キャンとアラン・ウィルソンはさまざまな人種を含む一四七人のミトコンドリアDNAの塩基配列を解析し、一塩基変異のパターンから、その系統樹を作製し、その結果を一九八七年の『ネイチャー』に発表した。そして、すべての人類のミトコンドリアDNAがおよそ二〇万年前にアフリカに住んでいた一人の女性に由来するものであるとして、彼女をミトコンドリア・イヴと呼んだ。この論文はメディアの注目を浴び、すべての人類の母が発見されたと騒ぎ立てられた。しかし、これは誇大広告で、彼女が全人類の母であったわけではない。『聖書』の記述のように、突然この世にイヴとアダムが出現し、この二人からすべての人類が生まれたというのではない。単に、彼女のもつミトコンドリアＤＮＡのパターンがすべての現生人類の共通祖先型であるということにすぎない。この塩基パターンは、おそらく、彼女とともに生活していた集団の女性全員に共通するものであり、そのさらに祖先がいたのは疑いないのである。

ミトコンドリア・イヴは個人ではなく、集団を代表するものにすぎない。進化において重要なのは個体変異ではなく、集団の変異であることをあらためて強調しておきたい。なぜなら、あらゆる生物は単独で存在することができず、集団の一員として、さまざまな相互作用のもとで生きているからである。動物の場合、生活の単位となる集団は、群れである。

## 【ム】群れ　むれ　group

ふつうは、多少とも統一的な行動をとる同種個体の集まりを指すが、ときには異種の個体が集まって混群が形成される場合もある。群れの生態学的側面を考える場合には個体群 **population** という概念が使われるが、これには個体数という意味もある（人間について言うときには人口）。一方、群れの遺伝学的側面を考える場合には、英語は同じ **population** でも、集団遺伝学 **population genetics** のように、「集団」と訳されるのが慣例である。

❖ **さまざまな群れ**——誰もが知っている童謡「メダカの学校」では、メダカの群れが学校に見立てられている。学校は英語で **school** というが、魚の群れのことを英語ではやはり **school** と言う。作詞家（茶木滋）がこのことを知っていたのかどうか、ずっと気になっていたのだが、先日たまたま、そのいわれが書かれたホームページ（「メダカあれこれ」）を見つけて、長年の疑問が氷解した。それによれば、この曲がつくられたのは昭和二六年（一九五一年）で、茶木さんは前年にＮＨＫの依頼を受け、六歳の息子さんを小田原市郊外の荻窪用水を散歩していて見つけたメダカの群れが素早く身を隠した際の息子さんの言葉を思いだしたのだという。息子さんは「ここはメダカの学校だもの、まっていればまた来るよ」と言ったそうだ。終戦後ののどかな田園風景をしのばせるエピソードだが、どうやら、作詞家には英語のことは念頭になかったようである。もっともこの二つのschoolはまったく語源の異なる単語で、学校のほうがラテン語のスコラに由来するのに対して群れのほうは、もともとから魚などの群れを表すオランダ語由来の中世英語であった。

日本語では相手がどんな動物でも、ほとんどの場合、「群れ」の一言で足りるが。牧畜文化を基本とする英語圏では、動物によって異なった単語が用いられる。魚は先のschoolのほかにshoalもあり、大型草食獣はherd, アザラシやクジラはpod, キツネはskulk, ライオンはpride, オオカミはpack, 小鳥は一般にflockだが、ヒバリやウズラはbevy, 群れが小さいとcovey, ガチョウはその騒がしい鳴き声からgaggle, ハチなどの昆虫の群れはswarmと呼ばれる。ほかにもbatch, clump, cluster, clutch, crop, crowd, gang, rout, troop, band, throng, muster, drove, tribe, mob, broodなど一般的に群れを表す言葉は無数にある。

こうした異なった名前は動物の種類のちがいを言っているだけではなく、群れの性質も反映されている。たとえば、オオカミのpackは緊密な狩猟部隊の編成を表しているので、狩りをするリカオンやハイエナの群れにも使われる。ライオンのprideは雄ライオンの誇らしげな性徴からきたもので、同じように雄の派手さが際だつクジャクの群れにも用いられる。herdは人間によって飼い慣らされた従順な家畜の群れが原義で、侮蔑的な意味合いで人間にも使われる。flockも従順な家畜だが、こちらヒツジや家禽のような小型の動物の群れを指し、キリスト教ではよき仔羊たちという意味で信者を指すのにも用いられる。podはもともとエンドウ豆のさやを意味し、丸々とした体つきの動物が並ぶさまを見立てたものである。

**❖一時的な群れと永続的な群れ**——もっとも単純な群れは、魚類や昆虫のようにただ多数が一緒にいるというだけの集団で、多くの場合、たまたま同じ時期に同じ場所に産み落とされたものたちからなる年齢集団である。やがて成長するとばらばらになるが、なかにはそのまま大人の群れになるものもいる。磯近くで、数十尾の幼魚がまるで生きたボールのような動きをするゴンズイ玉を見たことある人は多いと思うが、成魚のゴンズイも群れをつくるが、夜間は単独生活をするようになる。こうした年齢集団は、多くの社会性動物にも見られ、成獣に達するまでのあいだ、同年齢の子供どうしが緊密な集団をつくり、親集団の周辺で、仲間どうしの遊びを通じて社会集団の一因としての基本的なルールを身につけていく。ライオンや多くのサル類では、青年に達した雄どうしが小さな集団をつくって独立し、自分たちの群れをもつ機会をうかがう。

ゴンズイ

一時的な群れであるという点では、繁殖期にのみつくられる集団もそうである。ゾウアザラシのハーレムやセージライチョウのレックなどは顕著な例だが、そうした群れについては「繁殖」の項で説明した。動物が大がかりな移動をするときにも一時的な集団をつくる。たとえば、渡り鳥やサバクトビバッタ（しばしば誤ってイナゴと呼ばれる）の大集団がそうである（こちらについては、「遊動」の項で説明する）。渡りというほど大袈裟ではないが、就寝時に集結して塒(ねぐら)をつくる鳥類は多い。とりわけ目立つのはカラスの塒集団である。わが家の近くにカラスの森があり、夕方に三々五々戻ってきたカラスたちが学校の屋上に集結するさまをよく眼にするのだが、その圧倒的な数はヒッチコックの映画『鳥』を彷彿とさせ、不気味である。

永続的な群れの代表は、シカやゾウなどの大型草食獣の集団である。その基本は母子関係で、生まれてすぐ体をなめまわすことで互いを認知し、子は親につきしたがう。母子の関係は終生続くが、原則として雄は成長すると群れをでるので、結果として母系集団になる。母親は子に対して優位な立場を維持しつづけるので、群れ全体としては、一頭ないし数頭の長老雌がリーダー的な役割を果たすことになる。霊長類の群れも永続的なものだが、ニホンザルのように母系的なものだけでなく、チンパンジーのように父系的な集団もある。つまりチンパンジーでは、雌が性的成熟に達すると群れを出て行くという形がとられる。雄が出て行くか、雌が出て行くかは、霊長類の種によって異なるが、いずれも群れの内部での近親交配を回避する効果をもっていると考えられる。

### ❖なぜ群れるのか――単なる年齢集団にしろ、複雑な構造をもつ社会にしろ、群れることにメリットがなければ、群れ生活が進化するはずがない。群れることにはさまざまな利点があるが、その第一は生理的なものである。多数が寄り集まることで温度などの外的条件を緩和できる。たとえば、コウテイペンギンはときにマイナス六〇℃にも達する極寒の南極大陸で、九週間にわたって卵を温めるが、一羽ならたちまち凍え死ぬところを、数百羽もの群れをつくって耐える。しかも全員が風に背を向けて内部を温かく保つのだが、

その際、特定の個体が凍えることがないように外側に立つものと内側にいるものが順次場所を交代するのである。また、群れていれば、泳いだり飛んだりするときの物理的抵抗を和らげることも、有害物資の毒性を中和することもできる。

第二のメリットは目が多くなることで、敵を見つけやすくして、一頭あたりの警戒時間を減らすことができ、また捕食者であれば、獲物を見つけやすく、単位時間当たりの獲物の獲得率を高めることができる。

第三に、数が多いために捕食者が狙いをつけにくい。実際に大型の魚に狙われた小魚の群れは一瞬のうちに四散するので、行動の予測がつきにくく捕まる確率は減る。大型草食獣を狩る肉食獣は、ふつう軽く襲って群れの陣形を乱し、どれか一頭を群れから孤立させてから本格的に狩りを開始する。餌食になるほうからすれば、できるだけ目立たないのが得策で、試しに健康な動物にペンキを塗ったり目印をつけたりすると捕獲される確率が断然大きくなる。群れにまぎれるメリットが失われてしまうのである。

第四に、多数の個体がいることで役割分担が可能になる。ライオンのように追い立て役と待ち伏せ役に分かれることで、狩りの効率を高めることができ、逆に襲われるほうでは、ジャコウウシやゾウの群れのように、屈強の成獣が外を固め、幼獣を守るということが可能になる。

なにごとにもメリットの裏にはデメリットがあり、その兼ね合いで、適正な群れの大きさが決まってくる。最大のデメリットは、食物をめぐる競争が激化し、一頭あたりの摂取量が減ることがあるし、場合によっては資源の枯渇や環境汚染を引き起こす。したがって、食べ物がまばらにしか存在しない土地に生息する動物は大きな群れをつくらない。肉食獣においても、多数で狩りをすれば成功率は上がるが、一頭あたりの分け前は減るので、あまり大きな群れをつくっても意味がない。

メリットとデメリットのバランスさえとれれば、同じ種の動物だけでなく、異種の動物が群れをつくることもある。たとえばアフリカのサバンナにすむ有蹄類はキリン、シマウマ、ヌー、各種のアンテロープ、カバなどが入り混じった大群をつくるが、捕食者の接近に誰かが気づけば全員が逃げられるというメリットを共有する一方で、食べ物は、それぞれが高さや種類の異なる草や木の葉を食い分けることによってデメリットを最小に抑えているのである。こういった混群の例は、同じくアフリカの熱帯雨林にすむ数種のオナガザル類や、冬季に見られるエナガ、シジュウカラ、キクイタダキなどの小鳥の混群にも見られる。

### ❖個体数変動――

「草食と肉食」の項の捕食者＝被食者関係でも述べたように、捕食によって餌となる動物の個体数は影響を受けるが、捕食者の方も餌動物の増減に影響を受ける。生物群集においては、種間の関係は直線的なものではなく、複雑に絡み合っているので、一つの種に起こった個体数変動は、多様な種の変動を引き起こす。複雑な生態系における個体数の変動を予測する数理的モデルは数多く、提案されているが、もっとも古典的で、シンプルなものは、一種の捕食者と一種の被食者（餌動物）だけが存在する状況での変動を扱う、アルフレッド・ロトカとヴィト・ヴォルテラによるモデルである。

これは非線形微分方程式で示されるが、その意味を式ではなく言葉で表すと次のようになる。すなわち、被食者の個体群密度の変化率は、捕食者がいない場合の増加率から捕食による減少率を差し引いたものであり、捕食者の個体群密度の変化率は、捕食がない場合の減少率に捕食による増加率を加えたものになる。捕食者がいないときには、被食者は単純なS字曲線を描くが、捕食者がいると、被食者の個体数増加にともなって捕食が増え、被食者が減少するにつれて捕食者の個体数も減少しはじめる。その結果、両者の個体数は、位相をずらしながら、周期的な増減を繰り返すことになる。現実の個体数変動の予測モデルは、もっと数多くの要因が絡んでくるので、はるかに複雑なものになる。

❖**個体識別**——大型動物では、群れは独自の行動圏をもち、その境界部では稀には血みどろの戦いが見られることがある。自分の群れとほかの群れはどのようにして区別されるのだろう。高等動物では個体識別がなされていることもあるが、一般には、においないしはフェロモン(↓)によって識別されている。先にあげたゴンズイ玉では、フェロモンによって群れが形成され、自群と他群ではその性質が化学的に異なることが明らかにされている。そして自他の区別ということになれば、免疫の登場である。

# 【メ】免疫

めんえき　immunity

「免疫」という言葉は、字義通りには、病気を免れるという意味で、英語のimmunityとは多少ズレがある。この単語がもともと意味したのは、一度病気に罹った人は二度と罹らないという現象のことで、それ自体は古くから知られ、ギリシア時代のトゥキュディデスの『戦史』に「一度罹病すれば、再感染しても致命的な病状に陥ることはなかった」という記述がある。この現象の医学的な意味を認識し、「二度なし」(nonrecidive)と呼んだのは、近代的免疫学の祖、ルイ・パスツール（一八二二─一八九五）だった。パスツールは実際にこの原理を応用して、狂犬病ワクチンをつくった。それに先だってエドワード・ジェンナー（一七四九─一八二三）が種痘法を開発してはいたが、彼はそれを普遍的な生物学的・医学的現象だとは考えていなかった。しかし、パスツールの「二度なし」は獲得免疫に限定されるものであったため、やがて、自然免疫を含めたより広い概念としての「免疫（immunity）」にとって代わられた。免疫現象の記述ははるか

E. ジェンナー

古のギリシア時代から存在るにもかかわらず、その複雑な仕組みが明らかになりはじめるのは、やっと二〇世紀末になってからのことである。

**❖自己と非自己の区別**——免疫の働きを一言で表せば、異物の排除ということになる。異物とは病原体、壊れた自分の細胞、毒物などで、異物を排除するためには、まず異物であることの認知が必要で、そのあとに、それを無害化して排除する手段が必要になる。この第一段階はいわば自己と他（非自己）の識別であり、それには、「膜」の項で説明した細胞識別が関係しており、細胞表面の分子構造が手がかりになる。免疫における抗原認識では、膜表面の分子、ことに糖鎖をもつ複合タンパク質の構造が重要である。

脊椎動物における免疫は、自然免疫と獲得免疫からなる。大まかに言って、自然免疫は即応性の反撃であるのに対して、獲得免疫には記憶がかかわっていて、特定の異物の侵入に対して、記憶にもとづいてあらかじめ整えられた防御部隊で応戦するものである。自然免疫はあらゆる生物が生まれつきもっている防御システムで、侵入してきた異物を感知し、排除するためのものである。細菌のような単細胞生物でも、ウイルス（ファージ）感染に対処する酵素をもっており、植物や無脊椎動物にもディフェンシンと呼ばれる抗菌ペプチドの存在が知られている。

自然免疫には、抗菌分子が病原体に直接作用して、穴を開けたり、融解させたりするやり方と、食細胞が病原体を呑み込んで処理するという二つの方法がある。抗生物質（antibiotics）はよく知られている抗菌分子の一つである。これは細菌類および菌類がつくる抗菌分子を指すもので、その作用は主として微生物の生理作用の阻害であり、作用の仕方は抗生物質ごとに特異的である。免疫において重要なのは抗菌ペプチド類で、こちらは脊椎動物だけでなく、あらゆる多細胞生物がつくるもので、数十個のアミノ酸からできている。塩基性アミノ酸を多く含むので、生理的条件下では正電荷を帯び、微生物の負に荷電した細胞膜と引きつけあい、ペプチドのらせん構造が細胞膜に貫入して、穴を開ける。

食細胞それ自体は、脊椎動物に限らず、ほぼすべての動物がもっている。哺乳類において食作用をもつ細胞としては、マクロファージが筆頭にあげられ、ほかに好中球や樹状細胞がある。マクロファージが微生物を見つけ出す部位は、TLR(トル様受容体)で、これにはさまざまなタイプがあり、リポタンパク質だけでなく、ウイルスのDNAやRNAを識別できるものもある。異物を見つけた食細胞は、それを呑みこみはじめると同時に、サイトカインと総称される警報タンパク質をつくり、それによって免疫系を活性化させると同時に、獲得免疫の準備を整える。

サイトカインには数百種類があり、多様な機能を果たすものが含まれる。主要なものについて簡単に説明しておくと、インターロイキンは、各種免疫細胞の増殖や分化を促進し、活性化させる。ケモカインは免疫細胞を呼び寄せる働きをし、インターフェロンはウイルスや細菌の増殖を抑制する。腫瘍壊死因子はアポトーシスを引き起こし、その他のサイトカインは、さまざまな形で食細胞の活性化をもたらす。

### ❖樹状細胞の活躍

——免疫系は、自然免疫と獲得免疫という二つのシステムがきわめて複雑に入りくんだ自己防衛機構である。自然免疫は、すべての生物に備わるものだが、異物の大まかな識別にのみ対応した、非特異的な反応である。これに対して哺乳類で発達した獲得免疫は、特定の抗原のみをターゲットにした特異的反応である。自然免疫から獲得免疫への切り換えで重要なのは、抗原分子の認識と表示である。そこで主要な役割を果たしているのが、樹状細胞なのだ。

樹状細胞は外界に面する皮膚、鼻腔、肺、消化管などの末梢リンパ系に存在し、異物を食べた樹状細胞は、活性化され、あらゆる方向に樹状突起を伸ばした特徴的な姿をとり、リンパ節や脾臓のような中枢リンパ系に移動する。その特徴的な樹状突起の分子（ＭＨＣクラスⅡ）の上に、分解してできた抗原タンパク質のペプチドを付け加える。そしてリンパ節に入った樹状細胞はケモカインを分泌してＴ細胞を誘引する。

Ｔ細胞のＴは胸腺（thymus）の頭文字で、胸腺由来の免疫細胞という意味である。Ｔ細胞は骨髄の造血幹細胞に由来し、前駆細胞となって胸腺に入り、末梢血液中の七〇～八〇％を占める。他の免疫細胞の影響下でさまざまなタイプに分化するが、主要なものとして、ヘルパーＴ細胞（細胞表面にＣＤ４という分子をもつ）と、キラーＴ細胞（細胞表面にＣＤ８という分子を持つ）がある。樹状細胞が提示する抗原のペプチドとぴったり合致する特異的な抗原認識受容体をもつＴ細胞が、その樹状細胞と結合し、活性化されたものが、ヘルパーＴ細胞で、サイトカインの影響で増殖し、全身を巡る。実は、特異的抗原認識受容体は一〇〇〇億種類以上もあり（そのメカニズムについては、「抗体の謎」のところで説明する）、合致する受容体をもつものの数は、一〇〇個にも満たず、Ｔ細胞全体のごく一部なので、異物に対抗するためには大増殖が必要なのである。もう一つのキラーＴ細胞は、後ほど登場する。

抗原情報を受け取って、抗体をつくるのはＢ細胞である。このＢはもともと鳥類でこの細胞ができるファビリキウス嚢（Bursa Fabricii）の頭文字からとったものだったが、哺乳類にはこの器官がなく、この類の細胞が骨髄（bone marrow）で分化・成熟するところから、同じ頭文字のB細胞が使われている。B細胞も造血幹細胞に由来し、細胞表面には、特異的な抗原認識受容体をもつが、この受容体は抗体そのもので、特異的な抗原が丸ごとくっつき、B細胞はそれを食べる。その後、分解した抗原ペプチドをMHCクラスⅡ分子に付け足して細胞表面に提示する。これは活性化されたヘルパーT細胞に向けたもので、同じ特異抗原受容体をもつヘルパーT細胞がやってきて、自らを活性化してくれるのをまつのである。活性化されたB細胞は、成熟して、抗体産生細胞、すなわち形質細胞（プラズマ）になる。

**❖抗体産生**――一つの形質細胞は一種類の抗体しかつくれない。抗体は免疫グロブリン（immunogloblin）という糖タンパク質で、**Ig**と略記される。化学的性質としてはγグロブリンの一種である。この分子はY字形をしていて、上のV字の部分を**Fab**領域、下のI字の部分を**Fc**領域と呼び、**Fab**領域の先端に抗原結合部位がある。H鎖およびL鎖と呼ばれるペプチド鎖から構成されており、**Fc**領域は二本のH鎖、**Fab**領域は左右それぞれ内側のH鎖と外側のL鎖二本からできている。L鎖にはλとκの二種類、H鎖には、γ、μ、α、δ、εの五種類があり、その組み合わせによって、免疫グロブリンのタイプが異なる。**IgG**, **IgE**, **IgD**はY字形一つだけの単量体で、**IgA**はY字形二つの二量体、**IgM**は五量体である。**IgG**はヒトの免疫グロブリンの七〇%以上を占め、血液中にもっとも多い。**IgA**と**IgM**はそれぞれ一〇%前後を占め、**IgD**と**IgE**はごく微量しか存在せず、**IgE**はアレルギー反応に関係している。

Ｂ細胞の細胞膜にあるのはIgMだが、成熟して形質細胞になったときに分泌する抗体はIgGで、生産される免疫グロブリンの種類の切り換えが起こるのである。抗体は抗原に結合することで、その毒作用を中和し、結合した状態のものを食細胞が食べることで処理される。食細胞は抗体のFc領域と結合する受容体をもっているので、抗体と結合した抗原は食べられやすくなる（これをオプソニン化と呼ぶ）。なお、活性化したＢ細胞の一部は形質細胞にならずに、記憶Ｂ細胞となって、免疫記憶に貢献する。

抗体の働きによって、体液中の細菌や有毒物質はすみやかに捉えて解体することができるが、細胞内の細菌やウイルスは、そのままでは抗原として認識できないので、抗体をつくることができない。そこで登場するのが、キラーＴ細胞である。

## ❖殺し屋細胞――キラーＴ細胞は、ヘルパーＴ細胞とは異なる

樹状細胞のシグナルに反応する。樹状細胞は食べた抗原分子の断片ペプチドだけでなく、細胞内で分解した病原体のペプチドも細胞表面に提示するが、乗せているタンパク質がちがっている（ＭＨＣクラスⅠ分子）。ウイルスを食べた樹状細胞はウイルスのペプチドを提示するので

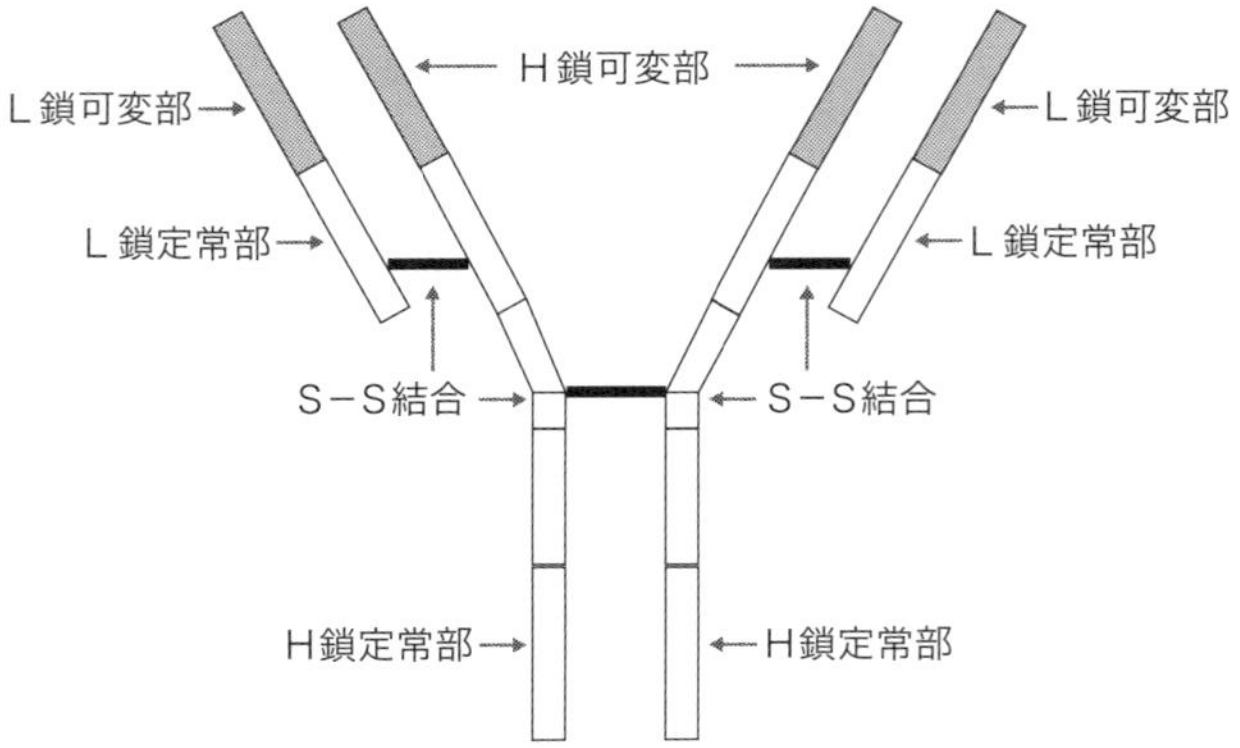

抗体（免疫グロブリン）の分子構造

ある。T細胞のうち、このMHCクラスI分子プラスペプチドにぴったり合う受容体をもつものが、それによって活性化されてキラーT細胞になるわけである。

活性化されたキラーT細胞は、サイトカインの影響のもとで大増殖をし、ウイルスに感染した細胞を見つけて、特殊なタンパク質で穴を開けたりすることなどで、アポトーシスを引き起こす。感染細胞の殺戮に手を貸すナチュラルキラー細胞というのも存在する。こちらは、自然免疫に属するもので、病原体が邪魔をするためMHCクラスI分子が表面に出ていないが、感染を示す物質を表面にもつ細胞をアポトーシスさせることで、キラーT細胞が手を出せない感染細胞をやっつけるのである。

T細胞の活性を制御する因子として、ジム・アリソンらが発見したCTLA4や本庶佑らのグループが発見したPT1などの遺伝子が知られ、これらの遺伝子の制御による癌治療の道を開いたことで、アリソンと本庶は二〇一八年度ノーベル医学生理学賞を受賞した。

## ❖抗体の謎――あらゆる異物に対応するためには、数千億の異なる特異抗体が必要で、実際にT細胞もB細胞もそれだけの種類があるのだが、わずかな数しかない抗体遺伝子にどうして、そんな離れ業ができるのか、そして、なぜ自分自身の細胞を攻撃しないのかというのは、免疫学が最初から抱えていた難題だった。

最初の謎を解明したのは、利根川進たちの研究で、その功績で彼は一九八七年度ノーベル生理学医学賞を与えられた。利根川が明らかにした抗体産生のメカニズムは非常に複雑だが、ごくおおまかに言えば、以下のようなものである。抗体分子の特異性は、Fab領域の先端部で決まり、H鎖、L鎖のいずれについても可変部（V領域）と呼ばれる。その他の部分は比較的変異がないので定常部（C領域）と呼ばれる。抗体の構造を決定する遺伝子の塩基配列は、非常に長く、ヒトのH鎖の可変部の遺伝子は、約二〇〇種のV領域の遺伝子、約二五種のD領域の遺伝子、および六種のJ領域の遺伝子から、ランダムな組み合わせで、遺伝子スプライジングによって各領域から一つずつ選ばれたmRNAから抗体タンパク質ができるので、少なくとも、二〇〇×二五×六＝一万二〇〇〇通りの組み合わせが可能である。L鎖の可変部には、κ鎖の場合、約四〇種類のV領域、約五種類のJ領域、λ鎖では、約四〇種のV領域、四種類のJ領域から一つずつ遺伝子が選ばれるので、組み合わせの数は、それぞれ、二〇〇通り、一六〇通りとなり、全部の組み合わせは、四億近くなり、さらに遺伝子再構成の過程で、遺伝子の追加や削除があるので、抗体の種類は一千億を超えるのである。

二つ目の謎は免疫寛容と呼ばれるもので、あらゆる抗原に対する免疫能力は、自己の成分に対しても例外ではないが、それが発現しては不都合である。したがって、自分の成分を排除しないようになっている。これまたきわめて複雑な仕組みなのだが、T細胞が胸腺で、B細胞が骨髄で、多様な抗原に対する反応能力を発現する過程で、自己のペプチド成分に対する抗原をつくる細胞は死滅させられるのである（これにPT1という分子が関係している）。この仕組みがどこかでうまくいかないと、自己成分に対する免疫反応を起こしてしまう。それが自己免疫病と呼ばれるものである。

臓器移植は、他人の組織や器官を移植する分けだから、レシピエント（臓器の受け手）にとって、ドナー（提供者）は非自己であり、当然ながら拒絶反応が起こる。したがって、移植を成功させるためには、拒絶反応の弱いドナーを選んだとしても、免疫抑制剤の使用が不可欠になる。

ここでは、免疫現象のほんのさわりについて述べただけだが、実際の免疫には、これ以外の種類の免疫細胞や抗体がかかわって、クモの網のように絡まり合っており、まさに、多田富雄が『免疫の意味論』で述べたように、生体防御の超システムなのである。細部のメカニズムについては、まだまだ不明なところがあり、全体像はまだ捉えきれていない。

今のところまだ免疫の深層を見抜くまでには至ってないのだが、何かを見るという話ならば、網膜について、語らないわけにはいかないだろう。

## 【モ】網膜　もうまく　retina

視覚器官である眼にとってもっとも重要な部分は網膜である。網膜には光を感じる視細胞があり、網膜なくして眼はありえない。眼は光学的にすばらしい装置であり、あのダーウィンですら、『種の起原』の「学説の難題」という章で、「距離にも対象に合わせ、球面収差や色収差も補正できる巧妙な仕組みを備えた眼が自然淘汰によって形成されたと考えるのは、率直に言えば無理がある」と述べている。創造論者たちは、鬼の首でも取ったように、眼のような複雑な器官は、一カ所でも不具合があれば、機能を果たさないのだから、漸進的に進化しえるはずがない。しかるがゆえに、神が創造されたのだと言い募る。しかし、ダーウィンはそのすぐあとで、「完璧で複雑な眼から、きわめて不完全で単純な眼まで、数え切れないほどの細かい段階が存在し、どの段階でも、そのわずかな変化が生存に有用であることが証明されれば、複雑な眼が自然淘汰の作用によって、形成されると信じることは、それほど非現実的なこととは思えない。これは理性的な判断なのだ」という主旨のことを述べている。そして、いまやそれが正しかったことが証明されている。

はないのだ。

### ❖ヒトの眼

――複雑な眼が一夜にしてできたなどと主張する進化論者はいない。眼の構造がしだいに複雑になっていく進化の過程を示す状況証拠は、地球上のさまざまな生物から得られる。系統発生（進化）だけでなく、個体発生でもそうなのだが、どんな段階の生物であれ、器官は未熟で粗雑なものでも、生きていくことに役に立つものでなければならない。役に立たない中途半端な眼をもつ生物の化石など見つかるわけはないのだ。

進化の歴史を見る前に、完璧な器官と呼ばれるヒトの眼がどういうものであるか説明しておこう。中心部は眼球と呼ばれるように、球状をしている。全体は三層構造の膜に包まれていて、最外層は角膜と強膜、中間層には中央にカメラの絞りの役目をする瞳孔、その大きさを調節する虹彩、水晶体を支える毛様体、メラミン色素を含む脈絡膜があり（ぶどう膜と総称される）、そして内側に網膜があるが、これについては、別に説明する。眼球の内容物は、レンズに当たる水晶体と無色透明な硝子体に満たされており、角膜と虹彩のあいだの腔所は眼房水が満たしている。

眼の外側には上下二枚の眼瞼（まぶた）があり、眼を保護すると同時にシャッターの役割もしている。哺乳類では痕跡器官であることが多いが、両生類、爬虫類、鳥類、軟骨魚類では、瞬膜（しゅんまく）と呼ばれる第三の膜がある。上下に開閉する眼瞼とちがって、左右に、素早く開閉するところから、瞬膜と呼ばれる。

眼の進化を考えるうえで、個体発生は参考になる。脊椎動物では中脳の一部が左右に膨れだして表皮に接してできた眼胞が眼の原基である。したがって眼はもともと脳の一部なのである。眼胞はやがて内側にくぼんで眼杯を形成し、そこに網膜と色素上皮ができ、表皮側には水晶体や角膜が誘導される。

## ❖眼の進化——もっとも単純な視覚器官は単細胞生物に見られる眼点で、その実体は光に反応する受容体タンパク質であるが、ただ光を感じることができるだけで、見るというにはほど遠い。少なくとも、どこから来るどういう光であるかを知るためには、光を感じる細胞が複数集まって面を構成していることが不可欠である。それこそが網膜である。ミミズの表皮に散在する視細胞は網膜ではないが、平眼あるいは眼斑と呼ばれ、光の方向を感知することができる。ヒトデ類の眼も似たようなものである。プラナリアや多くのクラゲ類は触手のあいだにある眼点しかもたないが、箱虫綱のクラゲ類には網膜とレンズ眼を備えた眼二つと、ピット眼とスリット眼を一セットとする二四個もの眼をもつ種が知られている。

軟体動物には、多様な眼が見られ、頭足類(イカ・タコ)では、カメラ眼、腹足類のカタツムリやカサガイ類は、網膜組織が陥没して、レンズなしのカメラ眼というべき杯眼をもち、オウムガイ類は杯の入り口が狭くなったピンホール眼をもつ。外側にレンズを備えるようになると立派な単眼であるが、単眼にはピントの調節能力はないので、昆虫類では多数の(ミツバチでは約五〇〇〇個)単眼から成る複眼を構成して、全方位的な視野を得ている。

ふつうの眼とはちがうが、トカゲ類、両生類、魚類には、頭頂眼と呼ばれる第三の眼をもつものがいる。これには水晶体、角膜、網膜類似のものが備わっているが、視覚ではなく、太陽の光を感じる太陽コンパスとして役立っているらしい。ヒトではこの第三の眼は痕跡化し、松果体となっているが、メラトニンの生成機能があり、概日周期を制御していることがわかっている。

このように、現生の動物には、あらゆる進化段階の眼がみられるのだが、かならずしも系統的類縁関係との相関はなく、それぞれの分類グループで、数十回にわたって眼が独立に進化したのではなかと言われてきた。しかし、近年の分子遺伝学的な研究によって、眼がカンブリア時代より以前に遺伝的起源をもつのではないかと考えられるようになった。

単純な視細胞の集まりから、ヒトの精巧なカメラ眼にまで進化するのに、どれほどの時間がかかるかをスウェーデンのダン・ニールソンとスザンヌ・ペルガーはコンピュータ・シミュレーションをおこなった。彼らは平らな色素層の上に網膜層、その上に透明な保護層を載せただけの単純なモデルから出発し、突然変異によって、各層の形状が変わり、視力が物理的に改善されるプロセスをシミュレートしたのである。その結果、世代ごとの改善率がわずか〇・〇〇五%という低い仮定の下でも、平らな状態から、浅い凹みができ、それが深くなって椀上になり、透明な層は厚みを増して椀のなかを満たし、外表面を弧状になり、さらに透明な中身の一部が凝縮して、高い屈折率をもつレンズになる。こうした変化が達成されるのに四〇万年もかからないことが明らかになった。眼はありえないような奇跡によってではなく、ごくありふれた漸進的改良によって出現しうるのである。

### ❖網膜の正体

——ヒトの網膜は、外側の色素上皮層、視細胞層から水平細胞層、双極細胞、アマクリン細胞層、内側の神経節細胞層、神経繊維層まで、およそ一〇層からなっている。外からの光は、視細胞層にある桿体および錐体に当たり、電気信号に変換されて、シナプスを介して、双極細胞、水平細胞に伝達され、そこからアマクリン細胞や神経節細胞に伝わり、さらに大脳中枢へとつながっている。視覚に関係する網膜の中心部は、黄褐色をしているので、黄斑部と呼ばれる。黄斑よる少し内側に、網膜のすべての視神経が眼球外に出るために集まった視神経乳頭があり、ここには視細胞がないため、いわゆる盲点となっている。

他の動物でも、色素上皮と視細胞という光受容部位とその刺激を脳に伝える視神経部という網膜の基本構造は変わらない。網膜にとって、ひいては視覚にとってもっとも重要なのは視細胞である。視細胞には錐体（cone）と桿体（rod）の二種類がある。桿体は暗所での知覚にすぐれていて、光子ひとつでも捉えることができるが、色の識別はできない。錐体は暗いところではあまりはたらかず、色覚に関係する。桿体も錐体も視物質はロドプシンで、オプシンと呼ばれるタンパク質にレチナールという化学物質が結合したものである。レチナールは網膜でビタミンAからつくられるので、ビタミンAが不足すると、暗いところでものが見えなくなる。ロドプシンに光が当たると、レチナールの形が変わってオプシンと外れる。この変化が細胞の膜電位に変化を与え、その電気的信号が脳に送られるのである。

桿体のオプシンは一種類しかないが、錐体のオプシンは、色覚に応じて、アミノ酸配列が少し異なる複数種類ある。ヒトでは、吸収波長の異なる三種類、赤（L）錐体、緑（M）錐体、青（S）錐体の三種類が知られ、それぞれの錐体の興奮の総体から三色色覚が得られる。

## ❖色覚の進化

――色覚は脊椎動物で発達したものだが、無脊椎動物でも、昆虫類では、その行動から推測されるように、例外的に色覚がよく発達している。視物質はやはりオプシンで、複眼を形成する個眼に複数の視細胞があり、アゲハチョウ類では、青、緑、赤のほかに、紫外部、紫、広域帯に対応した六種類の錐体が知られ、アキアカネでは、一六種類もの視覚型オプシン遺伝子が特定されている。ホヤやウニからもオプシン遺伝子が見つかっており、オプシン遺伝子が、脊椎動物の誕生以前に起源をもつことがわかる。オプシン遺伝子の起源の有力候補とされているのが、原核生物のもつプロテオロドプシン遺伝子で、光を受けて電位差をつくりだし、エネルギーに変換するタンパク質で、細胞内共生によって真核生物に持ち込まれた可能性がある。

脊椎動物の色覚の基本は五種類のオプシン分子によって成りたつもので、一つは桿体オプシンだが、残りは錐体オプシンで、赤-緑、緑、青、青-紫外線の四タイプに分かれる。両生類では緑錐体が見つかっていないが、哺乳類以外の魚類。爬虫類、鳥類では、基本的にこれらがすべて揃っていて、四色覚である。魚類では、いくつかの系統で、この基本タイプのそれぞれについて変異した複数のオプシン遺伝子をもつことが知られている。

しかし、恐竜全盛の時代を、夜行生活でひそやかに生き延びた哺乳類の祖先は、色覚に頼る度合いが低くなったために、緑タイプと青タイプを失い二色覚になってしまった。にもかかわらず、霊長類は、赤-緑タイプの遺伝子重複によって赤錐体と緑錐体を生じ、青-紫外線受容の青錐体とによって三色覚を復活させたのである。この変化の理由については諸説があるが、森林のなかで熟した果実を見つけるうえで三色覚が有利だったという説が有力である。哺乳類では、赤-緑タイプの遺伝子はX染色体上にあり、変異が起きて赤と緑の対立遺伝子が生じ（新世界ザルはこの段階にあり、雄は二色覚、雌はX染色体がヘテロであれば三色覚になる）、それぞれの遺伝子が重複することによって、三色覚が成立したのである。

## ❖ 視覚が開いた世界──アンドリュー・パーカーの『眼の誕生』は、眼の誕生がカンブリア紀の生物の爆発的進化のスイッチになったという仮説を立てて、大きな反響を呼んだ。彼の「光スイッチ説」を簡単に要約すれば、カンブリア紀に三葉虫のような眼をもつ動物が出現すると、獲物を眼で追って効率的に捕獲することができるようになるので、獲物の方は身を守るために堅い殻や棘をつくるようになる。捕食者はさらに精度のよい眼をつくり、獲物は敵をすばやく見つけ、逃げるための手段を発達させる。この一種の軍拡競争によって、互いにより変化に富んだ体をもつようになる。これがカンブリア爆発のきっかけだという主張である。

眼がカンブリア紀に出現したというパーカーの主張は裏づけられておらず、もっと早い時代だと考えられるが、そうだとしても、視覚が新しい世界を切り開き、遊泳器官や色彩など、それまで存在しなかった形質を生みだす契機になったことは確かだろう。体節構造の進化も眼の誕生と関係があったかもしれない。眼の起源に関して、注目すべき事実は、オプシン遺伝子だけでなく、眼の形成を制御しているマスター遺伝子の**Pax6**もあらゆる動物に存在していることである、この遺伝子が、ショウジョウバエからマウス、ヒトに至るまであらゆる動物で共通の働きをすることは知られているが、軟体動物のイカやタコ、扁形動物のプラナリアでも見つかっている。おそらくは、プラナリアの眼が原始的なタイプの眼で、それから、軟体動物型、昆虫型、脊椎動物型へと枝分かれしていったのであろう。

こうした遺伝子の発見は、近年の分子遺伝学の成果だが、多様な生物を比較研究するという古典的な方法論がなければ生まれなかったものだ。生物学の謎を解く鍵は、つねに自然のなかに横たわっている。分子生物学者といえども、野生の生物を知ることは大切なのである。

# 【ヤ】野生生物　やせいせいぶつ　wild life

野生生物というのは、よくよく考えてみると、ずいぶん曖昧な概念である。素朴な定義は「人間の手を借りずに、野外で生活している生物」であるが、これだと、野生化した栽培植物やペット、あるいは外来種も野生生物になってしまう。しかし、ふつう野生生物の保護というときには、そういった動物は含まれない。一般的にはその土地の固有種か、長い歴史をもつ在来種を指す。未開の原野や原生林という意味で使われる英語のウィルダネス（wilderness）は古英語 wildern に接尾辞の ness がついたもので、wildern はもともと野生のシカ（wild + deor）という意味だった。ところが、deor は動物一般も指していたから、wilderness の原義は（野生動物のシカがすむような）未開ということだったらしい。トートロジーのようになるが、これからすれば、未開の原野にすむのが野生生物ということになる。

しかし、そんな自然がどこにでも転がっているわけではない。世界的に見ても原生林が残っている地域はわずかで、日本では白神山地のブナ原生林や、屋久島の屋久杉自生林などはそうだが、各地に見られるマツ林やスギ林のほとんどは江戸期以降の植林である。いわゆる里山も人間の介入によって維持されてきたものである。未開の原野と呼べるものは、保護区を別にすれば、極地、砂漠、高山といった極端な環境に限られる。したがって、ふつうに野生生物というときには、もっと緩い意味で使われ、私たちが「自然」とみなすものであれば、たとえ人工林でも野生生物のすみかとされる。現在見られるサクラのほとんどは、野生種ではなく、ソメイヨシノなど園芸品種であるが、それでも、山に生えたサクラは野生植物として愛でられるのである。

### ❖固有種と汎存種

――あらゆる生物は限られた分布域をもつが、その分布域が狭く特定の地域にしか生息しないものを固有種（endemic species）と呼ぶ。ただし、もっと上位の分類区分にも固有という概念を適用することができ、固有の属、科、目といった言い方もされる。固有の生物が分布する範囲は一つの島、山、湖、沢といった狭いものから、日本列島やアジア、さらにはユーラシア大陸といった広いものまで多様である。固有種の成立には、地理的隔離によって近隣種との交雑や移動が妨げられることが条件となる。

これに対して、複数の大陸にまたがる広い分布域もつ種は汎存種（cosmopolitic または ubiquitous species）と呼ばれる。汎存も属、科、目などの上位分類群に用いることができる概念である。汎存性の分類群のなかには、まだ現在の諸大陸に分かれる前の太古の大陸に生きていた祖先から由来したために、諸大陸にまたがる分布をもつものがある。しかし現生の汎存種には、地理的障壁を越える能力、植物なら種子や胞子による強力な散布力、動物なら飛翔や遊泳など大きな移動能力をもつものが多い（したがって鳥類や水生動物に汎存種が多い）。さらに、幅広い環境に対応でき、旺盛な繁殖力をもつことも条件となる。動物では、ドブネズミ、モンシロチョウ、イエスズメなどが、植物では、ヨシや海藻のアマモなどが代表的な汎存種である。ただし、生態学では、分布域が広いというよりもむしろ、多様な生息環境にすむ生物という意味で汎存種が使われる。たとえばカや雑草のオオバコがこれに当たる。

## ❖外来種と在来種——本来生息していなかった場所に人間の手によってもちこまれて定着した動植物のことを外来種（introduced species）と呼ぶ。これに対してもとから生息していたものを在来種（native species）と呼んで区別する。広義の外来種には、アメリカザリガニやハルジョオンのように、飼育あるいは栽培されていたものが野生化した逸出種（escaped species）も含まれる。最近の日本では、ペットが野生化したものとして、タイワンザル、ヌートリア、アライグマ、カミツキガメ、あるいは釣魚としてのブルーギルやブラックバスが、在来の生態系を乱し、在来種との交雑による遺伝子攪乱を引き起こしている。

アメリカシロヒトリのような帰化動物（naturalized animal）やセイタカアワダチソウのような帰化植物（naturalized plant）も外来種である。しかし、外来種と在来種の区別は自明ではない。たとえば、オーストラリア大陸に固有のディンゴはもともとアボリジニがもちこんだイヌが野生化したものだが、長い時間がたっていて、野生動物と呼んでも違和感がないほどに土着化している。

日本でも、帰化はいまの時代にはじまったことではなく、古代から人間の活動にともなってさまざまな動植物が日本列島に帰化してきた。そのなかでも歴史記録がある以前に日本に入ってきたものは史前帰化生物と呼ばれるが、モンシロチョウやナズナ類、あるいはスズメや家ネズミ類はすべてそうである。歴史時代に入ってもさまざまな帰化が起こっている。野生のブドウは、遣唐使によって日本に持ち帰られ、鎌倉時代に野生化したと考えられているし、日本の山野に広く生息するモウソウチクは正確な渡来時期については諸説があるものの、一〇世紀前後に中国から僧侶によって持ち帰られて帰化したものである。にもかかわらず、多くの人は在来種と呼んでいる。また、日本の各地には在来馬と呼ばれて保護されている馬があるが、これらもモンゴル原産のウマが、古墳時代に朝鮮半島を経て軍馬として飼育されたものの末裔である。といったわけで、どの時代で区切るかによって、外来種と在来種の線引きは変わってしまうのである。

❖**野生生物の保護管理**――野生生物は、その土地の在来種あるいは固有種であり、その生息環境に対する特殊な適応をとげている場合が多いので、環境の変化、ことに田園の都市化によって大きな打撃を受ける。ネズミ、キツネ、スズメ、ハト、カラスのように都市化に適応できる種は汎存種となるが、本来の生息環境を失った種の多くは絶滅する。絶滅は進化の裏街道として重要な意味をもつ。地質時代における天変地異による大量絶滅を別にすれば、近代における生物の絶滅はほとんど人為的な原因によって引き起こされた。多くの場合、乱獲と生息環境の破壊が引き金となり、個体数が一定限度以下になると、絶滅は加速される。個体数の減少が近親交配の機会を増やし、劣性の有害遺伝子がホモ接合になる確率を高め、個体数が少ないために遺伝的浮動によって有害遺伝子が固定されやすいといったことのためと考えられる。したがって、種の保護のためにはある程度以上の大きさの個体群（群れ）を保護しなければならない。また、ロバート・マッカーサー（一九三〇―一九七二）らが『島の生物地理学』で展開した理論にもとづけば、保護区の大き

R. マッカーサー

さと、生息できる生物の種数のあいだには相関関係があるので、有効な野生生物保護のためには、ある程度の大きさの保護区が必要とされる。小さな保護区では、十分な生物多様性が維持されず、生物相互の関係にひずみが生じやすい。とくに生態系における捕食者の欠如は草食獣の大発生をもたらし、ひいては植物群集に重大な影響を及ぼすだけでなく、近隣住民の農作物にも被害を与える。健全な個体群を維持するためには、間引きなどの人為的な処置が必要になる。

**❖ 家畜と栽培植物**——野生動物の対極にあるのが人間の生活圏に取り込まれた動植物である。英語の **domestication** は家畜化と訳されることが多いが、これは動物の場合で、植物の場合は栽培化なので、より普遍的な意味では家畜栽培化と訳したほうがいいだろう。

家畜の本来の意味は、人間の用に供するために飼い慣らされた動物であり、哺乳類（獣）に限らない。古代中国では祭祀で犠牲として捧げられるヒツジ、ウマ、ウシ、ブタ、イヌ、ニワトリを六畜と呼んだ。日本では哺乳類のみを家畜とし、鳥類については家禽とすることが多い。魚類は養殖されている場合にも家畜とは呼ばないが、なぜかミツバチは古くから家畜に含められることが多い。カイコも家蚕という呼び名の家畜である。使役や食料・毛皮などを目的とせず、愛玩のために飼われている動物はペットだが、最近ではコンパニオン動物ないしそれを直訳した伴侶動物と呼ぶことが関係者から推奨されている。ついでながら、日本人にはいささか違和感があるが、英米ではふつう、ウマは家畜ではなくペットの扱いを受けている。

植物で家畜に相当するのが栽培植物で、農学では作物という言い方が一般的である。用途は食料や薬から建築材料まで多岐にわたる。植物で、動物のペットに相当するのは園芸植物である。

**❖家畜化**――人類文明は、およそ一万年前のメソポタミア、すなわちチグリス川とユーフラテス川のあいだのいわゆる〈肥沃なる三日月地帯〉における農業革命に始まるが、家畜栽培化によってはじめて可能になったものである。メソポタミアで栽培化されたのは主としてコムギ、オオムギで、エジプトでもそうだったが、中国ではイネ（米）、中米ではイモとトウモロコシの栽培化が起こり、それぞれ独自の古代文明を築くことになる。こうした主食穀物の栽培化のすぐあと八〇〇〇年前頃に、人間と食物で競合しないヤギ、ヒツジ、ブタが家畜化され、つづいて六〇〇〇年前にウシ、四〇〇〇

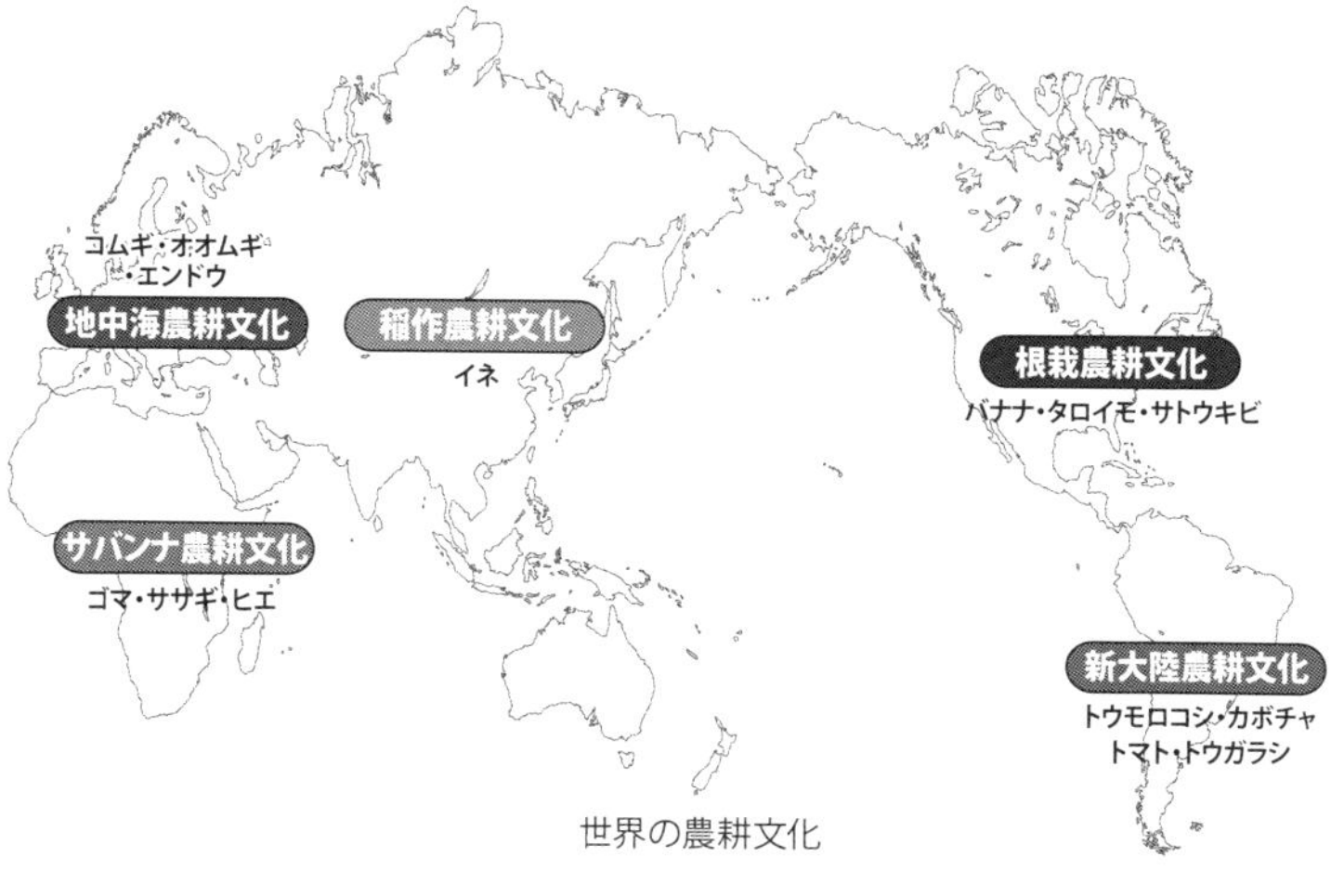

世界の農耕文化

年前にウマが家畜の仲間入りをする。家畜あるいは作物は、野生生物のうちで人間にとって都合のよい特徴（形質）をもつものを選抜し、掛け合わせることにつくりだされる。これは人間の利害を基準にしておこなわれる人為的な淘汰であり、個体変異が品種として固定されている過程を研究したダーウィンは、これを自然淘汰という考え方の根拠の一つとした。彼の『家畜および栽培植物の変異』には、家畜化によってどういうことが起こるかが克明に記述されている。家畜に関しては飼育しやすさという資質が選択の基準として重視されるため、一般に次のような形質が見られる。すなわち、攻撃性の減少、性的な活発化、四肢の短縮、体色の白化、脳重量の減少といった、いわゆる家畜化形質である。人類にも同じような傾向が見られるところから、人類は自己家畜化しているという説を唱える人もいる。

家畜化せずに、遊動する野生動物の群れを利用するのが遊牧生活である。つぎは動物の遊動についての考察に移ろう。

## 【ユ】遊動　ゆうどう　nomadism

動物にとって餌を求めて動き回るのが宿命であることはすでに「頭」の項で述べた。餌となる生物が食べつくされたり、いなくなったりしたときには新たな餌場を求めて集団で移動しなければならない。あるいは現在すんでいる場所が快適ではなくなったときにも移動しなければならない。さまざまな移動の形がありうるが、ここで扱うのは、単なる移動（migration）ではなく、一定の周期がたてばもとの生息場所に戻ってくる回帰移動（recurrent migration）で、とくに哺乳類ではこれを遊動と呼んでいる。鳥類や飛翔昆虫の渡りや海生動物の回遊も回帰移動の一種であり、英語ではいずれも単に migration があてられる。

動物の移動には、出ていったきり戻ってこないものもあり、分散（dispersal）と呼ばれる。分散は生物が現に生息している場所から四方に散らばっていくことを指す。スズメの若鳥のように大きな群れで何十キロメートルにもわたる移動をするものが知られているが、こうした群れのほとんどは旅先で死を迎え、ほんの一握りの個体が生き残って、運がよければ新天地を開くことができる。そういう意味で、分散は種の分布域の拡大に役立っている。分散について語るべきことも多いが、ここでは、回帰移動に話をしぼろう。

遊動のもっとも代表的な例は、緑の草原を求めて移動するヌー、シマウマ、ゾウなどのアフリカの大型草食獣で、雨季と乾季の存在によって、食物となる植物の生える場所が季節的に異なることへの対応である。死をもかえりみず怒濤のように渡河するヌーの大群の映像は被写体として人気があるので、よく知られている。こうした季節的な遊動のほかに、自らのなわばりないしは行動圏のなかを毎日あるいは数日ごとに移動しながら餌を探す遊動もある。ゴリラやチンパンジーからニホンザルまで、多くの霊長類はこうした遊動生活を送っている。これには、周期的な餌の利用によって資源の枯渇を防ぐという適応的な機能もあると考えられている。

### ❖渡り——空を飛ぶ能力をもつ鳥類の回帰移動は渡りと呼ばれる。

渡り鳥は繁殖地と越冬地のあいだを毎年決まった季節に移動するが、寒い地方で繁殖し、暖かい地方で越冬するのが通例である。渡りという習性がどのようにして進化したかについては諸説があり、確かなことはわかっていない。起源はともかく、渡りが餌の獲得と繁殖に重要な役割を果たしているのは疑いない。緯度の高い北の土地では夏の日照時間が長くなるので、ヒナに十分な餌を与えることができるという利点があり、秋になって日が短くなれば、餌の量が年間を通じてあまり変化しない南に渡ることになる。ツバメなどの場合、南の越冬地よりも、温帯の都会のほうが捕食者の少ない安全な営巣地をえられるという利点もある。

渡りの距離は、南極と北極のあいだを往復するキョクアジサシやオーストラリアから地球を東に向かって周回してまたオーストラリアまで戻ってくるハシボソミズナギドリのように、三万キロメートル以上にも及ぶものから、ウグイスのように同じ地域内で冬に温かい場所に移動する程度のものまで多様である。日本では、いつ、どこからどこへ渡ってくるかによって、渡り鳥をいくつかに分類している。寒帯に繁殖地をもち、越冬のために秋に日本に来て春に去っていくものを冬鳥と呼ぶ。ガンカモ類やツル類、ツグミ類が代表的なものである。寒帯に繁殖地をもつが、熱帯ないし亜熱帯で越冬するために日本は中継地でしかないものは旅鳥と呼ばれ、シギ・チドリ類が代表的なものである。逆に熱帯ないし亜熱帯で越冬し、春から夏にかけて日本にやってきて繁殖するのが夏鳥で、ツバメやホトトギスがこれにあたる。移動距離が短いために、結果的に日本国内を出ないのが漂鳥で、ヒヨドリ、ホオジロ、ウズラなどがこれにあたり、さらに移動距離が短くなりほとんど一年中見られるのが留鳥で、ウグイス、ハクセキレイ（どちらも、漂鳥にもなる）、キジ、スズメなどおなじみの鳥が多い。

台風その他の原因で稀に日本を訪れるのが迷鳥である。

**❖チョウの渡り**——長距離の渡りをするのは鳥だけではない。鳥と同じように飛翔能力をもつ昆虫も渡りをする。なかでもよく知られているのが、北米大陸のオオカバマダラと日本のアサギマダラである。ただし、鳥の渡りと根本的に異なるのは、渡りに出かける個体と帰ってくる個体は世代が変わっていることである。

オオカバマダラは、カナダ周辺で繁殖しているが、八月の末になると、成虫は交尾を止めて、南に向かって渡りを開始する。南に向かうほど群れは大きくなり、最終的に越冬地であるカリフォルニア西岸ないしメキシコにたどり着く。そこで膨大な数のチョウが木に止まって越冬する様は壮観である。三月末になり気候が暖かくなるにつれて、北上を開始する。この際には群れをつくらず、ばらばらで行動し、途中で数回産卵・羽化を繰り返す。つまり、何世代もかけて少しずつ北へ渡っていくのである。そしてカナダ周辺で三、四世代繁殖してからまた、秋になるとふたたび南へと渡っていく。夏に日本本土で羽化したアサギマダラは、秋に南西諸島や台湾に渡って繁殖し、そこで羽化した子孫が春に北上し本土に戻ってくる。こちらもまた異なる世代の個体が往復するわけである。

### ❖水生動物の回遊──水の世界での回帰移動は回遊と呼ばれる。

クジラ、イルカなどの海生哺乳類やマグロ・カツオ・サバなど、高い遊泳能力をもつ捕食性の大型海生動物は、渡り鳥と同じように、餌の豊富な場所を求めて季節移動する。ザトウクジラのように北極海から亜熱帯の海まで数万キロメートルにもわたって回遊するものもある。

魚類には、餌の分布に左右されるのではなく、繁殖のために海と川のあいだを回遊するものが数多く知られており、海水中だけを回遊する上記のような魚と区別して、通し回遊魚（diadromous fish）と呼ばれる。通し回遊には大きく分けて三つのタイプがある。

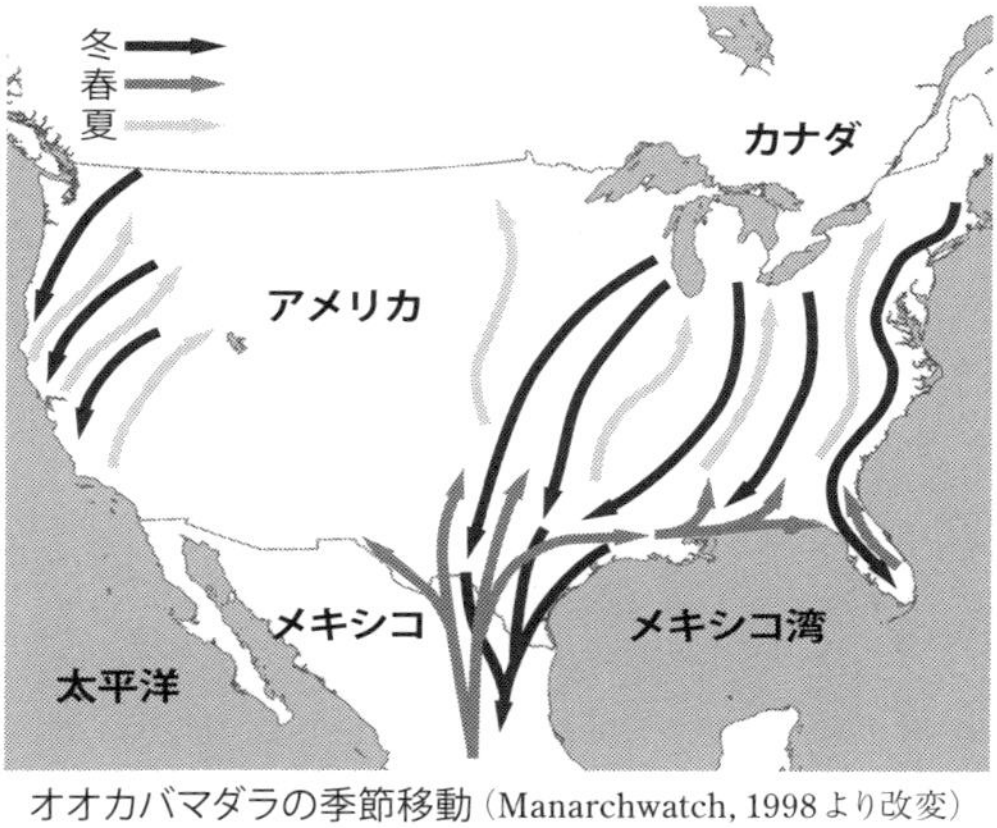

オオカバマダラの季節移動（Manarchwatch, 1998より改変）

（1）ほとんどは淡水で生活し、産卵のために海に移動するもので降河回遊と呼ばれる。ウナギやカジカ類が代表的なもので、成魚はふたたび川をさかのぼる。魚以外では、モクズガニなどもこのパターンになる。

（2）ほとんどは海で生活し、産卵のためだけに川をさかのぼるもので、遡河（または昇河）回遊と呼ばれる。サケがもっとも典型的なもので、生まれた川に正しく戻ってくる。

（3）ふだんは川で生活しているが、成長のある段階だけを海で過ごすもので、両側回遊と呼ばれる。アユ、ヨシノボリなどが代表的な魚で、ほかにヌマエビ類、テナガエビ類、イシマキガイなどもこのパターンにあたる。またヒメマスや琵琶湖のアユのような陸封型の魚は、海に降りることができないので、川と淡水湖のあいだを回遊する。

### ❖渡りのメカニズム――長い苦難の旅のはてに、ふたたび生まれ落ちた土地に帰ってくる渡り鳥やサケの話を聞くとき、自然界の仕組みの精妙さに感嘆せざるをえない。とりあえず二つの疑問が思い浮かぶ。

どのようにして旅立ちのときを知るか、そして、正しい方向をどのようにして知るかである。季節的な移動は季節の変化を知ることが引き金になり、これには日長時間、すなわち昼と夜の長さが重要である。春になると日が長くなり、秋になると日が短くなる。体内時計がその変化を感知し、その結果ホルモン分泌など生理的な状態の変化がもたらされ、出発の合図を下すことになる。このような意味での体内時計は植物の開花時期や動物の産卵・孵化の時期、さらには睡眠時間や寿命にまで関与しており、「睡眠」の項で述べた時間遺伝子はほとんどすべての生物に存在する。季節の変化は気温にも反映されるので、温度を引き金にする場合もある。一般に長距離の渡りをする鳥は日長の変化に対応するのに対して、ヒバリやチョウゲンボウのような短い渡りをする鳥は、温度などの気候の変化に対応している。

動物が進むべき方向を定める行動を定位（orientation）と呼ぶが、これにはいくつかの段階がある。近いところなら刺激に向かっていく単純な走性（taxis）で説明できる。サケなどでも自分の生まれた川の近くまでくると、水中に含まれる化学物質を手がかりにして母川に戻ることがわかっている。地形や目印を記憶する能力をもつ動物では、それを頼りに戻ることができる。カラスなどは、自分の行動圏内の地形を完全に知っているようである。しかし、鳥の渡りやサケの母川回帰は何千キロメートルも先の目標に向かう旅なので、嗅覚や視覚だけを頼りにすることはできない。

遠くからの定位に使われている手段としてもっともよく知られ、研究されているのは太陽コンパス、すなわち太陽の位置を方位の手がかりとして使う方法である。最初に太陽コンパスが発見されたのは渡り鳥とミツバチにおいてだったが、その後、哺乳類、爬虫類、魚類をはじめとしてほとんどの動物がもっていることが明らかになっている。しかしこれで万事解決というわけではない。まず、曇天や夜間には太陽は見えないのにどうするのかという問題がある。夜間に渡りをする鳥は、星座のパターンを目印にしている。曇天の際に入射光が大気中で生じる偏光を感知する偏光コンパス（ミツバチはもっぱらこれに頼っている）や、地磁気の方位を手がかりにした磁気コンパスを、ハトなどが用いることは実験的に確かめられている。

地磁気は別にして、太陽も星座もその位置は時々刻々に変化する。太陽の位置から正確な方位を決定するためには、時間による補正が必要である。それをしているのが体内時計で、これにもやはり時間遺伝子がかかわっている。近年、オオカバマダラでも偏光を感知する太陽コンパスが用いられており、その情報が時間遺伝子（ピリオドとタイムレス）の産物によって統合されていることが実証されている（リッパートらによる）。

### ❖垂直移動

**垂直移動**——季節的な回帰移動が空間的には平面移動であるのに対して、水中では、深浅のあいだの垂直移動が多くの動物で見られる。この移動は季節ではなく資源、餌、捕食者の質量の昼夜の変化に対応した日周性のものである。外洋における垂直移動の動機は第一次生産者たる植物プランクトンの存在である。光合成のためには光がなければならず、そのために植物プランクトンは光のよくあたる浅海に生息している（ただし、繁殖のためには窒素やイオウなどの栄養素が必要で、栄養塩類は深いところで濃度が高く、そのため、一部の植物プランクトンは夜間に深い場所へ潜るという垂直移動をする）。

植物プランクトンを餌とする動物プランクトンは昼間に浮上して餌をとり、夜は安全を求めて深みに戻るというパターンをとる。動物プランクトンを餌にする小魚や甲殻類、軟体動物など、そしてそれらを捕食する大型の肉食魚やクジラ類もそれにつれて、やはり海のなるべく浅いところまで浮上する。こうなると、昼間の浅海は餌が豊富にあるのはいいが、一方で他の動物の餌になる危険性も増大する。そこで、多くの魚とは逆パターンで、昼間は砂や岩の隙間に身を隠し、夜になると浮上して摂餌活動をおこなう夜行性の魚もいる。ソイやアナゴ、ウナギなどが典型的な夜行性の魚で、こうした魚は夜釣りに適している。魚ではないがイカもまた代表的な夜行性で、夜に活動する。しかし、夜がかならずしも安全というわけではなく、夜も止むことなく泳ぎ続ける（泳いでいないと酸素が吸収できず死んでしまうので）カツオやマグロなどの天敵がいるのである。

海の垂直移動は昼夜における植物プランクトンの光合成能力の変化に原因があるのだが、その光合成という仕事をしているのは、植物細胞の葉緑体なのである。

## 【ヨ】葉緑体　ようりょくたい　chloroplast

葉緑体は、植物細胞と動物細胞を区別する重要な特徴のひとつである。直径五～一〇マイクロメートルほどの楕円球型のオルガネラ（細胞小器官）で、光合成すなわち水と二酸化炭素から糖を形成する場所となっている。原始的な藻類では一つの細胞に一つしか含まれないが、多細胞藻類や陸上植物では、数十ないし数百も含まれる。葉緑体がミトコンドリアと同じく、原始真核細胞に取り込まれて、細胞内共生の道を歩んだ原核細胞の名残であったことは、さまざまな証拠から明らかになっている。植物体が緑色に見えるのは、葉緑体に含まれる色素、クロロフィルのためである。

**❖共生起源を示す証拠**――もっとも説得力のある証拠は、葉緑体が独自のDNAをもち、細胞核のDNAとは独立に分裂増殖することである。葉緑体のDNAは環状で、二分裂で増殖するという原核生物型の特徴をもち、タンパク質合成系も原核細胞型である。大きさの点でも葉緑体は原核生物とほぼ同じ大きさで、リボソームの大きさも似ている。葉緑体を包む二枚の膜は、従来、取り込まれた原核細胞の細胞膜が内膜で、外膜は宿主細胞の細胞膜の断片であるとされてきたが、近年、膜タンパク質の分析から、いずれも原核生物由来だという説が有力視されている。

現生のシアノバクテリア（藍色細菌）のＤＮＡとの比較研究から、葉緑体のもとになった原核細胞はかつて藍藻と呼ばれていたシアノバクテリアの一種であると考えられている。細胞内共生が最初に起こったのは約一七億年前でと推定されているが、進化の過程でバクテリアのＤＮＡは順次細胞核に移行され、現在では主として光合成に関係する二〇％ほどのＤＮＡが残っているだけである。したがって、葉緑体は独自のＤＮＡによって増殖はできるが、生きていくために必要なＤＮＡのほとんどを細胞核に奪われてしまい、自活する能力を失ってしまっている。

葉緑体を原核細胞から直接取り込んだのではなくて、葉緑体をもたない真核細胞が光合成真核細胞を取り込むという形で、二次的に葉緑体をもつようになった藻類がいる。その中間段階として、取り込んだ光合成真核細胞の核がヌクレオモルフという形が残っている例が、クロララクニオン藻類とクリプト藻類で知られている。さらに二次的な光合成藻類を取り込むことで葉緑体をもつようなったミドリムシ藻類のような三次光合成細胞の例もある。これらの事例は、葉緑体の共生起源説を補強する証拠である。

**❖変幻自在な葉緑体**——植物体細胞内の葉緑体は、つねに葉緑体であるわけではなく、細胞の果たす役割に合わせてさまざまに変化する。植物の発生過程で、プロプラスチドと呼ばれる未分化な原色素体から、多様な色素体が形成される。たとえば、ダイコンの葉の細胞では葉緑体になるが、根の細胞では色素を含まない白色体になる。シロイヌナズナの研究では、光合成器官である地上部を失うと、根でも葉緑体への分化が促進され、光合成をおこなうようになり、葉緑体への分化は地上部の分泌するオーキシンによって抑制され、サイトカインによって活性化されることがわかっている。

白色体以外にも、さまざまな有色体が見られる。植物の花や果実の色は、有色体に含まれる橙色のカロテン、黄色のキサントフィルなどの色素によって決まる（アントシアニンやフラボノイドは液胞に含まれる）。葉緑体に由来するその他の色素体としては、黄色植物に見られるエチオプラスト、大量のデンプン顆粒を貯蔵するアミロプラスト、タンパク質の結晶を含むプロテノプラストなどがあり、それぞれは膜につつまれたオルガネラであるが、内部構造は少しずつ異なっている。

### ❖褐虫藻（かっちゅうそう）

褐虫藻——葉緑体のように全面的に細胞核の支配下におかれることなく、自立した生物として動物細胞内で光合成しているのが、渦鞭毛藻類の褐虫藻（zooxanthella）である。共生の相手としてもっとも有名なのは造礁サンゴだが、サカサクラゲなどのクラゲ類、イソギンチャク類、シャコガイ類などでも知られる。造礁サンゴ類は餌もとるが、褐虫藻の光合成産物に栄養の多くを頼っていて、とくに骨格の成長には不可欠なようである。サンゴから褐虫藻がいなくなると（水温が高くなりすぎてすめなくなるのか、サンゴが褐虫藻を追いだすのかは、正確なところはわかっていない）骨格が透けてみえるので、「白化」状態となり、それが長くつづけば、サンゴは死滅する。

共生とはいえないが、食べた藻類の葉緑体を自らの細胞内に取り込んで光合成をさせる動物がいて、盗葉緑体現象と呼ばれる。囊舌類のウミウシ（ミドリガイ類）がそれで、そのおかげで餌がなくとも長期間生きていることができる。葉緑体の供給源はミル属、イワズタ属、フシナシミドロ属などの緑藻類で、これらの藻類の葉緑体は自立性があり、所属する緑藻の核の支配を最小限にしか受けていないので、他の生物の細胞内でも比較的安定して生きていける。とはいえ、自ずと寿命が尽きるので、ウミウシは定期的に新しい藻類を食べて葉緑体を補給しなければならない。

### ❖巧妙な構造——典型的な葉緑体は両面凸レンズのような形をしているが、カップ状や星状、板状などをしたものもある。

外膜と内膜という二重の膜に包まれており、その内部を満たしているのがストロマ（stroma）で、これはいわば細胞質に相当する。クロロフィルが含まれているのはストロマ内に多数存在する円盤状の小胞で、チラコイド（thylakoid）と呼ばれる。こちらはふつうの細胞の内膜系に相当し、その内部はルーメンと呼ばれる。いくつものチラコイドが積み重なり、複雑に折りたたまれたものがグラナ（granum）で、グラナどうしはラメラという構造でつながっている。

チラコイド自身も二重膜に包まれ、その膜および内部に、光合成に必要なタンパク質を含んでいる。主として、グラナのチラコイドには光化学系Ⅱタンパク質複合体、ストロマのチラコイドやグラナの外層には、光化学系Ⅰタンパク質複合体が、また、電子伝達系の一部をなすシトクロムb6f複合体がチラコイド膜全体にひろがっている。光化学系タンパク質にはクロロフィルが含まれている。そのほかに光エネルギーからATPをつくりだすATP合成酵素が、ストロマに突き出したチラコイド膜の特定部位に埋め込まれている。

**❖光合成**——これはかつて炭酸同化作用と呼ばれていたもので、生物が光エネルギーを化学エネルギーに変換する反応である。緑色植物がおこなうものが代表的であるが、葉緑体をもつ細菌や藻類もちがう反応経路でおこなっている。本来は「こうごうせい」と読まれるべきなのだが、耳で聞いたときの誤解を避けるために「ひかりごうせい」という読み方をされることが多い。化学的には、水分子を酸素供与体として用いることによって、二酸化炭素からデンプン（多糖類）と酸素を生成する反応である。光合成には光を必要とする明反応すなわち光化学反応と、必要としない暗反応すなわちカルビン回路による炭酸固定反応の二段階の反応が関与している。

光化学反応は、チラコイド膜上に配置されたタンパク質複合体によってなされる。クロロフィルが光エネルギーを使って水を分解して、プロトン（水素イオン）と酸素分子、および電子をつくる。この電子を使ってNADP+を還元して、NADPHをつくり、さらにチラコイド膜内外の水素イオン勾配を利用して、ATP合成酵素によってATPがつくられる。暗反応は炭酸同化過程で、ストロマでおこなわれる。光化学反応によってできたNADPとATPのエネルギーを使ってカルビン回路という一三種類の酵素が介在する複雑な代謝経路を経て、二酸化炭素からデンプンが生成される。

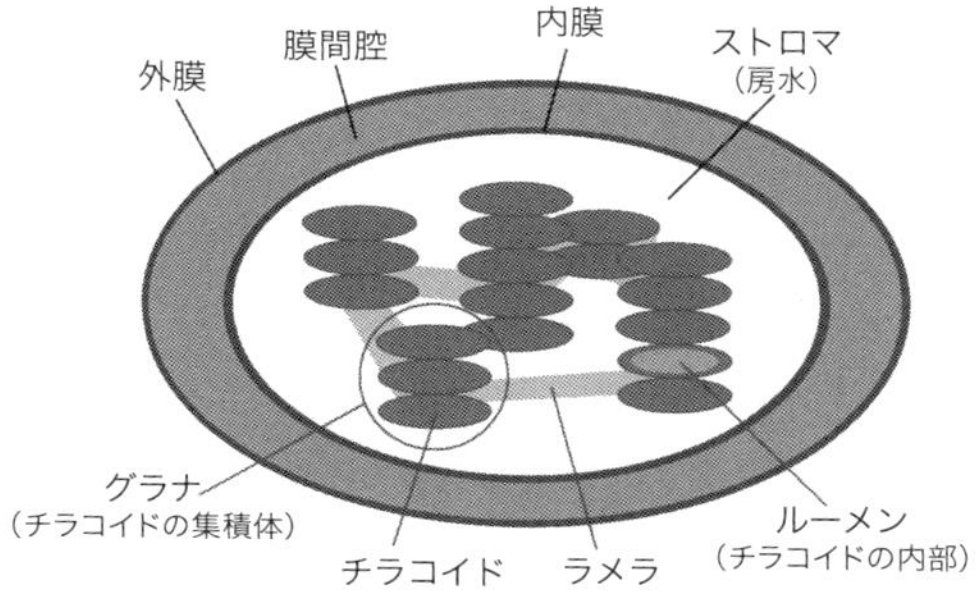

葉緑体の構造

暗反応においては、代謝回路で最初につくられる炭素化合物の違いから、C3植物とC4植物が区別される。大部分の植物はC3植物で、C4植物は二酸化炭素分圧の低下、酸素分圧の上昇に適応して後から進化したグループと考えられ、C3植物の二倍の光合成速度をもつ。トウモロコシやサトウキビなどの大型のイネ科植物がこれにあたる。ほかに乾燥した環境に適応して進化したCAM植物と呼ばれるグループがあり、夜間に気孔を開いて二酸化炭素を取り込み、光合成の材料とする。ベンケイソウ科やパイナップルが代表的な例である。

❖**クロロフィル**――光合成において主役をつとめる分子はクロロフィルで、葉緑素とも呼ばれる。化学的には、五角形のピロール環が四つ手をつないだテトラピロールに、フィトールと呼ばれる長鎖アルコールがエステル結合したもので、結合する置換基のちがいによって、a、b、$c_1$、$c_2$、d、fなどが区別される。

一昔前には葉緑素というのが健康食品の目玉で、なんでもかんでも葉緑素入りと詠われたものである。現在のコラーゲンやグルコサミンなどと同様、こうした食品を食べても、胃のなかで消化分解されて、アミノ酸や糖として吸収されるだけなので、そうした分子の原材料にはなりえても、生体での機能を直接補うような効果はありえない。まして、クロロフィルは、植物細胞でしか機能を果たせないので、動物である人間がいくら食べても栄養的な効果は期待できない。

ミトコンドリアや葉緑体は、細胞の系統発生的な起源を探るうえで重要な手がかりだが、個体発生における細胞の起源は、次項で扱う「卵」に始まるのである。

# 【ラ】卵　らん　egg, ovum

「たまご」とも読まれる卵は、生物個体の出発点である。そこには、発生過程を経て成体になるためのすべての情報と栄養が含まれている。その豊かな栄養のゆえに、ニワトリやガチョウの卵は、人類の食料として珍重され、さまざまな文化的シンボルにされてきた。キリスト教圏における復活祭にイースター・エッグは不可欠であり、その形は王家の宝石の意匠となり、ハードボイルド（固ゆで卵）は、冷徹でタフな探偵の活躍する探偵小説の代名詞となっている。

生物学的には、卵は有性生殖をする生物の雌性配偶子のことで、その形成のされ方の基本については、「繁殖」の項の「減数分裂」のところで概説した。動物の卵がどういう姿のものであるかあらためて述べる必要はないだろうが、植物については簡単に説明しておいた方がいいだろう。被子植物では、雌しべの基部にある子房内の胚珠に含まれる細胞の一つであり、コケ類、シダ類、および裸子植物では、造卵器と呼ばれる雌性生殖器官に含まれる細胞である。

## ❖精子と卵子——受精は体細胞（２ｎ）の半分の染色体（ｎ）をもつ二つの配偶子、すなわち精子と卵子の合体によって起こる。ほとんどの多細胞生物では、精子と卵子は、はっきりと異なる形をとっているが、藻類や有孔虫類などで、配偶子が同じ形をしており（同形配偶子）、おそらく、最初の配偶子は同形だったと思われる。では、なぜ異形の配偶子が進化したのだろう。それについては、以下のように考えることができる。多細胞生物の配偶子が満たすべき要求は、他の配偶子と出会って受精し、胚に栄養を与えて一人前の赤ん坊を育てることである。したがって、配偶子にはすばやく動きまわって相手を見つける能力と、胚を育てるための栄養分の蓄積という二つの条件が求められる。この二つの条件を均等に備えた配偶子の群れに、すばやく動きまわる能力にすぐれた配偶子が現れると、動きののろい配偶子よりも受精する確率が高くなるだろう。しかし、動きの速いものどうしの受精によってできた二倍体細胞は十分な栄養を蓄えていないために健全な個体として成長する確率は低い。そこで、配偶子のうちに、動きまわる能力は劣るが十分な栄養を蓄え、運動能力にすぐれた配偶子がやってくるのを待つというタイプのものがいれば、ことはうまく運ぶ。つまり配偶子が備えるべき二つの要件を二種類のタイプの配偶子にそれぞれ分担させるというやり方をとれば、もっとも効率よく受精・個体発生の過程をすすめることができるというわけだ。

この二極分化が極端までおしすすめられた結果が動物の精子と卵子だと考えられる（植物でも、最初はイチョウの精子のように運動能力を備えたものもあったが、やがて被子植物では花粉細胞となり、運動性は花粉粒子が担うことになる。植物の受粉については、「繁殖」の項を参照）。精子は運動能力を優先させるために鞭毛を発達させ、そのエネルギー調達装置としてのミトコンドリアと核を除く細胞質のほとんどを失っている。卵子は栄養分を卵黄という形で貯え、細胞質には、ミトコンドリアを含めて、胚発生に必要な物質を完備して、大型化する。精子のミトコンドリアは、受精の際に卵子に入らない場合も、入る場合もあるが、受精後、オートファジーによって選択的に排除される。

❖**卵生と胎生**――受精した動物の卵は最終的に体外に産み落とされるが、その方法には大きく二つある。一つは哺乳類に見られる胎生で、親の体の内部で、母体から栄養を与えられて十分に成長したあとに赤ん坊(幼体)として産み落とされるものである。もう一つは、卵のまま体外に産み落とされるもので、卵生と呼ばれる。卵を産む原始的なカモノハシとハリモグラ類を除いて、哺乳類はすべて胎生だが、その他の動物は原則として卵生である。しかし例外もあり、体内で卵を孵化させたあと、成長してから体外にだす卵胎生と呼ばれる手段をとるものもいる。卵胎生は、一部の魚類、両生類、爬虫類だけでなく、無脊椎動物(アブラムシやサソリ、タニシ類や二枚貝の一部)にも見られる。魚類では軟骨魚類(サメ、エイ)のほか、グッピーやカダヤシ、カサゴ類、両生類ではファイアーサラマンダーなどに見られ、爬虫類では、ボア科のヘビ、カメレオン、トカゲ類など多様な種が卵胎生である。

卵胎生動物のなかには、軟骨魚類やボア科のヘビ、グッピーなどのように、胎盤などによって卵が母体から栄養の供給を受けるものがあり、真の胎生に至る進化の過渡的な形態を示していると思われる。卵生の無脊椎動物および両生類では受精は体外でおこなわれるのが一般的だが、アカハライモリのように、雄が精子の塊である精包を雌に渡し、受け取った雌がそれで体内受精するような例外もある。鳥類も卵生であるが、体内受精で、輸卵管の上部で精子によって受精したのち、輸卵管を通過するあいだに卵白や卵殻が付け加えられて、卵として産み落とされる。受精なしにこの過程が進むと無精卵が生まれる。胎生および卵胎生の種の受精には、当然ながら、交尾による精子の注入が必要である。

雌が卵子、雄が精子をそれぞれ水中に放出して受精に至る動物では、卵に特別な保護は必要なく、卵は細胞膜に包まれているだけである。しかし、陸上で産卵する場合には、乾燥や食べられるのを防ぐことが必要で、一般に堅い膜ないし卵殻をもつ。カマキリやゴキブリは卵塊を分泌物で覆って卵鞘をつくり、クモ類は糸で卵塊を包んで卵嚢をつくる。

卵殻は卵を保護するうえで重要だが、爬虫類と鳥類では殻の堅さに違いがある。どちらの卵殻も炭酸カルシウムを主成分とするものであるが、鳥類では、卵殻の外側がクチクラ層などで覆われ強化されている。爬虫類のなかでも、ヘビやトカゲの卵殻は弾力性があって柔らかいのに対して、ワニやカメの卵殻は比較的に堅い。これは殻を構成する炭酸カルシウムの密度の違いで、ヘビやトカゲの卵殻には小さな隙間があって、胚の成長とともに、周囲から水分を吸収して卵殻そのものが大きくなることができる。

両生類は、成体が陸上生活するものでも、水中ないし水辺で産卵をおこなわなければならないので、本格的な陸上生活に転じることができなかった。陸上への進出を可能にしたのは、約三億年前の羊膜（ようまく）類の出現である。羊膜類というのは、胚発生の初期、すなわち卵のなかにいるときに胚と卵黄全体を包み込む羊膜という膜をもつ動物の総称で、爬虫類、鳥類、哺乳類がこれに当たる。羊膜の内部は羊水が満たしていて、胚を保護するだけでなく、生化学的に安定した環境を与える。空気が卵殻にある気孔から自由に出入りできるので、呼吸は可能で、また卵白には保水性の高いアルブミンが大量に含まれるために、水のないところでも長期間生存できる。さらに、羊膜の外側に漿膜(しょうまく)と尿膜も形成されるが、尿膜は胚が尿毒に冒されないよう老廃物を貯蔵する器官として重要である。尿膜はのちに漿膜と合体して漿尿膜となり、血管網を発達させて呼吸器官としても働く。この三つを併せて胚膜と呼ぶが、胚膜の形成によって、羊膜類は、両生類のように産卵のたびに水辺に戻らなくともよくなり、自由に陸上で分布をひろげることができるようになったのである。

### ❖産卵と抱卵――孵化した子どもが生き延びるためには、卵は安全な場所に産み落とされ、食物の豊富な時期に孵化する必要がある。したがって産卵時期は重要で、それぞれの種によって決まっている。季節的な産卵期をもつ動物では、日長時間や温度などの周期的な変化に対応して、フェロモンやホルモンが作用して、産卵が促される。海産動物では、ウミガメ、アカテガニ、クサフグなど、潮汐周期に対応した産卵期をもつものが数多く知られている。

産み落とされた卵は、ほとんどの水生無脊椎動物ではそのまま自然の成り行きにまかせられるが、親が何らかの保護策をもっているものもある。陸生の無脊椎動物では、カメムシ目の昆虫でいくつか保護の例が知られている。コオイムシの雌は雄の背中に数十個の卵を産み、雄はそれを孵化するまで守り続ける。タガメも卵に水をかけたりしながら卵（および幼虫）を守る。クモ類には卵を保護する種がいくつかいる。カニグモ類、ハシリグモ、アシダカグモ、コモリグモなどは卵嚢を持ち運びして守り、カバキコマチグモの雌は産室をつくってそのなかに卵を産んで守り、子グモが孵化すると自らの体を餌として提供する。

脊椎動物になると、親による卵の保護は珍しいものではなくなる。魚類では、タツノオトシゴのように育児嚢に卵を産んで守るタイプ、オオスジイシモチやテンジクダイのように雌の産んだ卵を雄が口の中で哺育するマウスブリーダー型、スズメダイのように雄が卵のある場所に新鮮な水を送り込んだり、ゴミを取り除いたり、捕食者を追い払うという形で保護するタイプなど多様である。

爬虫類ではニシキヘビのように例外的に抱卵するものもあるが原則として放置で、産卵したあと動かすと卵が死んでしまう。鳥類の抱卵はもともと保護行動であったのだろうが、それによって孵化が短時間で安全にもたらされるために、鳥類の子育てにおいて不可欠な行動になっていった。鳥類の卵は定期的に転がして位置を変えないと孵化率が著しく低下するだけでなく、温度を保つことも必要なので、なおさら抱卵が重要になる。

卵の温度は三四℃前後が最適で、抱卵期間は一〇日（キツツキ類）から八〇日（アホウドリ）までの幅があり、一般に卵が大きいほど期間は長くなる。抱卵するのは番（つがい）をつくる種では雌雄が、一夫多妻の種では雌が、一妻多夫の種では雄であることが多い。特殊な抱卵の例を二つあげておこう。ひとつは南極大陸で繁殖するコウテイペンギンで、マイナス六〇℃にもなる極寒の氷原で、雄たちが身を寄せ合い、それぞれ一個の卵を抱卵嚢と呼ばれる両脚のあいだの

コモリグモ

コオイムシ

皮膚のふくらみに入れて、およそ六五日間にわたって、何も食べずに抱卵し、その間に体重は三〇〜四〇％減少すると言われている。もう一つの変わり種はキジ目ツカツクリ科の鳥で、この仲間は抱卵せず、地面に穴を掘ったり、塚状の巣をつくったりし、そのなかに卵を産む。卵は太陽光や地熱、あるいは巣材の発酵熱によって孵化するのである。

動物では一般に、子供に対する保護の度合いが大きくなるにつれて子供の数が減っていく。魚を例に取れば、産みっぱなしのマンボウは何億粒という卵を産み、タイやイワシでも一〇万とか一〇〇万粒の単位である。水草に産みつけるアユやハタハタでは一〇〇〇粒、巣のなかに産むイトヨ類では五〇〜二〇〇粒、さらにマウスブリーダーと呼ばれるシクリッド科の淡水魚では数十粒にすぎない。またふつうのカエルは一〇〇〇粒くらいの卵を産むのに対して、雄が卵を足につけて保護するサンバガエルでは、二〇〇から三〇〇粒、雌が背中の育児嚢で育てるコモリガエルでは一〇〇粒といった具合になる。これだけ数がちがっていても、大人になった繁殖できる個体の数はどれもほとんど変わらないのだ。結局、数に投資するか保護に投資するかの選択の問題で、動物は自らの置かれた状況に応じて、いずれかを選ぶことになるのである。

**❖単為発生**——卵は受精によって精子と合体し、次世代を生みだすのが本来の姿であるが、受精なしに新しい個体が誕生することがあり、これを単為発生と呼ぶ。人為的に、物理的ないし化学的刺激を与えて個体発生を進めさせるのは、人為単為発生である。すでに一九世紀にカイコで知られ、二〇世紀には、ウニ（J・ロイブが酪酸と高張海水を用いて）、カエル（E・バタヨンが細い針による刺激を用いて）で、人為単為発生に成功している。

単為発生は、本来は有性生殖で増える種で偶発的に起こることもあるが、そうではなく、正常な繁殖過程の一部として取り込んでいる生物が存在し、その場合には、単為生殖と呼ばれる。動物における代表的な例がミツバチにおける雄で、女王の産んだ卵のうち、未受精卵が単為発生して雄になる。ハダニ類やアザミウマ類でも未受精卵から雄が単為発生するが、こちらは状況に応じて、雄の数が足りないときにのみ、単為生殖をおこなう。これらの種では雄は染色体を一セットしかもたない（半数体あるいは一倍体と呼ばれる）。

単為発生を組み込んだ非常に特殊な繁殖法をとる動物もいる。アブラムシ類の雌が春から夏にかけてつくるのは、染色体数が六本（二倍体で、うち二本がX染色体、したがって雌）の卵で、これが卵胎生の単為発生を繰り返して雌の数を増やす。秋につくるのはX染色体を一本捨てた五本の染色体をもつ卵で、こちらは単為発生によって雄個体になる。この雌と雄がそれぞれ減数分裂をおこなって通常型の卵と精子をつくり、受精がおこなわれる。ミジンコ類はふだん雌のみを生んで、単為生殖で増え、環境が悪化すると雄を産んで、有性生殖によって半数体の耐久卵をつくって、休眠状態に入り、環境がよくなれば、それから単為発生によって雌個体を生じる。これらは、世代交代の無性世代に相当すると考えることができる。植物でも、さまざまな単為生殖が見られ、エゾノチチコグサ、ドクダミ、三倍体のセイヨウタンポポ、ツチトリモチなどの単為生殖がよく研究されている。

雄の存在が知られておらず雌の単為生殖によってのみ存続している種として、オガサワラヤモリやカダヤシ属の熱帯魚アマゾンモリーなどがいるが、近縁種は有性生殖をおこなっており、なんらかの偶然によって有性生殖部分が脱落したと考えられる。しかし、輪形動物のヒルガタワムシ類は、一八属三六〇種（交雑可能性をもって定義される現在の樹概念からすれば、単為生殖生物の種とは何かという疑念は残る）のすべてが単為生殖であり、雄がまったく見つかっていない。単為生殖であるということは、遺伝子の交流がないことを意味するが、それが四〇〇〇万年のあいだにこれだけの種に進化するというのは生物学の常識に反するもので、メイナード・スミスはそれを「進化におけるスキャンダル」と呼んだ。単為生殖では、子は親とまったく同じ遺伝情報を受け継ぐので、わずかなコピーミスを除けば、自然淘汰が作用するための大きな変異が生じないはずなのである。

まだ発見されてはいないが、どこかに少数の雄がいて、ときどき有性生殖をしているのではないかという疑いがあったが、ヒルガタワムシの染色体の分析から、その可能性は否定されている。もとは五対の相同染色体であったものが、いまでは遺伝的組み換えのない一〇本の染色体として存在することから、有性生殖がおこなわれていないことが裏づけられている。小さな突然変異だけで、どのようにして三六〇種もが出現したのか、スキャンダルではないにしても、生物学の大いなる謎である。

**❖クローン**――無性的な単為生殖で生じた生物の集団は一般にクローンと呼ばれる。この言葉の語源であるギリシア語（κλών）は小枝の集まりのことで、もともとは挿し木や栄養生殖を意味したが、一九〇三年に、米国の植物生理学者ハーバート・ジョン・ウェバー（一八六五―一九四六）によって、単一の祖先から無性的に生じた個体の集団を表す生物学用語として定義された。クローンという表現は個体、細胞、遺伝子

H. J. ウェバー

およびその産物としてのタンパク質など、多様な生物の集団に用いられるので、混同しないよう注意する必要がある。生物一個体のすべての細胞は、一つの卵の細胞分裂に由来するので、細胞としてはクローンであるが、個体のレベルでは、それぞれの遺伝的組成がちがっているのでクローンではない。ついでながら、遺伝子のクローニングやモノクローナル抗体は、現代生物学の重要な実験的技術になっている。

生物の個体発生では卵から細胞分裂を繰り返し、より複雑な構造の胚を形成し、やがて最終的な器官や組織が形成される。その過程で、細胞はすべて同じＤＮＡをもちながら、しだいに限られた機能のみをもつ器官や組織に固有の細胞、たとえば、筋肉細胞、神経細胞、血球細胞へと分化していく。そうした細胞は、もはや、ほかの器官や組織の細胞になることはできない。一九世紀には、分化にともなって不必要な遺伝情報は失われるという見方が有力だったが、二〇世紀に入って、遺伝情報はすべて備わっているが、細胞質からの影響によって不必要な遺伝子情報が抑制されているだけなのではないかという考え方をとる人が増え、それを実証するために、英国の発生学者ジョン・ガードンは、アフリカツメガエルの未受精卵の核を紫外線で破壊し、オタマジャクシの腸の細胞の核を取りだして挿入することで、成体まで発生させることに成功した（一九六二年）。これが体細胞核移植の最初の成功例であり、分化した細胞の核であっても遺伝情報は健全であると証明されることによって、その後のクローン研究に道を開くことになった。その功績によって、ガードンは山中伸弥と共同で、二〇一二年度のノーベル医学生理学賞を受賞した。

ガードンの実験は、哺乳類におけるクローン生物作成の試みを勢いづかせた。一九九六年に、スコットランドのロスリン研究所で、哺乳類としてははじめて、クローン羊ドリーの誕生が見られた。これは核を除去した未受精卵に、成体の雌ヒツジからとって培養された（この処置によって細胞の全能性が復活するとされる）乳腺細胞を挿入し、電気刺激によって細胞融合させるものであった。ドリーは二〇〇三年まで生きたが、肺腺腫に罹り。安楽死させられた。

ドリーの成功と、その後、細胞融合を用いず、核を除去した卵子に体細胞を直接注入してクローン個体をつくるホノルル法が開発（若山照彦らによる）されたことで、マウス、ブタ、ネコ、イヌなどでつぎつぎにクローン動物が誕生した。そうした成功は、大きく二つの応用技術の可能性を開いた。一つは、畜産への利用で、乳量が多い牛や肉質のいい牛を量産するのに使うことができるわけで、これは現在すでに世界各地で実行されている。植物では、無性生殖は比較的ありふれた現象で、球根や挿し木を使ってできた作物は、実質的にクローン作物である。動物、ことに哺乳類では単為生殖はむずかしいので、クローン技術の開発がなければ不可能であった。

クローン牛は、①受精卵クローンと②体細胞クローンという二つの方法でつくられる。①は、受精して一六～三二細胞まで分裂したところで、細胞（割球）をバラバラにし、そのなかから状態のいい割球を選び出し（これをドナー細胞と呼ぶ）、それを別の核を除去した未受精卵（レシピエント卵子と呼ぶ）に挿入する。できたクローン胚を胚盤胞と呼ばれる時期まで培養してから仮親の子宮に移植して出産させる。この方法では、クローン牛は、最大でも割球分の数しかできない。これに対して②では、すぐれた形質をもつ牛の皮膚や筋肉などの細胞を培養し、状態のいい細胞をドナー細胞とし、①と同じ操作をする。この方法では、原理的に無限に多くのクローン牛をつくりだすことができる。ただし、無事に仔牛が生まれる確率はかなり低い。ドナー細胞の万能性（どんな細胞にもなれる能力）が高くないからである。

もう一つの応用技術の可能性は、再生医療である。特定の機能をもつ細胞を自由に再生できれば、その医療的価値は計り知れない。再生医療に使われるＥＳ細胞は胚性幹細胞（Embryonic Stem Cell）の略語で、一九八一年にマウスで、一九九八年にヒトで作製に成功した。これは、受精卵の胚盤胞期の胚の内部細胞塊を、特殊な条件下で培養することによって得られる。ＥＳ細胞は万能ではないがきわめて多様な細胞に分化する能力（多能性）をもっている。これに対して、二〇〇六年に山中伸弥らは、ｉＰＳ細胞、すなわち人工多能性幹細胞（induced Pluripotent Stem cell）の開発に成功した。こちらは、初期胚からではなく、分化した体細胞から、初期化に必要な四つの遺伝子を挿入することによってつくられたもので、こちらは、ＥＳ細胞よりもさらに大きな多能性をもち、再生医療に対する無限の可能性を秘めている。

卵を巡る物語は、あまりにも間口を広げすぎた感があるが、もっとも人情に訴えるのは親たちが見せる、卵に対する献身的な養育行動である。それこそ、次に論じる利他的行動の極みではないだろうか。

## 【リ】 利他的行動

りたてきこうどう　altruistic behavior

利他的行動は、利己的行動の反対語で、自分の不利益をも顧みずに他の個体の利益になるよう振る舞うことである。生物個体間の生き残りを巡る競争、すなわち自然淘汰が進化の原動力だと考える古典的なダーウィン進化論にとって、個体の利益を優先しない利他的行動の進化は説明が困難で、とりわけ社会性昆虫の繁殖能力のないワーカー（働きバチや働きアリ）の存在は困惑の種だった。ダーウィン自身も『種の起原』第八章で、「本能の自然淘汰説を巡る難題」の一つとして、これをあげている。そこにおける仮の説明は、そういう個体のいることが、その集団にとって利益になるなら、自然淘汰の作用がそういう結果をもたらしたと考えることができるというものだった。こうした「種にとっての利益」という考え方は、血縁淘汰説が出されるまで、多くの生物学者が採用していたものだった。血縁淘汰説は遺伝子の利害という観点から利他的行動を説明するものだが、この理論について説明をする前に、まずは、自然界にどのような利他的行動があるかを見ておこう。

❖**親による子の保護**――親子は直接の血縁関係にあるので、これを利他的行動と呼ぶのに違和感をもつ人は少なくないだろうが、親による抱卵や養育行動も遺伝的に決定されたものであり、人間が想像するような親子の情愛にもとづくものではない。親の養育行動の多くは本能的なもので、刺激に対する反応の連鎖にすぎず、人工的な偽の卵や雛が提示されると、そちらに対して反応し、托卵鳥のような騙し屋の手口にひっかかってしまう。したがって、親の養育・保護行動も、その進化を考えるには、自らの利益を犠牲にした利他的行動として説明できなければならないのである。

A. ポルトマン

もっとも典型的な保護行動は、親鳥による抱卵・育雛、哺乳類における出産・育児で、そのなかには当然、捕食者からの防衛も含まれる。ヒナや幼獣が親の養育行動に依存する度合いは、生まれ方に左右される。その点で、アドルフ・ポルトマン（一八九七―一九八二）が提案した早成姓（鳥類では離巣性）と晩成性（鳥類では留巣性）の区別は重要である。早成性の動物は生まれてすぐに自立でき、親の保護をあまり受けずに育つもので、鳥類では、孵化後すぐに眼が開き、羽毛もほぼ生えそろい、早くから親鳥の後について歩くことができ、自力で採餌することができる。地上に巣をつくるガンカモ類、キジ類、シギチドリ類がこれに当たる。哺乳類では草食獣に多く見られ、キリンやウマのように、生まれてすぐに立ち上がり、親のあとについて歩くことができる。じっととどまって哺育すると捕食される危険の高い種に特徴的なものである。

晩成性の鳥類では孵化したばかりのヒナは眼が見えず、羽毛もほとんど生えておらず、親鳥からの給餌と保護を受ける。樹上などに安全な巣をつくる大部分の鳥類がこちらである。したがって、晩成性は営巣行動の進化と関連しているのだろう。哺乳類でも、晩成性の種の幼獣は生まれたときには眼が見えず、毛も生えていないことが多い。したがって一定期間、親の保護が不可欠である。食肉類、齧歯類など、比較的安全な状況で子育てができる種に晩成性のものが多いが、モルモットのように、齧歯類なのに、眼が見え、毛が生えている赤ん坊を産む種もいる。

通常の養育行動以上に利他的な親のふるまいとして特筆すべきは、コチドリ、イソシギ、ヒバリ、シジュウカラなどの鳥類が見せる擬傷（ぎしょう）（injury feigning）である。歩いていた親鳥が突然、翼をだらりと下げ、怪我をしているかのような仕草をつづけて、捕食者の注意を引き、卵やヒナのいる場所から徐々に遠ざけて子を守るというのが、典型的なパターンである。しかし、求愛ディスプレイや雛の餌ねだり動作の変形版を用いるなど、種によってさまざまな擬傷のヴァリエーションがある。

この手法を学習して騙されなくなった捕食者にヒナや卵を盗まれることがあるだけでなく、第二の捕食者によって、擬傷をしている親鳥自身が敵の餌食になってしまうこともあるので、リスクの高い利他的行動である。擬傷は、敵から逃げたいという衝動と巣やヒナを守りたいという衝動の葛藤から進化した行動と考えられている。こうした捕食者の注意をそらす行動は、はぐらかし（distraction display）と総称され、魚類でも、巣の卵を守っている雄のイトヨは、ほかの雄の眼をそらすために、川底のほかの場所を掘る行動が知られている。

### ❖群れの防衛——集団生活をする動物が群れを守るのは当然と言えば当然だが、身の危険を厭わずに、群れの他個体のために闘うのは、まぎれもなく利他的な行為である。社会性昆虫の防衛行動はその典型で、兵アリや働きバチは文字通り死を懸けて巣を守る。ミツバチの針には逆棘があり、刺した相手の体から引き抜くときに、自らの内臓の一部が破裂して死に至るからだ。

捕食者や競争相手から群れを防衛するという行動は、ヒヒ類やアカゲザルなどの多くの霊長類に見られる。この際、特定の雄が先頭に立つことがある。一頭の雄が雌の群れを占有するハーレム型の社会をもつハヌマンラングールやオットセイなどでは、優位雄が群れの防衛にあたるが、これは自らの遺伝子継承者を守る行為として、説明がつく。ジャコウウシやシマウマなどが、捕食者に襲われたとき、円陣をつくって幼獣を内側にいれて守るのも、一種の利他的行動ではあるが、群れが互いに血縁者どうしであれば、やはり包括適応度による血縁淘汰で説明がつく。

鳥類の防衛的な利他的行動として、モビング（mobbing）というのがある。これは、捕食者に集団となって仕掛ける擬似的な攻撃で、多数の鳥が参加するほど効果がある。自分の巣やヒナに捕食者が近づいたときには、親鳥とその周辺にいる鳥が一緒になって、相手につきまとい嫌がらせをして追い払う。あるいは、ワシタカ類が近くを舞っていたり、フクロウが近くの枝に止まっていたりするのに気づいたときには、別種の小鳥も参加して、やかましく声を上げながら跳びまわって威嚇する。カラス類は、小鳥たちからモビングを受ける一方で、ワシタカ類に対しては大群になって、モビングする。こうした行動でも、まっさきに騒ぎ立てた個体には大きなリスクがあるので、やはり利他的行動の一種である。

鳥類以外では、哺乳類で、ザトウクジラが採餌中のシャチにモビングを仕掛けて、他の生物を守る行動や、カリフォルニアジリスが、ガラガラヘビに対してモビングを含めて、さまざまなはぐらかし行動をとることが知られている。

**❖警報**――仲間に敵の存在を知らせることは、英雄的行為ではあるが、これもまた、自らの命にかかわる危険性と表裏一体であるがゆえに、これも立派な利他的行動である。社会性昆虫の警報フェロモンは、巣に外敵が侵入したときに発せられるもので、一匹のハチやアリに刺されると、たちまち何十匹ものハチやアリが押し寄せてくるのはその化学物質（分子量が小さく、揮発性）に反応しているのである。シロアリ類は、フェロモンだけでなく、震動音によっても危険を伝える。興奮した兵アリは頭部を前後にすばやく動かし、巣の壁を伝わるその震動によって仲間に危険を知らせるのだ。

鳥類の警戒声はモビングの鳴き声とは異なっており、敵に位置を気取られないよう短い鳴き声で、スズメでは「ジまたはジュ」、オナガでは「ゲー」、ウグイスでは「ケキョ」と鳴く。タカ類などが近づいたときの差し迫った「チュイン」は大部分の小鳥類に共通の警戒声らしく、この音を聞くと、ほとんどの小鳥がいっせいに飛び立つ。この習性を逆手にとって、偽の警戒声を発して、餌場からほかの鳥を遠ざけて、餌を独り占めにする行動が、クロオウチュウ、シジュウカラなどのカラ類、チャイロトゲハシムシクイなどで知られている。同じ原理で、カラスの警戒声を人間がカラス撃退に利用する試みもなされている。

アフリカに生息する多くのオナガザル類、コロブス類では、捕食者であるワシ、ヒョウ、ヘビなどに対して、それぞれ異なる警戒声を発し、仲間たちもそれに対して適切な反応を示すことはよく知られている。たとえば、ベルベットモンキー（別名サバンナモンキー）は、三〇種類以上の警戒声をもつと言われているが、少なくともヒョウ、ワシ、ヘビの三種類の捕食者に対する警戒声は明確に識別されている（セイファースらの研究）。ヒョウに対する警戒声はキャンと聞こえるような短い吼え声で、これを聞いたサルたちは走って木に登る。ヘビに対してはチャターと呼ばれる高い音を出し、これを聞いたサルは二本足で立って地表を見下ろす。ワシに対しては、低いうなり声を発し、これを聞いたサルは、空を見上げたあと、手近なブッシュに逃げ込むといった反応を見せる。こうした例は、警戒声が単なる反射的な発声ではなく、コミュニケーション上の意味をもつことを示している。

**❖互恵的利他主義**——上に述べたような利他的行動を共生関係に喩えれば、一方だけが利益を得る片利共生のように見える（ただし、血縁淘汰説によれば、めぐりめぐって自分の遺伝子の利益になる）のに対して、これから述べる互恵的利他主義は、双利共生的なものである。つまり、一方が利他的行動をすれば、相手もお返しをしてくれるのである。人間社会でいえば恩を売る行為であり、「情けはひとのためならず」である。多くの動物がおこなうグルーミング（毛づくろい、羽づくろい）などは、お返しがただちに帰ってくる例であるが、多くの場合、お返しが帰ってくるまでには時間的なラグがある。

互恵的利他行動の実例としてもっとも有名なのは、中南米に生息するチスイコウモリによるものである。このコウモリは昼間洞窟に集団で住んでいて、夜になると家畜やその他の哺乳類の血を吸って生きている吸血動物だが、毎晩すべての個体が餌にありつけるわけではない。ふつう二〇％近くの個体は何も食べずに帰ってくるが、そのまま一日を過ごせば死ぬ危険がある。そこで、たっぷりと血を吸うことができた個体が、空腹の個体に少し血を分け与えるのである。自分が空腹のときには血を分けてもらえるという想定があってはじめて成りたつ行動である。この場合、与える側がお返しをもらえるのは、どんなに早くとも翌日であり、ことによれば一週間後かもしれない。にもかかわらず、こういう行動が成立するためには、個体の認知と記憶、そして、ルールを守らないものに対する罰則が必要である。実際にチスイコウモリの群れでは、お返しをしない個体は群れから追放される。

共同で繁殖する動物に、ヘルパーという存在が見られる。自分の子ではないヒナや子を保護したり、給餌したりして、実の親を助ける個体である。これもまた明白な利他的行動で、百数十種の鳥類のほか、キツネ、リカオン、ハダカデバネズミなどの哺乳類でもヘルパーが見られる。このような行動がなされる理由の一つは、ヘルパーの多くが子の兄姉などの血縁者であることで、これについては、血縁淘汰説で説明がつく。しかし、なかには非血縁者がヘルパーになることがあり、その場合には、広い意味の互恵的利他行動と考えることができる。ヘルパーは、うまくすれば、なわばりを継承することができるし、少なくともヘルパーをしているかぎり追い出されることなく、良質な環境で生きていくことができるからである。ヘルパーは、繁殖に適したなわばりが十分にはないという状況への適応と考えられる。

コウテイペンギンの雄が極寒の南極大陸で長期にわたって抱卵することはすでに述べたが、その際に少しでも体温を保つために、押しくら饅頭のような大きな塊（ハドリング）をつくる。外側は寒く、内側は暖かいために、外側にいて体の冷え切った個体は順次内側に入っていく。これがどういうメカニズムによって実施されているのか、研究者の報告を寡聞にして知らないのだが、もし、なんらかの暗黙の了解ないしルールによってなされているとすれば、これもまた、互恵的利他主義の一つであるかもしれない。「共生」の項で論じた異種間の協力関係も、互恵的な利他主義と解釈することができるだろう。

### ❖血縁淘汰説——さていよいよ、血縁淘汰説について説明すべきときがきた。利他的行動の進化を、従来は、種のため、群れのために利益をもたらすからという、いわゆる群淘汰説で説明されてきたことはすでに述べた。利他的で協調的な個体からなる集団と利己的で協調性の乏しい個体からなる集団を比較した場合、利他的な集団の方が生き残る確率が高いというのが、群淘汰説の基本的な考え方だが、それだけでは、利他的な行動が進化する理由にはならない。利他的行動がいかにして進化しうるのかという難問を、集団遺伝学にもとづく現代進化論によって説明したのが、ウィリアム・ハミルトン（一九三六—二〇〇〇）によって提唱された血縁淘汰説である。ただし、ハミルトンが一連の難解な論文で主張したのは、「包括適応度」という概念で、それを一般向けに「血縁淘汰」という言葉に翻案したのは、ジョン・メイナード＝スミス（一九六一年）だった。

現代進化論は集団（種）レベルでの遺伝子頻度の変化を進化の基本的な要件と考えており、ある行動が進化するためには、その行動の遺伝子が集団のなかで多数派にならなければならない。その成功の度合いを表す目安が「適応度（fitness）」であり、具体的には、その（遺伝子をもつ）個体がどれだけ多くの、繁殖力のある子孫を残せるかを示すものである。しかし、遺伝子の成功の度合いを見るためには、その利他的行動によってもたらされる適応度の増加も考慮に入れなければならない。それが包括適応度で、面倒な数式を使わずに説明すれば、その遺伝子の適応度に、その行動の結果生じる遺伝子の適応度の増加分を加えたものである。利他的行動の恩恵を受けるのが血縁者であれば、その受益者は一定の確率で自分と同じ遺伝子を共有している。したがって、その利他的行動によって、相手がより多くの子孫を残すことができれば、結果的に利他的行動の遺伝子の適応度も増加することになる。

遺伝子を共有する確率は、血縁度という尺度によって表される。ふつうの動物で、親子、兄弟間の血縁度は二分の一、甥や姪は四分の一、従兄弟どうしなら八分の一である。それぞれの血縁度に応じて、遺伝子の包括適応度の増加の度合いは異なるが、もし利他的行動者の犠牲的な行為によって、たとえ当人の適応度が低下したとしても、近縁者の遺伝子が受ける適応度の増大が、その犠牲を補って余りあるときには、その利他的行動は進化しうるというのが、ハミルトンの考え方である。たとえば、二人より多くの兄弟、あるいは八人より多くの従兄弟の命を救うために自らの命を犠牲にする行動は、その行動の遺伝子の適応度は結果的にプラスになるので、進化的には間尺に合うことになる。

ミツバチやアリなど膜翅目の社会性昆虫では、ワーカーが女王の産んだ卵と幼虫を育てる。この場合、ワーカー自身は繁殖しないので（ただし、アリでは女王がいなくなると働きアリが産卵することもある）、適応度はなくなるが、その遺伝子の適応度は、育てる卵や幼虫によって埋め合わせ以上の利得を得られる。すでに述べたように、この仲間は特殊な繁殖様式をもち、雄は単為生殖によって生じ、染色体は一倍体であるのに対して、雌である女王とワーカーは有性生殖によって生じ、染色体は二倍体である。そのため、ワーカーが育てるのは自分の妹であり、その近縁度は父親が同一だとすれば、四分の三（実際には女王は複数の雄と交尾をするので、厳密にはそれより小さくなる）になり、近縁度二分の一の自身の子を育てるよりも適応度が高くなり、こうしたシステムが進化したと考えられる。

血縁淘汰説の提唱と、それをより一般化して流布させたリチャード・ドーキンスの『利己的な遺伝子』の出版によって、動物の行動や社会を、個体ではなく遺伝子の利益という視点で見る行動生態学（米国ではE・O・ウィルソンの『社会生物学』の影響が強く、社会生物学と呼ばれることが多い）が、生物学の一大分野として急速な発展を遂げた。そうした試みの中で、ヘルパーや、子殺し（群れを乗っ取った雄が自分の遺伝子を残すために、前の雄の子どもを殺し、雌を発情させ、自分の子を産ませる行動）などの新しい現象がつぎつぎと発見された。また、社会的な行動原理の進化を取り扱うのにゲーム理論が導入され、メイナード＝スミスによる「進化的に安定な戦略」という重要な概念が提出された。これは、どの行動戦略が用いられるかを、その戦略の適応度の変動として扱い、もっとも安定した状態（経済学で言うナッシュ均衡に相当する）で落ち着くことを示すものである。たとえば、タカ派的な攻撃的戦略とハト派的な宥和的戦略の対立をシミュレートすれば、タカ派だけの集団もハト派だけの集団も不安定で、両者が一定の割合で共存するのがもっとも安定した社会となる。

ここで述べたような利他的行動は、遺伝的に決定されたものだが、もっとも高度な社会をつくりあげた人類においては、自由意思による利他行動が見られるようになる。いざ、人類の進化に眼を向けることにしょう。

## 【ル】類人猿

るいじんえん　anthropoid, ape

類人猿は進化的にヒトにもっとも近い動物で、生物学的にはヒト上科に属するヒト以外の霊長類を指し、かつてはヒトニザルと呼ばれていたこともある。現生の類人猿はゴリラ、チンパンジー、ボノボ（ピグミーチンパンジー）、オランウータンと、テナガザル類（フクロテナガザルを含む）だけである。現在の霊長類学者は、類人猿を英語でape，それ以外のサルをmonkeyと明確に区別するが、この区別は一般的にはあまり厳格に適用されず、しばしば混用される。たとえばデズモンド・モリスの『裸のサル』や、映画『猿の惑星』のサルはapeで、本当は「類人猿」とするべきところだが、それではインパクトに乏しくなってしまう。実をいえば、欧米の霊長類学者も昔はそれほど厳密に区別しておらず、現在バーバリーマカクと呼ばれているオナガザル科のサルも、かつてはバーバリーエイプと呼ばれていたのだが、この区別の厳密化によって改名させられたのである。

❖**霊長類の進化**──人類の進化について論じる前に、まず霊長類の進化について見ておく必要がある。いささか本題から外れるが、日本語の学術用語として霊長目は近年サル目への改称が提案されたが（一九八八年当時の文部省による）、これは命名の一般的ルールに反するもので、私は採らない。霊長目の学名**Primate**は第一等のものという意味で、霊長目というのは納得のいく訳語である。その下位分類階級であるヒト上科（**Hominoidea**）、ヒト科（**Hominidae**）、ヒト亜科（**Homininae**）、ヒト族（**Hominini**）、ヒト亜族（**Hominina**）はいずれもヒト属（**Homo**）を基準にしてつくられた用語なので、統一してヒトと訳すのは理に適っているが、目名はそうはなっていない。なにより、霊長類をサル類と総称してしまえば、**ape**（類人猿）と**monkey**（サル）を区別するという霊長類学者たちの折角の苦労が台無しになってしまう。このお役所主義的な統一（これについては「和名」の項で詳しく述べる）は、他の分類群についてもおこなわれており、食肉目はネコ目、齧歯目はネズミ目、有袋目はフクロネズミ目、翼手目はコウモリ目へといった具合である。従来の目名はそのグループの全体的な特徴を表しているのに対して、今回の改称は目名を特定の種名で代表させるもので、系統分類学の思想を踏みにじるものとして、大多数の哺乳類学者は反対している。

本題に戻って、霊長類の最古の化石と考えられるプルガトリウスは、約六五〇〇万年前の北米の白亜紀後期から見つかっており、ネズミほどの大きさで、樹上性だったと考えられている。暁新世（およそ六六〇〇万～五六〇〇万年前）に入ると、曲鼻猿類の祖先であるアダピス類と直鼻猿類の祖先であるオモミス類がユーラシアおよび北アメリカで繁栄する。曲鼻と直鼻というのは、鼻腔が曲がっているかまっすぐかの違いを言うもので、前者では鼻孔は左右に離れて外側を向き、後者では左右が揃って、前または下を向く。

現生の曲鼻猿類にはキツネザル、アイアイ、ロリスなどかつて原猿類と呼ばれていたものが属するが、かつての原猿類のうちメガネザル類は、他の真猿類とともに直鼻猿類に分類される。

その後、北アメリカのサル類はなんらかの理由で絶滅したが、こうした原始的なサル類の一部は、アジアとアフリカに進出することになり、とりわけアフリカで大発展をとげる。中新世（およそ二三〇〇万～五〇〇〇万年前）になると、直鼻猿類はそのままアフリカにとどまった狭鼻猿類（旧世界ザル）と、アフリカからなんらかの手段によって大西洋を渡ってふたたび南アメリカに到達し、そこで独自の進化を遂げた広鼻猿類（新世界ザル）に分かれる。狭鼻猿類の鼻孔の間隔が狭いのに対して、広鼻猿類は間隔が広く、穴が外側に向いているという外見上の違いで区別できる。

狭鼻猿類からヒト上科（類人猿とヒト科）とオナガザル上科が分岐してくるのが二八〇〇万～二四〇〇万年前と推定されている。ヒト上科はおよそ二〇〇〇万～一六〇〇万年前にヒト科とテナガザル科に分かれ、ヒト科はさらに一四〇〇万年ほど前にヒト亜科とオランウータン亜科に、そして約一〇〇〇万年前にヒト亜科がヒト族とゴリラ族にわかれ、約七〇〇万年前にヒト族がヒト亜族とチンパンジー亜族に分かれ、最初の人類が出現することになる。

人類中心的な視点からいえば、ヒトに至る系譜をからまず新世界ザルが別れ、ついでオナガザル類、テナガザル類、オランウータン、ゴリラ、そして最後にチンパンジー（およびボノボ）という順に別れていったのである。

### ❖初期人類の発見

──ダーウィンの進化論が「人間はサルから進化した」と主張するものだという誤解は多いが、『種の起原』のなかでダーウィンはそんなことは言っていない。というより、人類進化についてはまったく触れず、そのうち光があてられるだろうと述べているだけである、触れなかった最大の理由は教会からの批判を憂慮してのことだったのだろうが、それだけでなく、まだ化石人骨はほとんど見つかっておらず、具体的に人類進化を論じるための材料もなかったのだ。一二年後の一八七一年に待望の『人間の由来』を出版するが、その三分の二は各種の動物の性淘汰に関するもので、人類進化を扱った部分でも、人間が肉体だけでなく知能も含めて、下等動物から進化したという証拠を示しているだけで、化石人類をつなげた具体的な人類進化の道筋は示されていない。

本格的な人類進化の研究は、トマス・ハクスリーの『自然界における人間の地位』が刊行されて以降のことであり、その後、新しい化石人類が発見されるたびに進化のストーリーが書き換えられるという状況が長らくつづいてきたが、現在では、多数の化石にもとづく比較研究、ならびに現生類人猿、および一部の化石人類のゲノム解析がおこなわれた結果、かなり信頼性の高い、進化の系譜が明らかになりつつある。

最初のヒト亜族の化石はチャドから出土した約七〇〇万年前のサヘラントロプス属（愛称トゥーマイ）で、それに続いて年代順に、オロリン属（約六〇〇万年前）、アルディピテクス属（約四五〇万年前）という猿人の化石が出現する。そしていよいよ、アウストラロピテクス属（約四〇〇万～二〇〇万年前）、ケニアントロプス属（約三〇〇万～二七〇万年前）、パラントロプス属（約二七〇万～一二〇万年前）、ヒト属（約二五〇万年前）という初期人類の登場を迎えることになる。ここで注意しておかなければならないのは、こうした初期人類の直接的な類縁関係は明らかでなく、年代の古いものが、かならずしも直接の祖先を表してはいないことである。太古の類人猿や初期人類が生息したアフリカは、化石の残りにくい環境条件であるため、見つかっている化石は散発的であり、さまざまな系統の一部を代表するものでしかない。

ここから、いよいよ本当の意味での人類進化が始まるのだが、人類進化を特徴づけるものとして、直立二足歩行と脳の発達、および言語の発生を中心に論じたいと思う。

## ❖直立二足歩行の起原——類人猿をはじめ、短期的な二足歩行をする動物はほかにもいるが、つねに

直立二足歩行するのは人類だけである。ペンギンやカンガルーは二足歩行をするが、骨盤と大腿骨の構造からして、人間のようにまっすぐ直立しているわけではない。ヒトでは、骨盤の下に二本の大腿骨がほぼ垂直に接続しているが、股関節での可動性が大きく、前後に自由に動かすことができ、歩行を容易にしている。また、サルでは頭蓋が脊柱の前方にくるのに対して、ヒトでは脊柱の上方にくるので、それまで頭蓋の後方に開いていた大後頭孔が、頭蓋の下方に開くようになるなど、直立歩行にともなう大幅な身体の改変を伴うことになった。この改変によって、咽頭や喉頭の位置関係も変化し、気道と食道が分離され、発声がしやすくなって、言語の発生を可能にした。反面、無理な直立姿勢のために、脊柱や下肢に負担がかかり、人類は腰痛や胃下垂、下肢静脈瘤などの疾患に悩まされることになる。

直立歩行は、いつどのように始まったのだろうか。サヘラントロプスの大後頭孔は下方にあるので直立歩行していた可能性は高いが、体幹より下の骨が見つかっていないので、確実なことはいえない。オロリン属

やアウストラロピテクス属は骨盤や大後頭孔の位置などから、直立していたと思われる。したがって、直立歩行する最初の猿人は、早ければ七〇〇万年前、遅くとも五〇〇万年前には出現していたのだろう。

四足歩行から直立二足歩行に移行した理由については、いくつもの仮説がある。いわく、立つことで眺望が開け、サバンナで捕食者を見つけやすくするため。その場で食べきれない餌を持ち運びできるよう手を自由にするため。立つことで熱帯下の直射日光が当たる面積を小さくするため。雄の性的魅力(性器)を誇示するため。あるいはエレイン・モーガンが「水生類人猿説」述べているように、水の中を歩くときに、頭をだすため。こうした主張は、それぞれ一理はあるものの、これだけ劇的な変化をもたらした動機としては弱い。むしろ、ジョナサン・キングドンが言うように、霊長類段階における解剖学的な構造の変化の蓄積が直立歩行への地ならしをしたと考えるのが妥当であろう。すなわち、それまで森の中を腕渡りで移動していたのが、開けた土地に出て、地表の昆虫やミミズ、カタツムリなどを探して食べる生活に変わったとき、尻をついて効率よくその作業をすすめるために、可動性のある骨盤、扁平な足、垂直な背骨などの形態変化が起こり、それが直立二足歩行を可能にする前提条件をつくったというのである。

### ❖脳の巨大化――「頭」の項で、大脳化という言葉があることを述べたが、これこそ、人類進化を特徴づけるもっとも顕著な現象の一つである。進化の過程で、人類の大脳は絶対的、相対的に大きくなってきた。類人猿のチンパンジー、ボノボ、ゴリラ、オランウータンの脳容量は三五〇~五〇〇ccで、アウストラロピテクスも五〇〇cc程度であった。これに対して、現生人類の脳容量は一三〇〇~一五〇〇ccで、ほぼ

三倍になっている。ただし、脳容量が単純に知能に比例しているわけではなく、ネアンデルタール人の脳容量は現生人類より大きかったが、大脳そのものは現生人類の方が大きい。大脳、とりわけ新皮質が大きくなることが重要なのである（ヒトの脳の構造と機能については、「脳」の項を参照）。かつては、脳の発達によって直立歩行が可能になったとされてきたが、直立歩行をしていたが脳は大きくなかったアウストラロピテクスの例に見られるように、現在ではむしろ、直立二足歩行の後に大脳化がもたらされたと考えられている。

直立によって前肢が解放されたことで、両手を使って、自由に、石器などの道具をつくって、使うことができるようになり、道具の作製によって、狩猟や漁猟が可能になり、動物の肉や魚介を調理して食べることができるようになった。動物食がもたらす栄養は、大脳の巨大化に不可欠であった。というのも、脳組織の五〇％以上は脂質から構成されていて、しかもその三分の一は、アラキドン酸やドコサヘキサエン酸のような、不飽和脂肪酸で、動物性食品から摂取するしかない栄養成分なのである。したがって肉食が脳の発達に決定的な役割を果たしたのは疑いない。

直立二足歩行には、脳の巨大化に関連したもう一つの重要な側面もある。すなわち、四足歩行では頭は脊柱の前方についているために、首だけで脳を支えなければならないため、脳の巨大化は難しかったが、直立姿勢では、脳が脊柱の上にくるため、重い脳を支えることができ、巨大化が物理的に可能になったのである。

**❖脳の発達**――ヒトの知的能力と他の哺乳類の知的能力の大きなちがいは、なんといっても、長期記憶をともなう思考力と、言語能力であろう。この違いは脳に根拠をもち、新皮質、ことに前頭葉の著しい発達と相関している。前頭葉には、脳のドーパミン作動性ニューロンの大半が存在する。これらのニューロンは、思考、情動、注意、長期記憶などの精神作用にかかわるもので、ヒト以外の霊長類でも他の動物より発達はしているが、ヒトでは、大脳化を通じて、前頭葉が著しく発達する。しかし、脳は非常に大きな代謝的コストを必要とする器官で、重量は体の二%ほどにすぎないが、約二〇%のエネルギーを消費する。したがって、よほど大きなメリットがなければ進化しなかったはずだ。

なぜ霊長類、とりわけヒトでだけ大脳が飛び抜けて発達したかについては、直立二足歩行の起原と同様に、いくつかの仮説がある。それらを直接に検証することができないが、そのメリットが大きなものであったのは疑いない。獲物の習性や気象の変化を記憶し、社会的なコミュニケーションが可能になれば、集団での狩猟や漁猟を効率的におこなうことができ、獲物の配分における互恵的利他行動を通じての共同体意識の発達は、他の群れや部族との競合においても有利さをもたらし、その群れに属する個体の適応度の増大を通じて、ますます大きな大脳に向かって進化していくことだろう。そうした状況を想定し、脳の発達に関する説明を提示したのが、ロビン・ダンバーの「社会脳仮説」である。ダンバーは、人間以外の霊長類の脳に占める大脳皮質の割合が、その種の典型的な群れのサイズと相関していることを示し、大脳皮質が、群れを安定的に維持するための社会的なネットワークの形成能力、すなわち「社会脳」の指標であり、ヒトのように一五〇人程度の群れ（クラン）を維持する種では、大きな社会脳を必要としたというのである。

ヒトをヒトたらしめている最大の武器は言語である。

発達しているが、それらは正確な情報伝達という点で、ヒトにおける言語の威力に比べようがない。

### ❖言語能力の遺伝子——ゴリラやチンパンジーでは音声、表情、身振りによるコミュニケーションが

チンパンジーに言語を解する一定の能力があることは、手話や記号を使った実験によって証明されている。根本的に欠けているのは、言葉を発する能力である。原因は、発語にかかわるハードウェアとソフトウェアの二つの側面で考えられる。ハードウェアというのは、身体的な構造のちがいである。発音器官は声道と呼ばれるが、これは喉頭にある声帯より上の咽頭腔や口腔からなる複雑な器官で、声帯でつくられた音が咽頭腔や口腔で増幅、変形されて口または鼻から出されたものが声である。複雑な音を出す上でいちばん大きな役割を果たしているのは舌である、チンパンジーは、ヒトの言語におけるような微妙な音の使い分けをすることができない。とくに、母音のｉ、ｅを出すことができないが、これはどの言語にもある音で、これが出せないと、ヒトのような言語を話すことはできない。原因は舌と声道の構造の違いで、直立歩行するヒトでは喉頭の位置がチンパンジーよりずっと下方にある。ヒトの赤ん坊も喉頭が高い位置にあるときには、この母音がだせない。ネアンデルタール人の声道の構造（舌骨が見つかっている）は、彼らが言葉を発することができたことを示している。

言語にかかわるソフトウェアは脳の言語中枢（ヒトでは左半球に局在することが多い）、主としてブローカ野とウェルニッケ野のはたらきである。ブローカ野は大脳皮質の前頭葉にあり、発音器官を動かして声を出す能力に関係しており、ここに損傷を受けるとブローカ失語という言語障害を発症し、文法的に複雑な文

章をつくれなくなる。アウストラロピテクスにはこの領域が存在しなかったようである。ウェルニッケ野は側頭葉と頭頂葉が接する部分にあり、言語の理解に関係しており、この領域に損傷を受けるとウェルニッケ失語を引き起こし、言語理解や発音のリズムなどが障害を受ける。チンパンジーにはこの領域は存在しないが、先駆となるニューロンの局在は知られている。

言語能力に関すると思われる遺伝子が、ある特定のパキスタン人家系に見られる発達性言語協調障害の研究から明らかになっている。この病気をもつ子どもは一群の母音および子音の発話に障害が見られ、それが七番染色体の**FOXP2**という遺伝子の突然変異によるものであることが突き止められた。この遺伝子はその名の通り、転写因子であるフォックス遺伝子ファミリーの一員で、一連の遺伝子連鎖反応を制御するマスター遺伝子の一種である。この症状をもつ患者のブローカ野の活動レベルが低いことが知られており、この遺伝子が発語に関係している可能性は高い。

これに相当する遺伝子は動物界にひろく見られ、その遺伝子のコピーを一つノックアウトされたマウスの赤ん坊は母親に訴えるピーピーという音を出させない。またキンカチョウの雄は正しくさえずることができないなどのことが明らかになっており、**FOXP2**が「言語の遺伝子」だとまでは言えないものの、発語に不可欠な因子であるのは確かである。チンパンジーの**FOXP2**タンパク質はヒトのアミノ酸配列と二か所異なっているが、ネアンデルタール人は同じタイプの**FOXP2**をもっている。したがって、ネアンデルタール人が言葉をしゃべれた可能性はかなり高いと考えられる。なお、霊長類の色覚の進化が、その生態と関連したきわめて興味深いものであることは、すでに「網膜」のところで述べた。

## ❖出アフリカ説

——私たち現生人類の学名はホモ・サピエンス（亜種名まで入れるとホモ・サピエンス・サピエンス）であるが、このホモというのは、分類学的にはヒト属のことで、現在まで十数種が知られている。少数の断片的な化石にもとづく種の同定には異論も多く、今後改称されることもありうるので、主要な種についてのみ触れる。ヒト属は、科学的に厳密な区分ではないが、便宜的に原人、旧人、新人に大別される。

原人に含まれる主要な種として、まず二五〇万年前あたりのアフリカでアウストラロピテクス属から分岐した最初のヒト属であるホモ・ハビリスがいる。まちがいなく直立歩行していたと思われるホモ・エレクトゥスは、一八〇万年前に出現し、七万年前まで生存していた。いわゆるジャワ原人や北京原人がここに含まれ、アフリカから出て、ヨーロッパおよびアジアに進出した。ホモ・フローレシエンシスは、二〇〇三年にフローレス島で発見された身長が一メートルほどしかない化石人類で、「ホビット」という愛称で呼ばれる。おそらくサピエンスとは別系列の島嶼型の矮小型人類で、一〇万年前から対一万二〇〇〇年前まで生存したと考えられている。旧人を代表するのは、ホモ・ネアンデルターレンシス、すなわちネアンデルタール人で、二五万年前から三万年前までヨーロッパから中央アジアまで広く分布した。サピエンスの直接の祖先ではなく、一時期サピエンスと共存し、一部で混血していたことがゲノム解析によって明らかにされている。

新人はホモ・サピエンスで、およそ五〇万年前にネアンデルタール人との共通祖先（おそらくはホモ・エレクトゥス）から古代型サピエンスが出現した。現在の世界各地に見られる多様な人種の起原を説明する主要な仮説として、多地域進化説と出アフリカ説がある。多地域進化説は、原人段階のヒト属が一〇〇万年以上前に、アフリカからユーラシア大陸各地に進出し、その地域で独自の進化を遂げて新人（サピエンス）

になったというもの。出アフリカ説は、現生人類はおよそ二〇万年前に、ホモ・エレクトゥスから進化し、七万〜五万年前から世界各地に拡散した［二〇一七年にイスラエルで発見されたホモ・サピエンスの化石は、一八万年前のものとされ、これが正しければ、出アフリカは従来の説より一〇万年近く早くなる］とするもので、ゲノム解析の結果、現在では、出アフリカ説が圧倒的に支持されている。出アフリカは一度ではなく、数度にわたるものと考えられている。

出アフリカ以後の主要ルートとしては、イラン（約一〇万年前）からインド（七万年前）、オーストラリア（五万年前）に向かった南ルート、イランからモンゴル地方を経て極東に至り（日本へはおよそ四万年前）、アラスカを経て北アメリカ（一万五〇〇〇年）および南アメリカ（一万二〇〇〇年前）に到達した北ルート、イランから中東、カフカス地域を経てヨーロッパ（約四万年前）に到達した西ルートが知られている。かくして、現生人類は自分の足で、地球上のあらゆる土地に生息域をひろげていったのだが、この世界には、他の生物に便乗して、あっというまに世界に拡散する生き物（本当に生物かどうかは疑わしいが）がいる。それはウイルスである。

## 【レ】レトロウイルス

retrovirus

多くの病気を引き起こすものでありながら、抗生物質が効かず、治療がむずかしいという点でウイルスは人間にとって厄介な存在だ。一口にウイルスといってもさまざまな種類があり、ここで扱うレトロウイルスはその一つのグループであり、遺伝情報の伝達経路が、通常の生物の「逆向き」だという意味でレトロと呼ばれる。すなわち、レトロウイルスは、遺伝情報として一本鎖ＲＮＡをもち、あわせもつ逆転写酵素のはたらきで、宿主細胞内でそれをＤＮＡに逆転写するのである。代表的なレトロウイルスとしてエイズウイルスやＢ型肝炎ウイルスがある。

**❖ウイルスとは何か**——話を戻して、そもそもウイルスとは何だろう、自己複製できるという意味で、生物の特性を備えているが、あらゆる生物と異なり、細胞をもたず、代謝システムももたないことから、一般に生物とは認められていない。現在の日本語の医学用語としてはラテン語読みによるウイルスが正式な表記だが、かつてはドイツ語読みにもとづくヴィールスまたはビールスという表記もあり、英語読みでヴァイラスと書く人もいる。細菌に感染するウイルスは特別にバクテリオファージ（細菌を食べるものという意味）と呼ばれ、単にファージと略称される。コンピューター用語のウイルスが生物学用語の転用であることは言うまでもないだろう。

ウイルスの進化的な起源については、二つのルートが考えられる。一つは、原始的な細菌が他の細菌と共生的な関係をもつうちに、細胞や代謝系を失い。退化してウイルスなったというもので、巨大ウイルス（メガウイルスやミミウイルスなど）にその痕跡をうかがうことができる。もう一つは、もともとは細胞のDNAであったものが、そこから独立してウイルスになるというルートで、レトロウイルスはそうではないかと考えられている。その根拠は、レトロウイルスが、細胞内のRNA型のトランスポゾン［ゲノム上で位置を変えることができる遺伝子］と構造的・機能的に酷似していることである。

ウイルスは基本的に、中心に核酸（DNAまたはRNA）があり、それをキャプシド（capsid）と呼ばれるタンパク質の殻が包んでいるだけなのだが、キャプシドの形はウイルスによって異なり、なかにはエンベロープと呼ばれる脂質によって覆われているものもある。細胞内に入ると、キャプシドは壊れて、ウイルス粒子が飛び出す。これらの構成分子はきわめて単純なものであるため、精製すれば容易に結晶化し、電子顕微鏡写真で見ることができ、その微細構造から、ウイルスの種類が弁別できる。

**❖ウイルスの発見**――ウイルスがはじめてロシアの微生物学者、ドミトリー・イワノフスキー（一八六四―一九二〇）によって発見されたのは一八九二年のことで、近代細菌学の開祖ロベルト・コッホ（一八四三

―一九一〇）の栄光の時代の末期であった。この当時、コッホのコレラ菌や結核菌など、相次ぐ病原菌の発見のなかで、あらゆる感染症は病原菌によるという思い込みがあった。細菌を検出する手順の一つが細菌濾過器を通して、感染力が失われるかどうかを見ることだった。イワノフスキーは、タバコモザイク病が濾過器を通過した液が病原性をもつことを観察し、これを濾過性病原体（filterable virus）と呼んだ。この「濾過性」を省いてvirusだけにしたのがウイルス（したがって、本来は病原体という意味）という表記の始まりである。最初は微小な細菌と考えられたが、マルティヌス・ベイエリング（一八五一―一九三一）は分子であるとし、一九三五年にアメリカのウェンデル・スタンレー（一九〇四―一九七一）がその姿を結晶として、電子顕微鏡で捉えることに成功し、ウイルスの実在が証明された。スタンレーはその功績によって、一九四六年度ノーベル化学賞を授けられた。

ウイルスにはさまざまな種類があり、国際ウイルス分類委員会によって分類の基準が示されている。核酸がＤＮＡかＲＮＡか、一本鎖であるか二本鎖であるか、逆転写酵素をもつかどうかによって、七つのグループに分けられる。第一のグループは二本鎖ＤＮＡをもつもの

D.イワノフスキー

R.コッホ

M.ベイエリング

で、ファージ類、ヘルペスウイルス類、アデノウイルス類、ヒト乳頭種ウイルス、天然痘ウイルスなどが含まれる。第二のグループは、一本鎖DNAをもつウイルスで、バルボウイルス類が含まれる。第三のグループは、二本鎖RNAをもつもので、レオウイルス類やロタウイルス類が含まれる。第四のグループは、RNAのプラス鎖（メッセンジャーRNAとしての作用をもつ）をもつもので、コロナウイルス類や口蹄疫ウイルス、エンテロウイルス類、デング熱ウイルス、西ナイル熱ウイルス、C型肝炎ウイルスなどが含まれる。第五のグループは、RNAのマイナス鎖（プラス鎖と相補的な塩基配列をもち、そのままメッセンジャーとしては使えない）を一本もつもので、仙台ウイルス、狂犬病ウイルス、エボラウイルス、インフルエンザウイルス類、ハンタウイルス類を含む。第六のグループはプラスRNA鎖一本と逆転写酵素をもつもので、レトロウイルス類を含む。第七のグループは、二本鎖DNAと逆転写酵素をもつもので、B型肝炎ウイルスなどを含む。

W. スタンレー

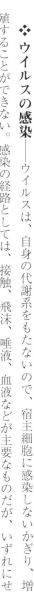

**❖ウイルスの感染**——ウイルスは、自身の代謝系をもたないので、宿主細胞に感染しないかぎり、増殖することができない。感染の経路としては、接触、飛沫、唾液、血液などが主要なものだが、いずれにせよ始まりは、ウイルス粒子と宿主細胞の接触である。ウイルス表面のタンパク質が宿主細胞のレセプター分子（ウイルスによって決まっていて、たとえばヒトインフルエンザウイルスの場合には、気道上皮細胞のシ

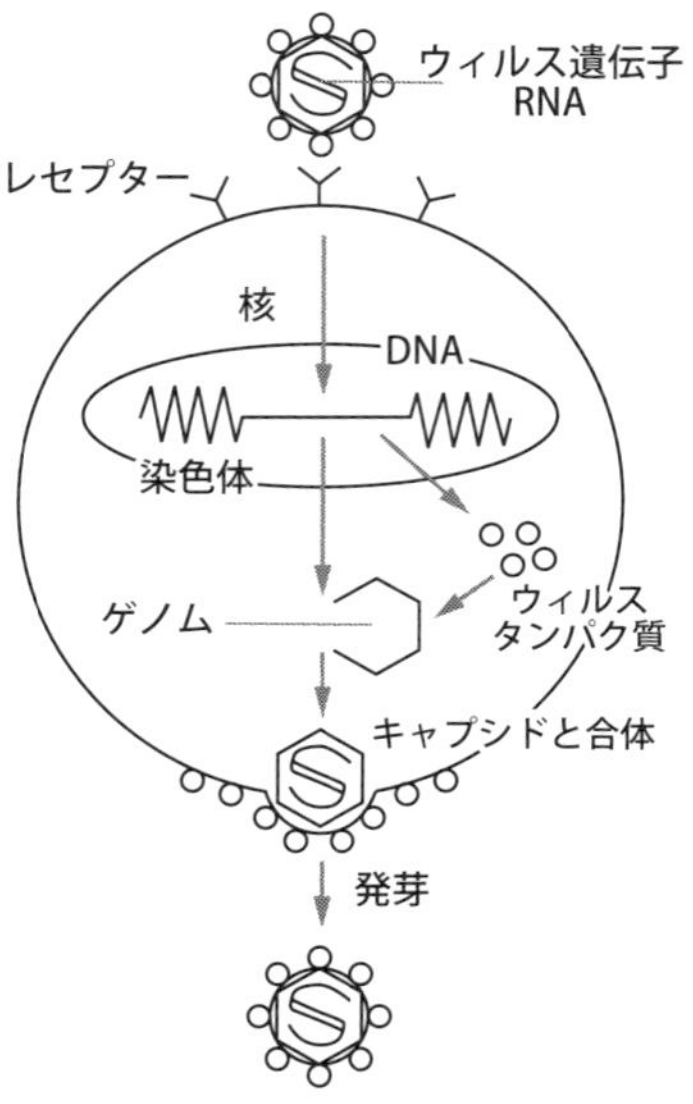

レトロウィルスの増殖

アル酸糖鎖）に吸着すると、ウイルスそれぞれの特有のやり方で細胞内に取り込まれる。細胞内に入ったウイルスの核酸は、キャプシドを破って出てくる。これを脱殻と呼ぶ。脱殻からウイルス粒子が複製されるまでの潜伏期間は、暗黒期（エクリプス）と呼ばれる。

ウイルスの増殖の仕方はＤＮＡウイルスとＲＮＡウイルスで異なる。ＤＮＡウイルスの場合、大多数が二本鎖で、しかも線状である（環状二本鎖ＤＮＡをもつのはポリオーマウイルスやパピローマウイルスのような腫瘍ウイルスのみ）。したがって、その核酸は、宿主細胞のＲＮＡポリメラーゼを利用して、細胞のＤＮＡと同じように複製されて増殖するのがふつうである。一本鎖ＤＮＡウイルスはそのままでは増殖できないので、宿主細胞のＤＮＡポリメラーゼを用いて二本鎖になってから増殖する。一本鎖でも二本鎖でも、核酸の複製とは別途に、宿主のリボソームを利用してキャプシドのタンパク質を合成し、最終的にウイルス粒子として合体する。ＤＮＡウイルスには、複製ミスの修復機構が備わっているため、ＲＮＡウイルスのような大きな変異性をもたない。そのため、同じワクチンを使用しつづけることができ、対処が容易である。

ＲＮＡウイルスの場合、プラス鎖であれば、それから直接にウイルス・タンパク質に翻訳することができるが、マイナス鎖であれば、ウイルスに組み込まれているＲＮＡポリメラーゼによってプラス鎖を複製してタンパク質を合成する。レトロウイルス以外はゲノムの増殖も、RNAポリメラーゼの働きで段階的におこなわれるが、レトロウイルスの場合には、一本鎖のプラスRNAのほかに、逆転写酵素をもち、細胞内で、プラスRNAを鋳型にしてマイナス鎖を合成し、そのマイナス鎖DNAを鋳型にしてプラス鎖DNAを合成し、二本鎖DNAがつくられてから、宿主細胞のDNAに組み込まれて、プロウイルスとなる。このDNAからウイルスRNAおよびmRNAが次々とつくられ、タンパク質に包まれたウイルス粒子が宿主細胞から発芽していく。

**❖逆転写酵素**——レトロウイルスを特徴づける逆転写酵素とは何だろう。その正式名称は、RNA依存性DNAポリメラーゼで、一本鎖RNAを鋳型にしてDNAを合成する反応を触媒する酵素である。一九七〇年にハワード・テミン（一九二四―九四）とデヴィッド・ボルティモア（一九三八―）によって独立に発見された（二人は、師であり、レトロウイルスの研究者であるレナート・ダルベッコ（一九一四―二〇一二）とともに一九七五年度ノーベル生理学医学賞を授けられた）。この当時の分子生物学の常識では、遺伝情報の伝達経路は、D

R. ダルベッコ

D. ボルティモア

H. テミン

NA→RNA→タンパク質という一方向のみだと考えられ、セントラルドグマとさえ呼ばれていたので、この発見は大きなセンセーションを引き起こした。DNA→RNAの変換が転写と呼ばれているので、逆向きのRNA→DNAの変換は逆転写と呼ばれることになった。

RNAをDNAに変換するという逆転写酵素の能力は、遺伝子工学でも利用されており、スプライジングによって不要なイントロン部分が除去された成熟mRNAから、この酵素を使って相補的なDNAをつくりだし、意味のある塩基配列だけのDNA鎖を取りだすことができ、それをもとに詳細な遺伝学的研究が可能になる。

ウイルスはそれ自身の細胞をもたないので、病原体細菌を殺す抗生物質は効果がなく、一般的にはワクチンによる治療を原則とするが、RNAウイルスは変異が激しいために、ワクチンが効果を失いやすい。そこで、代謝活性を阻害するさまざまな抗ウイルス剤が開発されている。たとえば、ヘルペスウイルスに対するパラシクロビル、インフルエンザウイルスに対するタミフルやリレンザなどが有名である。C型肝炎ウイルスに対しては、RNA合成を阻害するハーボニー配合錠錠で九五%以上治療が可能である。レトロウイルスに関しては、逆転写阻害剤が有効で、アジドチミジン、ジドプシン、ネピラビンなどがそうである。またB型肝炎ウイルス（DNAウイルスであるがゲノムの複製に際して自前の逆転写酵素反応が必要）でも、ラミブジン、エンテカビルなどの逆転写酵素阻害剤が有効である。

## ❖あらたなウイルス病の出現——世界保健機関（ＷＨＯ）が天然痘の撲滅を宣言する一九八〇年の一〇年ほど前から、人々の安堵感を根底から覆すように、突然、以下のような新手のウイルス病の発見が相次ぎ、それらはエマージングウイルスと総称されるようになった。

一九六七年にドイツのマールブルグを中心に、フランクフルト、および旧ユーゴのベオグラードの三都市で急性発熱姓の出血熱が発生した。いわゆるマールブルグ熱である。これは研究用にウガンダから輸入したアフリカミドリザルを扱った技師がまず発症し、院内感染によってひろまった。発熱・出血をともない、致死率は二四〜八八％。アフリカ南部で、数回の散発的な流行が起きている。このウイルスの自然宿主はルーセットオオコウモリとされる。

ラッサ熱は、一九六九年にナイジェリアのラッサ村で最初に患者が報告された出血熱で、七〇年にウイルスが分離された。致死率は一〜二％と低いが、ナイジェリア、リベリア、セネガル、ギニアなどで毎年のように流行し、一〇万人以上が感染し、五〇〇〇人ほどが亡くなっている。自然宿主はチチネズミ（マストミス）とされる

一九七七年に、ザイール（現在のコンゴ共和国）のエボラ川近くで、エボラ出血熱の患者がはじめて見つかった。このウイルスに感染した患者は、高熱と頭痛のあと全身からの出血が起こり、致死率は五〇〜九〇％。体液を介して伝染し、七六〜七七年にザイールとスーダンで数百人が感染・死亡したのをきっかけに、何回かの大流行を起こし、二〇一四年にギニア、リベリア、シエラレオネを中心にした大流行では、ＷＨＯの二〇一六年の最新報告では、患者総数は二万八〇〇〇人、死者数はで一万一〇〇〇人を超えている。

エボラウイルスの自然宿主はオヒキコウモリ類の可能性が高い。

エイズ（AIDS）の正式な名称は後天性免疫不全症候群で、レトロウイルスによる免疫細胞の破壊が全身的な免疫疾患を引き起こすもので、一九八一年に米国で最初に臨床報告され、八四年にフランスのパスツール研究所のリュック・モンタニエ（一九三二―）とフランソワーズ・バレシヌシ（一九四七―）がウイルスの分離に成功した（二人は二〇〇八年にノーベル生理学・医学賞を授賞した）。かつては致命的であったが、現在では適切な治療をほどこせば、健常者と同じ程度の寿命をまっとうすることができる。性交を通じて強い感染力をもち、アフリカ、アジアの発展途上国で依然として感染をひろげており、世界での感染者は五〇〇〇万人に達する。自然宿主はカメルーンのチンパンジーとする説が有力である。

L.モンタニエ

F.バレシヌシ

そのほか、一九九〇年に最初に発見されたブラジル出血熱、二〇〇三年に発見されたサース（SARS）などの新しいウイルス病が出現した。これらのウイルスは自然宿主である野生動物に対してはさしたる害をなさないが、変異してヒトに感染する段階で凶悪化したものである。人間と隔絶されてひっそりと暮らしていた野生動物に、開発を通じて、人間が近づきすぎたことによって生じるある種の文明病ということができる。いずれにせよ、こうした病気は本来あるべき人間の寿命を縮めることにつながる。では、本来あるべき寿命とはどうして決まるのか、それを次項で見てみよう。

## 【ロ】老化　ろうか　senescence, aging

歳をとるとともに、しだいに体力・気力が衰え、やがては死に至るのは、すべての生物の宿命である。衰えは、細胞、臓器、脳、全身とさまざまなレベルで起こるが、そうした衰えのことを老化と呼んでいる。年月を経るとともに機能が劣化するのは生物にかぎったことではないが、ここでは生物の老化についてのみ論じる。近年では、とくに医学方面で老化のことを加齢ないしエイジングと呼ぶことが増えているが、加齢と老化はどちらも aging の訳語であるものの、日本語としては多少のニュアンスの違いがある。老化は明確に衰えを意味するのに対して、加齢はその点で中立的で、時間にともなう変化を意味するだけで、ある段階までは加齢は成熟を意味することもある。ゆえに、老化は止めることができても、加齢は止めることができないのだ。生物、ことに人間の老化を考えるにあたっては、老化の起こるレベルを区別して考えなければならない。

### ❖機械としての肉体――生物の肉体はある意味では機械であり、時間が経てば、機械と同じような劣化が起こる。

たとえば、肉体のインフラのひとつである血管系は基本的には内皮で裏打ちされた管であるが、年月が経つうちに、下水管の汚れのように、さまざまな異物がこびりついてくる。コレステロール量などとは無関係に、繊維質成分が増えたり、石灰が沈着したりすることによって、血管壁が厚くなり、弾力性が失われていく。もちろん、コレステロール量が多ければ、動脈硬化に拍車がかかる。心臓でも、心筋細胞が減少し、大動脈弁や僧帽弁輪の石灰化によって硬化するため、血管では動脈解離、動脈瘤、心臓では心不全や弁膜症が起きやすくなる。レンズの白濁による白内障や弾力が失われることによる老眼（老視）も物理的な老化に含められるだろう。

ヒトの場合、機械としての肉体には、直立二足歩行をするがゆえの負荷もかかってくる。脊椎骨はもともと四足歩行の段階で発達したもので、直立二足歩行には十分に適応したものではなく、頭から尻に向かう垂直の重力に問題なく耐える構造にはなっていない。そのため、積年の重みで背骨が曲がったり、脊柱管狭窄症（いわゆる腰痛の原因）、椎間板ヘルニアになったりするのは、いわば進化の代償なのである。直立姿勢がもたらす災いはほかにもある。消化管が重みでしだいに下がる胃下垂などの症状は、さまざまな他の病気の引き金となる。下肢静脈瘤もやはり、立つ姿勢が原因で、下肢と心臓の垂直距離が長くなり、大きな血圧差が生じるせいである。下肢は十分な血圧を保つことができず、重力に抗して静脈血を心臓に送りかえすのに、歩行による筋肉運動の補助が必要になり、運動量が落ちると、静脈血が滞留し、静脈瘤が発症するのである。

## ❖ヘイフリック限界——どんな臓器や組織であれ、老化現象の根底には細胞の老化がある。細胞の劣化が避けられないものであることを示すのが、ヘイフリック限界と呼ばれる現象である。これは一九六一年に米国のレオナルド・ヘイフリック（一九二八—）らが明らかにしたもので、ヒトの皮膚由来の繊維芽細胞が、培養条件下で分裂回数が約五〇回に達すると増殖を停止し、細胞老化の状態になるという現象である。細胞に分裂回数の限界があるという観察は、じつはヘイフリックより七年前に、トレイシー・ソネボーン（一九〇五—一九八一）がゾウリムシの一種でおこなってもいた。こうした分裂回数の限界はすべての生物に見られるわけではないが、細胞老化を引き起こす内的な条件の存在を示唆している。

細胞がなぜ老化するかについては、いくつもの説があるが、大きく二つの系列がある。一つは、老化が遺伝的にプログラムされているという説で、もう一つは、細胞が分裂・活動をつづけるあいだにエラーが蓄積される結果だという説である。プログラム説の根拠となる事実の一つは、アポトーシスである。アポトーシスは個体発生の過程で特定の部分（たとえば指のあいだの細胞）の細胞が死ぬようにしたり、癌化した細胞を除去したりする手段としてプログラムされているものである。アポトーシスはきわめて複雑な反応経路をたどるものであるが、遺伝子によって支配されていることが、線虫での研究で明らかにされている。しかし、これで説明できるのはごく一部の細胞の老化だけであり、あらゆる細胞の老化に一般化することはできない。

プログラム説の最強の根拠は、テロメアの発見である。テロメアは、直鎖状のＤＮＡからなる真核生物の染色体の末端にある分子構造で、同じ塩基配列が繰り返される反復配列と、種々のタンパク質から構成されている。最初に解読されたテトラヒメナの反復配列はＴＴＧＧＧＧだったが、哺乳類ではＴＴＡＧＧＧ（その他、線虫ではTTAGGC、シロイヌナズナではTTTAGGGなど、TとGの繰り返しが主要なパターンである）で、哺乳類ではこれが数百回、ヒトの生殖細胞では、二万塩基対も繰り返されている。DNAの複製にあたっては、DNAポリメラーゼの作用の仕組みから末端部分が完全には複製されず、細胞分裂を繰り返すたびに短くなる。テロメアはそれを保護するものと考えられ、ヒトの場合、一回の分裂で、テロメアは一〇〇以上ずつ減っていき、塩基数が五〇〇〇くらいまで減ると、分裂を停止する。したがって、あらかじめ定められたテロメアの長さが、細胞の寿命を決定していると考えられる。減ったテロメアは、テロメアーゼという酵素があれば補うことができ、腫瘍細胞や生殖細胞、iPS細胞にはこの酵素があり、無限に分裂を繰り返すことができる。したがって、ヘイフリック限界をテロメアで説明できるが、ゾウリムシなどでは分裂してもテロメアは短くならず、原核生物にテロメアは存在しないので、生物一般の老化すべての原理にはなりえない。

## ❖エラーの蓄積による老化

――とくにプログラムされていなくとも、細胞は分裂を繰り返すうちにさまざまなエラーを蓄積していく。DNA複製過程は化学的な反応なので、紫外線や宇宙線、化学物質の影響もあって、確率的にコピーミスが起こる。細胞にとって致命的な突然変異もあれば、他の細胞や臓器に害作用を及ぼすエラータンパク質を生じることもある。細胞にはDNAの損傷を修復する機構があり、ある程度のコピーミスは修復されるが、加齢とともに修復能力も衰える。なぜなら、修復機構そのものも複雑な化学反応から成りたっていて、エラーが生じるからである。DNAのミスを修復しきれなくなってくると細胞は老化し、やがて分裂を停止して、アポトーシスによって処理されるか腫瘍化する。

修復機構の劣化が老化の原因となることの状況証拠の一つは、早老症という病気に見られる。早老症にはさまざまな症状があるが、いずれも核酸代謝の遺伝子に関係した染色体異常をもつ人に起きる。患者は早期に、白髪、白内障、皮膚の硬化や異種、骨粗鬆症などの老人的特徴を表す。もっとも代表的なウェルナー症候群では、八番染色体のWRNという遺伝子の変異が原因であることがわかっている。この遺伝子はDNAヘリカーゼというDNAの二本鎖をほどくのに必要な酵素をコードしているもので、この酵素に異常が生じることでDNA修復が妨げられると考えられている。また幼児に見られる早老症であるコケイン症候群では、原因遺伝子として一〇番染色体上の二つの遺伝子が特定されており、紫外線性DNA損傷の修復システムに異常が起き、特にヌクレオチド除去修復における転写共益修復（転写領域のDNA損傷の優先的な修復）ができないことが判明している。

突然変異以外にも、エラーを生じる要因はいくつもあるが、老化に関してもっとも重要と思われるのは活性酸素の有害作用である。ほとんどの生物の細胞は、ミトコンドリアでエネルギーをつくりだすときに、活性酸素（化学的反応力が強い酸素分子で、スーパーオキシド、ヒドロキシラジカル、過酸化水素、一重項酸素などを言う）を発生させる。それがDNAやタンパク質その他の分子を変性させてしまい、突然変異その他を引き起こし、全身の老化をもたらす。現在では、老化の進行を防ぐために、活性酸素の有害作用を抑えることが一つの現実的な方策と考えられている。

❖**寿命**——老化の行き着く先は死で、老化と死は一体のものであるが、細胞の老化や死と、個体の死は次元が異なる。なぜなら、細胞の存続と個体の存続は異なるからである。単細胞生物では細胞＝個体なので、細胞が分裂しつづけるかぎり、個体ひいては種は存続することになる。しかし多細胞生物の場合、細胞の死は個体の死に直結しない。逆に、ヒーラ細胞のように持ち主が死んでから六〇年以上も培養細胞として生き続けているものもあれば、移植された心臓、腎臓、角膜のように、別人の体内で生き続ける器官もあるからだ。

個体の寿命は、一般的にはその生物が生まれてから死ぬまでの期間を指すのだが、具体的に個別の種の寿命を言うことはむずかしい。野生の生物は食べられたり、環境変化で死んだりすることがあるので、何をもって寿命というのかという問題がある。ふつうは、記録されている最高齢個体をもって寿命という。体の大きいものほど寿命が長くなる傾向があり、脊椎動物では、小型齧歯類の一年からゾウガメの二〇〇年以上という幅があり、ヒトは一二〇歳くらいが限界と言われている。無脊椎動物はもっと短く、数日というものもある。また植物の生理的な寿命はなく、環境条件によって開花結実枯死というサイクルに入るものが多く、逆に樹木では一〇〇〇年以上も生き続けているものも珍しくないが、老化枯死の一般的なメカニズムはよくわかっていない。

進化的な観点からすれば、個体の遺伝子が次世代に伝えられることが不可欠であるが、多細胞生物では、分裂を重ねることによる、遺伝情報劣化の危険性がある。ミスを含む情報が次世代に伝えられるのは通常は不都合（ごくまれに突然変異が有益なこともあるが）なので、それを避けるなんらかの仕組みが必要である。それが、ドイツのアウグスト・ヴァイスマン（一八三四―一九一四）言うところの生殖質（ジャーム）と体

A. ヴァイスマン

質（ソーマ）の分離である。生殖質とは生殖細胞系列、体質はそれ以外の系列の細胞のことである。多細胞生物では、遺伝情報の伝達は生殖系列の仕事で、個体発生の早い段階で隔離される。そして生殖細胞は無限の細胞分裂能をもっている。これに対して、体質細胞は、生殖細胞から、そのクローンとして産まれ、個体発生を通じて分化し、身体の諸機能を担うようになるが、分裂回数は有限である。体質細胞の役割は、環境の変化のなかで生き残れる身体をつくりあげることであり、生殖細胞の役割は誤りのない遺伝情報を次世代に伝えることにある。細胞の死は、個体維持と種族維持という矛盾した要求に応えるために、生物が編み出した、一種のトリックで、個体の死を導入することによって、世代ごとに矛盾の解消をはかっているのかもしれない。

❖**認知症**——これまで述べてきたのは身体の老化についてであるが、精神においても老化は避けることができない。先天的な知的障害とは別に、後天的に生じた脳機能の障害によって起こる知的機能の低下を、かつては痴呆症と呼んでいた。しかし、この語が差別的なニュアンスをもつという批判があり、二〇〇四年一二月に厚生労働省老健局長通知によって、認知症に改称されることになった。中心的な症状としては、記憶障害、見当識障害つまり自分がいまどういう状況にあるかがわからなくなること、判断力や計算能力の低下、失語などがある。認知症には多様な症状と原因があるが、脳梗塞の後遺症や、感染症が原因で脳機能が冒されるものを別にして、原因となる病気がいくつか明らかになっている。

それは、アルツハイマー病、びまん性レビー小体病、パーキンソン病、ピック病、ハンチントン病などで、そのうちのいくつかでは、原因となる遺伝子変異が突き止められている。たとえば、家族性アルツハイマー病では、一四番および一番染色体のプレセニリン1および2遺伝子、二一番染色体のアミロイド前駆体タンパク質遺伝子（ＡＰＰ）の異常が認められている。また、ハンチントン病は、最初に遺伝的原因が解明された病気で、四番染色体のハンチントン遺伝子の異常が原因で、優性遺伝する。

なぜ、こうした不都合な遺伝子を人間はもっているのだろう。突然変異によって偶然に生じることがあるとしても、ハンチントン病遺伝子のように、致死的な結果をもたらす遺伝子がなぜヒトの遺伝子プールから消滅しないのかは説明が必要である。鎌状赤血球症の遺伝子のように、ヘテロで遺伝子をもつことが歴史上なんらかの利益をもたらしたのでないかぎり、自然淘汰によって消滅さえられても不思議がないはずだ。しかし、自然淘汰が選別するのは、適応度によってである。つまり、自分のコピーをどれだけ多く残せるかで選別されるのである。したがって、認知症のような、子孫を残すという仕事が終わったあとの、人生の後半に起きる病気は、自然淘汰の網に引っかからない可能性が高いのである。

老化と呼ぶか加齢と呼ぶか、痴呆症と呼ぶか認知症と呼ぶかで、印象は大きく異なる。ただの名前と言うなかれ、名前は大事なのだ。生物そのものにとっても、名前が大切なことに変わりはない。

# 【ワ】和名　わめい　Japanese name

ひらたくいえば、日本語の生物名のことである。しかし生物の呼び名はそれぞれの土地の伝統があり、地方によって異なる。たとえばハヤといえば関東ではウグイのことをさすが関西ではアブラハヤをいい、関東ではアブラハヤをクチボソないしモツゴという。また、出世魚と呼ばれるブリは地方によって成長途上の若魚の呼び名が変わるが、イナダは関東では三〇〜四〇センチメートル級のものを指すのに、関西では五〇〜六〇センチメートル級のものを指す。このように地方によって呼び名が変われば、同じ言葉を使っていても、まったくちがうものを思い浮かべているということがありうる。そこで、だれもがまちがうことのないように標準和名というのがつくられることになる。ただし、これは法律で決められるわけでも、学会の命名規約によって決められるわけでもないので、かなり融通無碍である。それぞれの学会や文部科学省が推奨する標準和名のリストをつくってはいるが、あまり普及していないものもある。たとえば、ホッキガイの標準和名はウバガイであるが、水産関係者はほとんどホッキガイを使っている。逆に、たとえまちがっていてもみんなが使えばまかり通ることになる。たとえば、掃除魚ホンソメワケベラは正しくはホソソメワケベラであったのが誤植の方が本家を乗っ取ってしまったのであり、正しくはハンドウ（半胴）イルカであるものが、多くの人によってバンドウ（坂東）イルカと呼ばれている。

英語でも同じことで、rabbitfish はマフグとギンザメを、frogdfish はアンコウ類とトビハゼ類を、yellowtail はブリとオニカマスを指し、英名だけではどちらを指すのかわからない。もっととんでもないのは dolphin で、これがイルカだというのは誰でも知っているが、この単語はシイラという魚も指す。このため、しばしば翻訳で取り違えられることがある。植物でもたとえば、同じ cornflower がナデシコ科のムギセンノウもユキノシタ科のヤグルマソウも指す。文学の世界なら取り違えてもさしたる実害もないだろうが、科学の世界では、重大事である。自分の思っているのとはちがう動物や植物について書かれている論文など参考にすることができない。そこで学名が登場する。

**❖学名**——学術的な目的のために定められた生物の正式な名称のことで、英語では scientific name と呼ぶ。言語や地域に関係なく、世界共通に一つの名前が一つの物を指すように定められている。

生物の学名の命名法の基本はリンネが『自然の体系』（一七三五―六八）で提唱した二名法に基づいており、今日でも当時のままのラテ

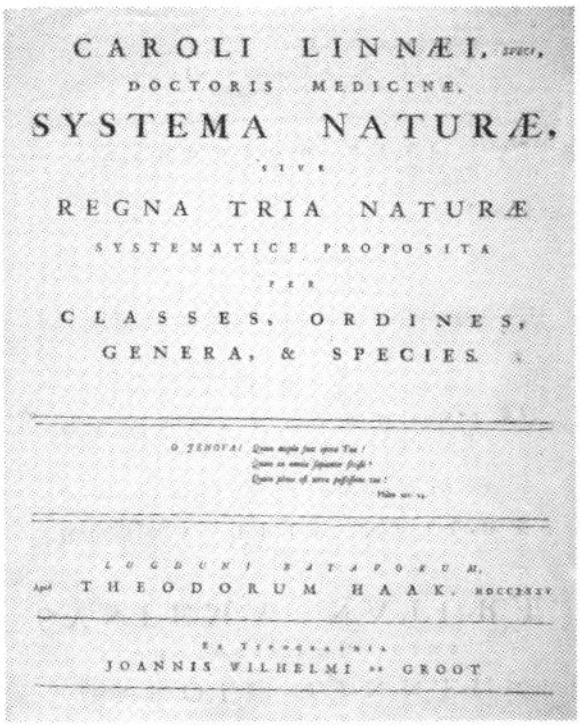

『自然の体系』

C. リンネ

ン語表記が守られている。リンネは、一つの種に一つの名前を与え、これを正名（動物の場合は有効名と呼ぶ）、それ以外のものを異名とした。そして正名の表し方として、そのグループの特徴を属名とし、そのうしろにその種の形態的な特徴を表す種（小）名をつける二名法を提唱した。たとえば、ワスレナグサの学名*Myosotis scorpioides*は、ワスレナグサ属（Myosotis＝ハツカネズミの耳の意で、葉が短くて柔らかいことに由来）でサソリの尾のような花をもつもの（scorpioides）を表している。通常の文献では、属名と種名はイタリック体で表記し、そのあとに発見者名を立体でつけるのが慣例であり、植物学では著者名の併記が原則とされるが、動物では省略されることが多い。亜種については、種小名のあとに亜種小名をつけた三名法が用いられる。

現在では、動物、植物、細菌についてそれぞれ、国際命名規約があり、細かな規則が定められている。国際動物命名規約は一九六一年に初版が出され、その後、数年おきに改定され、現在はその第四版が二〇〇〇年一月一日から発効している。国際植物命名規約は一八六一年のパリ規約が最初で、こちらも数度の改訂を経て、現在では二〇一一年一月一日から発効しているメルボルン規約が用いられている。なお亜種や品種が重視される園芸植物に関しては、別に国際栽培植物命名規約（一九九五年発効）があって、その命名法を定めている。国際細菌命名規約は一九八〇年に最初に発効し、現在では一九九〇年改訂版が使われている。

これらの規約にすべての共通するのは、最初につけられた学名をあとからは特別の手続きを経ない限り変更できないという先取権の原則、および一つのタイプ標本によって種や属の名前を代表させる基準法の原則である。

## ❖種の定義

――種とは何かというのは昔から生物学の大問題で、時代とともに種の概念は変わってきた、神による種の個別創造を信じていたリンネは、種は連続的なものではなく、画然と形態によって区別できると考えていた。しかし、共通の祖先から自然淘汰によって空間的・時間的に種分化をとげてきたという現代進化論の観点からすれば、種は連続したものであり、種の境界は曖昧である。「進化」の項で述べたセグロカモメとニシセグロカモメの例を思い起こしてほしい。これを一種と見るか、二種と見るかはかなり恣意的である。極論をいえば、種は存在せず、人間がつくりだした観念にすぎないといえるかもしれない。

とはいえ、現実の世界では多くの場合、種には誰にも識別できる特徴を共有し、実体として存在しているように思える。それはひとえに、長い進化の歴史のなかで、中間をつなぐ種がいなくなってしまったからにすぎない。現在のところ、メンバーどうしの繁殖が可能であり、他の集団から生殖的に隔離されている自然集団というエルンスト・マイアによる生物学的な種の定義が広く支持されている。もっとわかりやすくいえば、同じ場所にすんでいる二つの集団のあいだで交配が起こり、子孫を残せば同種、繁殖せず遺伝子の交流が見られなければ別種ということになる。無性生殖する種や化石種や深海種のように繁殖を基準として使えないものについては形態を手がかりにして、種が判別される。しかし、形態的に区別できないにもかかわらず、生殖的に隔離している多数の例（同胞種と呼ばれる）が知られるようになっており、こうした生物学的な種概念に対して疑問が投じられている。

❖**学名の表記**——種はその形態的特徴を記して学名を付け、比較の際に参照できるためのタイプ標本がどこにあるかを示し、それがいつどこで採集されたものであるかなどを報告した記載論文を学会誌に発表してはじめて認められる。種名は属名と種小名からなるので、この段階で、属（genus）は決まってくる。リンネ式の分類体系において、属よりも大きな分類区分としては、科（family）、目（order）、綱（class）、門（phylum、植物および細菌ではdivision）がある。また必要に応じて、亜や上を付けて細分することもある。おおまかに言って、属はよく似た種の集まりであるのに対して、科はよく似た属の集まり、目は共通の特性でまとめられたよく似た科の集まり、綱はさらに重要な形態的特徴を共有する目の集まり、門は基本的体制や発生様式の違いを共有する綱の集まりである。これらのグループ分けには絶対的な基準があるわけではなく、種と同じく、かなり恣意的な側面があり、証拠の蓄積と時代に応じて、少なからず異同がある。

動植物いずれの命名規約でも、科の学名は、模式（タイプ）属名を基準にすると規定されている。属名は模式（タイプ）種を基準にしているので、たとえば、イヌの学名（*Canis lupus familiaris*）から、イヌ属（Canis）、イヌ科（Canidae）ということになる。動物命名規約にはそれより上位の学名に制約はないので、目は似た仲間の共通の習性からCarnivoraすなわち食肉目と名づけられている。同様の主旨で、哺乳類の目名は、属の学名を離れて、グループの特徴を表すラテン語名がつけられていて、日本語学名としては漢字が採用され、貧歯目（Edentata）、有袋目（Marsupialia）、食虫目（Insectivora）、霊長目（Primates）、奇蹄目（Perissodactyla）、偶蹄目（Artiodactyla）、食肉目（Carnivora）、齧歯目（Rodentia）などと呼ばれてきた。ところが、一九八八年の文部省の学術用語集動物学篇の改訂で、それらをアリクイ目、フクロネズミ目、モグラ目、サル目、ウマ目、ウシ目、ネコ目、ネズミ目に改変された。これらの日本語学名はグループの実体をまったく表していない。また、昆虫類では、粘管目、蜻蛉目、直翅目、半翅目、鱗翅目、双翅類、鱗翅目、膜翅目を、トビムシ目、トンボ目、バッタ目、カメムシ目、コウチュウ目、ハエ目、チョウ目、ハチ目にすべしというのである。せっかく目の特徴をとらえた漢字名があるのに、なじみのある種名を使ってイメージしやすくなるというだけの理由で、このような改訂を強行するのは生物学徒として受け入れがたい。

植物の方は、命名規約によって、目名をそこに含まれる科の名前からとるときには、基準となる属名からとることになっているので、バラ属（Rosa）、バラ科（Rosaceae）、バラ目（Rosales）という学名になる。動物でも、魚類や鳥類では、代表的な属名をもとにして、目の学名をつくるという方式は実施されているので、今回の改訂方式がまるで根拠がないというわけではないが、それを哺乳類や昆虫に適用するのは、そこに含まれている種の実体を踏まえないものである。魚類や鳥類の場合、目のレベルではそれほど大きな形態的なちがいはないが、哺乳類や昆虫では、目のなかに含まれる科には大きく形態が異なるものが含まれているのだ。たとえば、食肉目には、ネコ科やイヌ科だけでなく、クマやアライグマ、パンダ、イタチやラッコまで（最近では蜡脚類も）含まれているので、これをまとめてネコ目と呼ぶのは、あまりにも乱暴だし、半翅目には、カメムシだけでなく、アメンボやタガメ、セミ類、カイガラムシなどもいるのだ。

目名を属名と規格統一するのは、コンピューター処理などには便利かも知れないが、生物の実状とはかけ離れたものであるだけでなく、その根底には、生物の分類体系が種を単位にきれいに系列化できるという思想があるように思われる。しかし、近年の進化学の成果は、そうした前提が幻想でしかないことを明らかにしている。

**❖最上位分類**——リンネはすべての生物を、動物界（Animalia）と植物界（Plantae）に分け、細菌を植物界に含めた。このリンネの二界説は、一八六〇年にエルンスト・ヘッケルが原生生物界を加えて三界説に拡大された。さらに、分子系統学の研究が進んで、一九六九年のロバート・ホイタッカーと一九八二年のリン・マーギュリスによって、原核生物であるモネラ界（細菌類）と、真核生物である原生生物界、菌界、植物界、動物界からなる五界説が提唱され、ひろく受け入れられるようになった。

その後、核酸の分子系統学的研究によって、植物と動物の違いより原核生物内部の違いの方が大きいことが判明し、界より上位の階級が必要だとして、カール・ウーズは一九六〇年代の中頃に、三ドメイン説を提唱した。ウーズは、リボソームの小サブユニットをつくるリボソームＲＮＡ遺伝子の塩基配列の比較を根拠に、原核生物から真核生物に至る進化的な系譜をたどり、すべての生物を、真正細菌、古細菌、真核生物という三つのカテゴリーに分けるのが適切であるという結論に達し、そのカテゴリーをドメインと呼んだ。従来の分類体系との対応でいえば、真正細菌ドメインには真正細菌界のみが含まれ、古細菌ドメインにはユーリ古細菌界（メタン菌、高度好塩菌、好熱好酸菌など）とプロテオ古細菌界（クレン古細菌、タウム古細菌など）が含まれ、真核生物ドメインには、動物界、菌界、植物界をはじめ六～九界に分類されるその他のす

E. ヘッケル

べての生物が含まれる。

このドメイン説の提唱は、分子分類学の成功の象徴であったが、それは伝統的な分類学者との対立を生むものであった。伝統的な分類学者は培った経験的眼力によって、外部形質から種の違いや類縁性を明らかにしてきたのであり、それは人間の直感的な認知能力に合致するものだった。しかし、現生種の形態のみを判断の基準にするのは、系統進化の歴史性に眼をそむけるという根本的な欠陥があった。それに対して、分子分類学は、外からは見えない分子の比較に基づくもので、系統的な類縁関係をより強く反映するが、しばしば人間の感覚とはずれた体系を示すことになる。両者の対立と矛盾は、二〇世紀後半になってより深刻なものになる。

**❖分岐分類学の台頭**――リンネの分類体系は進化を前提にしておらず、種は個別に創造されたものであり、種の境界は画然としたものであると考えられていた。進化論が認知されると、分類学にも進化が反映されるべきだという考え方がでてくるのは当然で、進化論的な発想を組み込んだものが、多くの人びとが用いている進化分類学である。しかし、進化分類学といえども、種が固定したもので、明確な系統樹が描けるはずだという観念から抜け出すことがなかなかできなかった。

そうしたなかで、一九五〇年代に、ドイツの昆虫学者ヴィリー・ヘニック（一九一三―七六）は『系統体系学の基本原理』という本を出

W.ヘニック

版して、進化をより正確に反映した分類体系をつくる思想と方法を提案した。それが分岐学（Cladistics）である。これは直訳すればクレード学であり、クレードとは彼の定義に適う分類群のことである。分岐学の思想をごく粗っぽく要約すれば、生物は進化の過程で、たえず分岐（種分化）を繰り返すことによって、多様な種を生みだしてきたのであり、系統分類学は分岐がどういう順序で起こったか、その経過を反映するものでなければならない。分岐の順序を推定する手がかりは、生物の形質にある。ヘニックは共有原始形質と共有派生形質を区別する。前者は、複数の子孫群が共有する形質でもっとも近い共通祖先よりも以前に進化したもので、後者はもっとも近い共通祖先で派生した形質を指す。そして、各形質を数値化して、コンピューターで計算し、統計学的にもっとも合理性の高い（最節約的な）分岐の順序を推定するのである。

この手法は、分子的な形質データ、ことに二一世紀に入って、種のゲノム解析が容易になり、あらゆる種のDNA塩基配列の比較が可能になって、一段と有効性を高め、これをもとに、あらゆる生物種の分類の見直しがおこなわれ、現在では、かつて生物学を学んだ人には想像できないような改変がおきている。たとえば、ウシ、キリン、イノシシ、ラクダ、カバなどは従来、偶蹄目というグループにまとめられてきたが、遺伝子解析の結果、クジラ類がカバにもっとも類縁が近いことがわかり、クジラ目と合体して、鯨偶蹄目とされることになった。さらに従来、鰭脚目として独立のグループとされていたオットセイ、アザラシ、セイウチなどは、イタチに近い仲間であることが判明して、イヌやネコ、クマなどと同じ食肉目に統合されている。

植物でも、エングラーやクロンキストなどの旧来の分類体系に代わるものとして、一九九八年に被子植物系統グループが提案するAPG分類体系（何度かの改訂があり、最新のものは二〇一六年のAPG4）が提案されたが、これは分岐分類学を原則としたもので、これまでの体系が大幅に書き換えられている。たとえば、広範な種を含んでいたユリ目のユリ科から多くの種がはずされた。イヌサフランは科として独立し、サクライソウはサクライソウ科サクライソウ目に移り、アスパラガス、ヒヤシンス、スズラン、ネギ、ラッキョウなどは、キジカクシ目に移された。

## ❖科学と直観の相克——分岐学は基本的に進化の系列を明らかにすることを目的としているため、クレード（分類群）としては単系統群しか認めない。

そして、科、目、綱、門といった上位区分も、人為分類だとして退ける。単系統群というのは、一つの共通祖先に由来する生物のすべてを言う。これに対して側系統群というのは、単系統群のうちから特定の系統群を除いたもので、たとえば、膜翅類というのは単系統群だが、その一部でしかないハチ類やアリ類というのは側系統群になる。この原則を徹底すれば、鳥類や魚類という分類群は認められないことになる。鳥類は爬虫類と会わせて一つの単系統群だからだし、魚類は脊椎動物群から四肢動物を除外したものだからである。

しかし、これは明らかに直観に反する。人間の眼には鳥類も魚類もまぎれもない分類群である。どうしてこういうことが起こるのだろう。簡単に言ってしまえば、分岐学は進化のプロセスを見ているのに対して、伝統的な分類学は、現在という時間の断面における生物の姿を類似の度合いに応じてグループ分けしているからである。人間の人為分類は、進化的に見れば、生物として生き抜くために、生活上の利便のために必要なものだった。食物になるか、襲われるか、空を飛ぶか、水の中にいるかといった区別は、人類の祖先が生き延びるために、実用的な価値があった。「感覚」の項で述べたように、人間の知覚は、あるままの自然を正しく受けとめているわけではなく、環境に対応するために必要な情報だけを取捨選択しているのである。

この物語風の生物学事典の最後を締めくくるのに相応しいかどうかはわからないが、科学がどれだけ進歩しようと、つまるところ、人間は種ヒトという生物学的枠組みから抜け出すことはできないのである。

# あとがき

生物学のあらゆる分野を網羅するという大風呂敷を広げて書き始めてはみたものの、完成してみると、色々と穴だらけであることに気がつく。アイウエオ順の四四項目だけで書くという制約があるため、書ききれなかったことも多く、とりわけ私が動物学畑の出身であるため、植物学に手薄い感は否めない。各項目についても、触れなければいけないことを解っていながら、ストーリーに収めきれなかったことも少なくない。もしまたの機会があれば、そうした事柄の落穂拾いをして見たい。

この本の構想を思いついたのは十年近く前で、時間に追われる仕事の合間を縫って、一項目ずつ書きためてきて、ここ一年ほどまとまった時間をかけることができるようになり、ようやく完成することができた。しかし科学の歩みは速いもので、毎年のように新たな事実が発見され、初期に書いたもののうちには時代遅れになった部分もあり、全項目を書き終わった後で、あらためて推敲しなおし、できる限り最新の知見を織り込むようにした。

前半部分については、十分な時間があったので、畏友高木良臣氏に原稿を読んで頂き、誤りの指摘や重要な視点の教示を受けた。記して感謝を捧げたい。後半部分については、そういう厳しい校閲の目を逃れた私の思い違いが残っているかもしれないが、いずれにせよ、この本に誤りがあれば、すべて私の責任であることはいうまでもない。

昨今の先の見えない出版状況のなかで、本書の出版を引き受けていただいた八坂書房には感謝の言葉しかない。八坂立人社長と編集部の三宅郁子さんには、図版や索引の作成など、面倒な作業をお願いすることになった。深い感謝を捧げたい。

二〇一九年六月　　垂水雄二

# 文献案内

この文献リストは、いわゆる参考文献ではなく、各項目について、さらに深く知りたいと思う読者のための読書案内である。原則として、特殊な専門書や科学雑誌の論文などを除き、比較的取りつきやすい一般向けの書籍を中心に掲げた（ただし、絶版になっているものもいくつかある）。情報は著訳者名、タイトル、出版社名のみを示してある。


## ◆頭

浅島誠・木下圭著『新しい発生生物学――生命の神秘が集約された「発生」の驚異』（ブルーバックス）

石浦章一著『頭の良さは遺伝子で決まる?!』（ＰＨＰ新書）

リチャード・Ｅ・ニスベット著／水谷淳訳『頭のでき――決めるのは遺伝か、環境か』（ダイヤモンド社）

飯田朝子著・町田健監修『数え方の辞典』（小学館）

## ◆遺伝子

鷲谷いづみ監修・桂勲編『遺伝学――遺伝子から見た生物』（培風館）

渡辺政隆著『ＤＮＡの謎に挑む――遺伝子研究の一世紀』（朝日選書）

マット・リドレー著／中村桂子訳『やわらかな遺伝子』（ハヤカワ・ノンフィクション文庫）

中野徹著『エピジェネティクス――新しい生命像をえがく』（岩波新書）

リチャード・ドーキンス著／垂水雄二訳『遺伝子の川』（草思社文庫）

ジャン・ドゥーシュ著／佐藤直樹訳『進化する遺伝子概念』（みすず書房）

◆運動

マット・ウィルキンソン著、神奈川夏子訳
『脚・ひれ・翼はなぜ進化したのか――生き物の「動き」と「形」の40億年』（草思社）
東昭著『生物の飛行――その精緻なメカニズムを探る』（ブルーバックス）
東昭著『生物の泳法――バクテリアからヒトの泳ぎまで』（ブルーバックス）
佐藤克文著『巨大翼竜は飛べたのか――スケールと行動の動物学』（平凡社新書）
阿部宏喜著『カツオ・マグロのひみつ――驚異の遊泳能力を探る』（恒星社厚生閣）
ニール・シュービン著／垂水雄二訳『ヒトのなかの魚、魚のなかのヒト』（ハヤカワ・ノンフィクション文庫）

◆エネルギー

ニック・レーン著／斉藤隆央訳『生命・エネルギー・進化』（みすず書房）
二井将光著『生命を支えるＡＴＰエネルギー――メカニズムから医療への応用まで』（ブルーバックス）
杉晴夫著『筋肉は本当にすごい――すべての動物に共通する驚きのメカニズム』（ブルーバックス）
丸山工作著『筋肉の謎を追って』（岩波書店）

◆温度

ロバート・Ｔ・バッカー著／瀬戸口烈司訳『恐竜異説』（平凡社）
中川毅著『人類と気候の10万年史――過去に何が起きたのか、これから何が起こるのか』（ブルーバックス）
横山祐典著『地球46億年気候大変動――炭素循環で読み解く、地球気候の過去・現在・未来』（ブルーバックス）
鬼頭昭雄著『異常気象と地球温暖化――未来に何が待っているのか』（岩波新書）

長沼毅監修『極限の世界に住む生き物たち――一番すごいのは誰?:極寒、感想、高圧を生き抜く驚きの能力!』(誠文堂新光社)

◆感覚

岩堀修著『図解・感覚器の進化』(ブルーバックス)
クリストファー・チャブリス、ダニエル・シモンズ著/木村博江訳『錯覚の科学』(文春文庫)
一川誠著『錯覚学――知覚の謎を解く』(集英社文庫)
ヴィクトリア・ブレイス・ウェイト著/高橋洋訳『魚は痛みを感じるか?』(紀伊国屋書店)
ニコラス・ハンフリー著/垂水雄二訳『獲得と喪失――進化心理学から見た心と体』(紀伊国屋書店)
ユクスキュル、クリサート著/日高敏隆・羽田節子訳『生物から見た世界』(岩波文庫)

◆共生

大串隆之著『さまざまな共生――生物種間の多様な相互作用』(平凡社)
山村則男著『寄生から共生へ――昨日の敵は今日の友』(平凡社)
リチャード・ドーキンス著/日高敏隆ほか訳『延長された表現型』(紀伊国屋書店)
リン・マーギュリス著/中村桂子訳『共生生命体の30億年』(草思社)
佐藤直樹著『細胞内共生説の謎――隠された歴史とポストゲノム時代における新展開』(東京大学出版会)

◆群集と生態系

重定南奈子・露崎四朗四朗編『攪乱と遷移の自然史――「空き地」の植物生態学』(北海道大学図書刊行会)
大串隆之・近藤倫生著『生態系と群集を結ぶ』(京都大学学術出版局)
ショーン・キャロル著/高橋洋訳『セレンゲティ・ルール――生命はいかに調節されるか』(紀伊国屋書店)

宮下直・千葉聡・井鷺裕司著『生物多様性と生態学――遺伝子・種・生態系』（朝倉書店）
◆血液
水上茂樹著『赤血球の生化学』（東京大学出版会）
中竹俊彦著『「流れる臓器」血液の科学――血球たちの姿と働き』（ブルーバックス）
山本文一郎著『ＡＢＯ血液型がわかる科学』（岩波ジュニア新書）
◆呼吸
ニック・レーン著／西田睦・遠藤圭子訳『生と死の自然史――進化を統べる酸素』（東海大学出版会）
ピーター・ウォード著／垂水雄二訳『恐竜はなぜ鳥に進化したのか』（文春文庫）
真船和夫著『光合成と呼吸の科学史――古代から現代まで』（星の環会）
ウィリアム・ハーヴィ著／岩間吉也訳『心臓の動きと血液の流れ』（講談社学術文庫）
◆細胞
黒岩常祥著『細胞はどのように生まれたか』（岩波書店）
森和俊著『細胞の中の分子生物学――最新・生命科学入門』（ブルーバックス）
藤元宏和著『細胞夜話』（パレード）
◆進化論
チャールズ・ダーウィン著／渡辺政隆訳『種の起源（上下）』（光文社古典新訳文庫）
チャールズ・ダーウィン著／八杉龍一訳『種の起原（上下）』（岩波文庫）
ディヴィッド・N・レズニック著／垂水雄二訳『21世紀に読む〈種の起原〉』（みすず書房）
カール・ジンマー、ダグラス・M・エムレン著／更科功ほか訳『進化の教科書（1・2・3巻）』（ブルーバックス）

リチャード・ドーキンス著／垂水雄二訳『進化の存在証明』（早川書房）
リチャード・フォーティ著／渡辺政隆訳『生命40億年全史（上下）』（草思社文庫）
吉川浩満著『理不尽な進化――遺伝子と運のあいだ』（朝日出版社）
アンドレアス・ワグナー著／垂水雄二訳『進化の謎を数学で解く』（文芸春秋社）
宮田隆著『分子から見た生物進化――DNAが明かす生物の歴史』（ブルーバックス）

◆睡眠

古賀良彦著『睡眠と脳の科学』（祥伝社新書）
粂和彦著『時間の分子生物学』（講談社現代新書）
西川伸一・倉谷滋著『生物のなかの時間』（PHPサイエンス・ワールド新書）
櫻井武著『睡眠の科学（改訂新版）――なぜ眠るのかなぜ目覚めるのか』（ブルーバックス）
ジョナサン・ワイナー著／垂水雄二訳『時間・愛・記憶の遺伝子を求めて』（早川書房）

◆生命の起源

ニック・レーン著／斉藤隆央訳『生命の跳躍――進化の10大発明』（みすず書房）
ピーター・ウォード、ジョゼフ・カーシュヴィンク著／梶山あゆみ訳『生物はなぜ誕生したのか――生命の起源と進化の最新科学』（河出書房新社）
池原健二著『GADV仮説――生命起源を問い直す』（京都大学学術出版会）
高井研著『生命の起源はどこまでわかったか――深海と宇宙から迫る』（岩波書店）

◆草食と肉食

ウィリアム・ソウルゼッツバーグ著・野中香方子訳『捕食者なき世界』（文春文庫）

ハンス・クルーク著／垂水雄二訳『ハンター&ハンティッド』（どうぶつ社）
稲垣栄洋著『たたかう植物――仁義なき生存戦略』（ちくま新書）
D・W・マクドナルド編／今泉吉典・伊谷純一郎・大隅清治監修『動物大百科（1～6巻）』（平凡社）

## ◆タンパク質

平野久著『タンパク質とからだ――基礎から病気の予防・治療まで』（中公新書）
武村政春『タンパク質入門――どう作られ、どうはたらくのか』（ブルーバックス）
永田和宏著『タンパク質の一生――生命活動の舞台裏』（岩波新書）

## ◆地理的隔離

エドワード・E・ウィルソン著／大貫昌子・牧野俊一訳『生命の多様性（上下）』（岩波現代文庫）
吉田晶樹著『地球はどうしてできたのか――マントル対流と超大陸の謎』（ブルーバックス）
アラン・デケイロス著／柴田裕之訳『サルは大西洋を渡った』（みすず書房）

## ◆翼

野上宏著『小鳥飛翔の科学』（築地書館）
ソーア・ハンソン著／黒沢令子訳『羽――進化が生み出した自然の奇跡』（白揚社）
リチャード・サウスウッド著／垂水雄二訳『生命進化の物語』（八坂書房）

## ◆適応

山岸哲著『マダガスカルの動物――その華麗なる適応放散』（裳華房）
ジョナサン・ワイナー著／樋口広芳・黒沢令子訳『フィンチの嘴』（ハヤカワ・ノンフィクション文庫）
瀬戸口烈司著『有袋類の道――アジア起源説に浮かぶ点と線』（新樹社）

◆毒

クリスティー・ウィルコックス著／垂水雄二訳『毒々生物の奇妙な進化』（文藝春秋）
レイチェル・カーソン著／青樹簗一訳『沈黙の春』（新潮文庫）
ロナルド・ジェンナー、イヴィンド・ウンドハイム著／瀧下哉代訳・船山信次監修『生物毒の科学』（エクスナレッジ）
船山信次著『毒――青酸カリからギンナンまで』（PHPサイエンス・ワールド新書）

◆なわばり

日高敏隆著『群となわばりの経済学』（岩波グラフィックス）
エドワード・E・ウィルソン著／伊藤嘉昭監修・粕谷英一ほか訳『社会生物学（第3巻）』（思索社）
エドワード・ホール著／日高敏隆訳『かくれた次元』（みすず書房）

◆ニューロン

杉晴夫著『神経とシナプスの科学――現代脳研究の源流』（ブルーバックス）
F・デルコミン著／小倉明彦・富永恵子訳『ニューロンの生物学』（南江堂）
R・ダグラス・フィールズ著／小西史朗・小松佳代子訳『もうひとつの脳――ニューロンを支配する陰の主役「グリア細胞」』（ブルーバックス）

◆ヌクレオチド

ジェームス・D・ワトソン著／江上不二夫・中村桂子訳『二重らせん』（ブルーバックス）
ジェームス・D・ワトソン、アンドリュー・ベリー著『DNA――二重らせんの発見からヒトゲノム計画まで（上下）』（ブルーバックス）
マット・リドレー著／田村浩二訳『フランシス・クリック――遺伝暗号を発見した男』（勁草書房）

◆熱帯雨林

湯本貴和著『熱帯雨林』(岩波新書)
W・ヴィーヴァーズ・カーター著/渡辺弘之訳『熱帯多雨林の植物誌——東南アジアの森のめぐみ』(平凡社)
松林尚志著『消えゆく熱帯雨林の野生動物——絶滅危惧種の知られざる生態と保全への道』(科学同人)
本川達雄著『サンゴ礁の生物たち——共生と適応の生物学』(中公新書)
西平守孝著『サンゴ礁——生物がつくった〈生物の楽園〉』(平凡社)

◆脳

大隅典子『脳の誕生——発生・発達・進化の謎を解く』(ちくま新書)
坂井克行著『心の脳科学——「わたし」は脳から生まれる』(中公新書)
高橋宏和『メカ屋のための脳科学入門——脳をリバースエンジニアリングする』(日刊工業新聞社)
渡辺正峰著『脳の意識機械の意識——脳神経科学の挑戦』(中公新書)
ベンジャミン・リペット著/下条信輔訳『マインド・タイム——脳と意識の時間』(岩波書店)
マルコ・イアコボーニ著/塩原道緒訳『ミラーニューロンの発見——「物まね細胞」が明かす驚きの脳科学』(ハヤカワ・ノンフィクション文庫)
ジャコモ・リゾラッティ、コラド・シニガリア著/茂木健一郎監修・柴田裕之訳『ミラーニューロン』(紀伊国屋書店)
ダニエル・デネット著/土屋俊訳『心はどこにあるのか』(ちくま学芸文庫)
ピーター・ゴドフリー=スミス著/夏目大訳『タコの心身問題——頭足類から考える意識の起源』(みすず書房)

◆繁殖

高木由臣著『有性生殖論——「生」と「死」はなぜ生まれたのか』(NHKブックス)

メノ・スヒルトハウゼン著／田沢恭子訳『ダーウィンの覗き穴――性的器官はいかに進化したか』（早川書房）
長谷川真理子著『クジャクの雄はなぜ美しい（増補改訂版）』（紀伊国屋書店）
アモツ・ザハヴィ、アヴィシャグ・ザハヴィ著／長谷川真理子解説・大貫昌子訳『生物進化とハンディキャップ原理――性選択と利他行動の謎を解く』（白揚社）
ソーア・ハンソン著／黒沢玲子訳『種子――人類の歴史をつくった植物の華麗な戦略』（白揚社）
中西弘樹著『種子はひろがる――種子散布の生態学』（平凡社）
井上民二・加藤真著『花に引き寄せられる動物――花と送粉者の共進化』（平凡社）

## ◆表現型

リチャード・ドーキンス著／日高敏隆ほか訳『延長された表現型――自然淘汰の単位としての遺伝子』（紀伊国屋書店）
浅島誠・木下圭著『新しい発生生物学――生命の神秘が集約された「発生」の驚異』（ブルーバックス）
倉谷滋著『形態学――形づくりに見る動物進化のシナリオ』（丸善出版）
浅島誠・駒崎伸二著『分子発生生物学――動物のボディプラン（改定第4版）』（裳華房）
ショーン・B・キャロル著／渡辺政隆・経塚淳子訳『シマウマの縞、蝶の模様――エボデボ革命が解き明かす生物デザインの起源』（光文社）

## ◆フェロモン

神崎亮平著『サイボーグ昆虫、フェロモンを追う』（岩波科学ライブラリー）
桑原保正著『性フェロモン――オスを誘惑する物質の秘密』（講談社選書メチエ）

## ◆変態

園部治之著『脱皮と変態の生物学――昆虫と甲殻類のホルモン作用の謎を追う』（東海大学出版会）

石崎宏矩著『サナギから蛾へ――カイコの脳ホルモンを究める』（名古屋大学出版会）
吉里勝利著『オタマジャクシはなぜカエルになるのか』（岩波書店）
和田勝著『比較内分泌学入門――序』（裳華房）

◆保護色

W・ヴィックラー著／羽田節子訳『擬態――自然も嘘をつく』（平凡社）
大崎直太著『擬態の進化――ダーウィンも誤解した150年の謎を解く』（海遊舎）
藤原晴彦著『似せてだます擬態の不思議な世界』（科学同人社）
海野和男著『昆虫の擬態』（平凡社）

◆膜

佐藤健著『進化には生体膜が必要だった――膜がもたらした生物進化の奇跡』（裳華房）
永田和宏著『生命の内と外』（新潮選書）
水島昇著『細胞が自分を食べる――オートファジーの謎』（ＰＨＰサイエンス・ワールド新書）
竹市雅俊・宮坂昌之著『細胞接着分子――その生体機能の全貌』（東京化学同人）

◆ミトコンドリア

ニック・レーン著／斉藤隆央訳『ミトコンドリアが進化を決めた』（みすず書房）
林純一著『ミトコンドリア・ミステリー――驚くべき細胞小器官の働き』（ブルーバックス）
瀬名秀明・太田成男著『ミトコンドリアのちから』（新潮文庫）
ブライアン・サイクス著／大野晶子訳『イヴの七人の娘たち』（ソニーマガジンズ）

### ◆群れ

レン・フィッシャー著／松浦俊輔訳『群れはなぜ同じ方向を目指すのか？——群知能と意思決定の科学』（白揚社）
上田恵介著『鳥はなぜ集まる——群れの行動生態学』（東京科学同人）
有元貴文著『魚はなぜ群れで泳ぐか』（大修館書店）

### ◆免疫

多田富雄著『免疫の意味論』（青土社）
審良静男・黒崎知博著『新しい免疫入門——自然免疫から自然炎症まで』（ブルーバックス）
川喜田愛郎著『近代医学の史的基盤（上下）』（岩波書店）
岸本忠三・中嶋彰著『現代免疫物語beyond 免疫が挑むがんと難病（ブルーバックス）』
フィリップ・クリルスキー著／矢島英隆訳『免疫の科学論——偶然性と複雑性のゲーム』（みすず書房）
ダニエル・Ｍ・ディヴィス著／久保尚子訳『美しき免疫の力』（ＮＨＫ出版）

### ◆網膜

アンドリュー・パーカー著／渡辺政隆訳『眼の誕生——カンブリア紀大進化の謎を解く』（草思社）
リチャード・ドーキンス著／日高敏隆ほか訳『盲目の時計職人』（早川書房）
マーク・チャンギージ著／柴田裕之訳『ひとの目、驚異の進化——』（インターシフト）
サイモン・イングス著／吉田利子訳『見る——眼の誕生はわたしたちをどう変えたか』（早川書房）

### ◆野生生物

フレッド・ピアス著／藤井留美訳『外来種は本当に悪者か？——新しい野生 THE NEW WORLD』（草思社）
五箇公一著『終わりなき侵略者との闘い——増え続ける外来生物』（小学館）

鷲谷いづみ著『生物多様性入門』（岩波書店）
尾本恵市著『人類の自己家畜化と現代』（人文書院）
中尾佐助著『栽培植物と農耕の起源』（岩波書店）


◆**遊動**

中村司『渡り鳥の世界――渡りの科学入門』（山梨日日新聞社）
樋口広芳著『鳥ってすごい』（ヤマケイ新書）
森沢正昭・相田克己・平野哲也編『回遊魚の生物学』（学会出版センター）
日浦勇『海を渡る蝶』（講談社学術文庫）


◆**葉緑体**

石田政弘著『葉緑体の分子生物学』（東京大学出版会）
園池公毅著『光合成とは何か――生命システムを支える力』（ブルーバックス）
嶋田幸久・萱原正嗣著『植物の体の中で何が起こっているのか』（ペレ出版）


◆**卵**

クララ・ピント＝コレイア著／佐藤恵子訳『イヴの卵――卵子と精子と前成説』（白揚社）
マット・リドレー著／長谷川真理子訳『赤の女王』（ハヤカワ・ノンフィクション文庫）
ジーナ・コラータ著／仲俣真知子訳『クローン羊ドリー』（アスキー）
八代嘉美著『幹細胞――ＥＳ細胞・ｉＰＳ細胞・再生医療』（岩波科学ライブラリー）
黒木登志夫著『ｉＰＳ細胞――不可能を可能にした細胞』（中公新書）

◆利他行動

リチャード・ドーキンス著／日高敏隆ほか訳『利己的な遺伝子40周年記念版』（紀伊国屋書店）
オレン・ハーマン著／垂水雄二訳『親切な進化生物学者――ジョージ・プライスと利他行動の対価』（みすず書房）
ヘレナ・クローニン著／長谷川真理子訳『性選択と利他行動――クジャクとアリの進化論』
J・メイナードースミス著／寺本英・梯正之訳『進化とゲーム理論』（産業図書）
長谷川真理子著『動物の生存戦略――行動から探る生き物の不思議』（左右社）

◆類人猿

シッダールタ・ムカジー著／仲野徹・田中文訳『遺伝子――親密なる人類史（上下）』（早川書房）
ダニエル・E・リーバーマン著／塩原道緒訳『人体六〇〇万年史――科学が明かす進化・健康・疾病（上下）』（ハヤカワ・ノンフィクション文庫）
アダム・ラザフォード著／垂水雄二訳『ゲノムが語る人類全史』（文藝春秋）
デイヴィッド・ライク著／日向やよい訳『交雑する人類――古代DNAが解き明かす新サピエンス史』（NHK出版）
更科功著『絶滅の人類史――なぜ「私たち」が生き延びたのか』（NHK出版）
ロビン・ダンバー著／鍛原多恵子訳『人類進化の謎を解き明かす』（インターシフト）

◆レトロウイルス

中屋敷均著『ウイルスは生きている』（講談社現代新書）
マーク・ジェローム・ウォルターズ著／町村寿美子訳『誰がつくりだしたのか？ エマージングウイルス――21世紀の人類を襲う新興感染症の恐怖』（VIENT）

武村政春『巨大ウイルスと第4のドメイン――生命進化論のパラダイムシフト』(ブルーバックス)

### ◆老化

高木由臣著『寿命論――細胞から「生命」を考える』(NHK出版)
マイケル・R・ローズ著/熊井ひろ美訳『老化の進化論――小さなメトセラが寿命観を変える』(みすず書房)
森川幸人著『テロメアの帽子――不思議な遺伝子の物語』(新紀元社)
近藤祥司祥司著『老化はなぜ進むのか――遺伝子レベルで解明された巧妙なメカニズム』(ブルーバックス)

### ◆和名

キャロル・イサク・ヨーン著/三中信宏・野中香方子『自然を名づける』(エヌティティ出版)
三中信宏著『思考の体系学――分類と系統から見たダイアグラム論』(春秋社)
三中信宏著『分類思考の世界』(講談社現代選書)
長谷川政美著『新図説動物の起源と進化――書き換えられた系統樹』(八坂書房)
宮正樹著・斎藤成ほか監修『新たな魚類大系統――遺伝子で解き明かす魚類3万種の由来と現在』(慶應義塾大学出版会)
伊藤元己・井井鷺裕司裕司著『新しい植物分類体系――APGで見る日本の植物』(文一総合出版)
宮田隆著『分子からみた生物進化――DNAが明かす生物の歴史』(ブルーバックス)

# 索　引

【さ】



【し】

【す】

**著者**

垂水雄二（たるみ ゆうじ）

1942年、大阪生まれ。翻訳家、科学ジャーナリスト。京都大学大学院理学研究科博士課程修了。出版社勤務を経て、1999年よりフリージャーナリスト。著書に『進化論物語』（バジリコ、2018）、『悩ましい翻訳語』（八坂書房、2009）、『生命倫理と環境倫理』（八坂書房、2010）。訳書に『利己的な遺伝子』（共訳、紀伊國屋書店、1991）、『21世紀に読む「種の起原」』（みすず書房、2015）、『生命進化の物語』（八坂書房、2007）、『神は妄想である』（早川書房、2007）、『進化の存在証明』（早川書房、2009）など多数



生物学キーワード事典 —生きものの「なぜ」を考える

2019年 7月25日　初版第1刷発行

著　者　垂　水　雄　二

発行者　八　坂　立　人

印刷・製本　中央精版印刷（株）

発行所　（株）八　坂　書　房

〒101-0064 東京都千代田区神田猿楽町1-4-11

TEL.03-3293-7975　FAX.03-3293-7977

URL.: http://www.yasakashobo.co.jp

ISBN 978-4-89694-263-7